沈磊总师团队

Shen Lei Chief Planning Team

城市总规划师与
生态城市实践系列作品

金色底板

长三角生态绿色一体化
发展示范区（嘉善片区）
规划建设总师示范

沈磊 编著

GOLDEN BASE PLATE

Jiashan District Urban Planning and Construction
Chief Planner Practice in Demonstration Zone of Green and Integrated
Ecological Development of the Yangtze River Delta

Shen Lei

中国建筑工业出版社

作者简介

沈磊　教授、博士生导师
中国城市科学研究会总工程师
中国生态城市研究院常务副院长
浙江大学城乡发展与规划创新研究中心主任
WGDO 世界绿色设计之都委员会主席
俄罗斯自然科学院院士
国家一级注册建筑师，国家注册规划师

住房和城乡建设部城市设计专家委员会委员、中国城市科学研究会常务理事、中国建筑学会常务理事、中国城市科学研究会总师专业委员会副主任、中国城市规划学会国外城市规划学委会副主任、宁波城市更新专家委员会副主任委员。历任中国沿海城市地级市（台州市）、副省级市（宁波市）、直辖市（天津市）城市总规划师和规划局副局长，现任长三角生态绿色一体化发展示范区（嘉善片区）、建党百年嘉兴、金华、绍兴新昌、山西蒲县等城市总规划师，主持 100 余项重要城市规划与城市设计。

沈磊教授带领团队全面创新探索城市总规划师模式，基于对“国体、政体、规体”统一性的长期思考研究，充分彰显城市规划的整体性、系统性、全局性特征，构建适用于中国国情的“规划设计实施”体系。以城市格局、动能、活力、韧性及品质等方面的动态研究作为“本底规划”重要抓手，以“行政与技术 1+1 的总师模式”为机制保障，以“生态城市”为实施技术重点，形成从规划到建设的理论、技术、实践体系，确保一张蓝图层层深化、优化、美化并高质量落地，完成了一个又一个城市级作品，取得了显著的社会效益和经济效益。

沈磊教授曾获得光华龙腾奖中国设计奖金奖、住房和城乡建设部华夏建设科学技术奖一等奖，主持的众多项目获詹天佑金奖、全国优秀城乡规划一等奖、全国优秀工程勘察设计一等奖等国内 20 余项嘉奖，也多次荣获 AMP 美国建筑大师奖、WGDO 绿色设计国际大奖、SIP 新加坡规划师学会奖等国际荣誉。沈磊教授倡导理论联系实际，探索现代城市规划新方法与新理论，出版《金色底板　长三角生态绿色一体化发展示范区（嘉善片区）规划建设总师示范》《九水连心　嘉兴市规划建设总师示范》《城市更新与总师模式》《城市总规划师模式　嘉兴实践》《城市中心区规划》《控制性详细规划》《天津城市设计读本》等 10 余部专著。相关思想理论应用于国家市长学院培训教材，培训全国城市领导干部千余人，并多次主持科技部、教育部、住房和城乡建设部重大科研课题。项目成果多次在国际会议交流，提升了我国城市规划、建设、治理工作的理论性及科学性，形成了较高的国际影响力，实现了“走进一座城，点亮一座城”的目标。

本书编委会

主　　任：江海洋　沈　磊

委　　员：陈天荣　曹慧明　李志杰　冯　斌　黄　斌

主　　编：沈　磊

编　　委：崔梦晓　王　康　翟端强　胡楚焱

参编人员：张　超　张　琳　林如初　唐颖杰　沈　啸　李　虹　张　玮　李　欣
陆　佳　何　强　张　洋　于　超　汪建明　曹云峰　顾金海

编制单位：中国生态城市研究院沈磊总师办、浙江大学城乡发展与规划创新研究中心

协助编制单位：（按拼音字母排序，排名不分先后）

阿里云计算有限公司

泛城设计股份有限公司

杭州绿创规划咨询有限公司

杭州明捷普机电设计事务所有限公司

杭州商旅投资有限公司

华润（深圳）有限公司

嘉善县人民政府

蓝城房产建设管理集团有限公司

澜加（杭州）建筑设计事务所有限公司

三石规划设计（天津）有限公司

上海城建市政工程（集团）有限公司

上海绿建建筑设计事务所有限公司

上海市政工程设计研究总院（集团）有限公司

上海新空间工程设计管理有限公司

上海友康建筑设计有限公司

丝路视觉科技股份有限公司

苏州水木清华设计营造有限公司

天津大学杨崴教授团队、刘魁星教授团队

天津华汇工程建筑设计有限公司

天津市筑土建筑设计有限公司

悉地国际设计顾问（深圳）有限公司

驭势科技（北京）有限公司

浙江城建规划设计院有限公司

浙江道元工程技术有限公司

浙江嘉兴福达建设股份有限公司

浙江骏马照明集团有限公司

浙江尚都建设有限公司

浙江省建设投资集团股份有限公司

中国城市规划设计研究院

中国建筑第八工程局有限公司

中国建筑科学研究院有限公司

中建东方装饰有限公司

序　一
Preface I

“城，所以盛民也”，城市的核心是人，规划不仅要有总体谋篇布局、技术方法理性的战略“高度”，更要有考虑人民需求、提升生活品质的人情“温度”——城乡发展不仅要“见物”，更要“见人”。沈磊同志带领的城市总规划师团队，既充分利用城乡规划领域的理论知识基础与技术理性，又饱含着对城乡高质量发展与谋划人民高品质幸福生活的情怀，用经验、能力与责任体现规划的温度，利用规划和管理合二为一的创新机制，探索新时期我国城乡规划理论与实践变革的转型模式。城市总规划师通过高效的管理模式和团队对规划一以贯之的态度、方法、手段和责任，在城市规划、建设、管理、运营、服务的全过程中实施追踪，有效解决了现有规划统筹与实施中普遍存在的落地性差、管控指导不足、无视城市病治理等问题。

本书展示了一系列卓有成效的总师总控范例：全域秀美的金色大底板展现了嘉善片区独有的生态绿色本底；零碳三生空间的竹小汇聚落则有效引领了“双碳”示范；祥符荡科创绿谷研发总部发挥了产业协同与科技创新的有效引领；一系列零碳、负碳的聚落建筑和农田、生态实时感知、监测设施谋划了未来的数字孪生治理图景，等等。在城市总规划师模式的制度保障下，通过机制创新、全过程审查以及具体的实施把控，总师团队统一协调项目推进，完整落实、保留并发扬了嘉善的本底特色。特别是城市设计的引领，既加强了总体设计，从城市风貌特色、自然山水格局、城市形态格局、公共空间体系等方面做宏观把控，又加强了重点地区的城市设计，尤其是对城市特定场所记忆的塑造，保护生态、传承历史、延续空间格局，为人民谋绿色与发展共荣的未来理想人居环境。

深入推进以人为本的新型城镇化，是推进中国式现代化的必由之路，这不是简单地把农业人口转移到城市，而是要和乡村全面振兴有机结合起来。与此同时，经历了粗放、大规模和“灰色”的建设过程之后，未来的城镇化建设将逐步走向高质量、人本化和低碳绿色发展。这其中，行之有效的规划制度是城市良性发展的关键，而城市总规划师就好比一个大型乐队的指挥，规划融合联动、功能融合提质、产业融合共兴、人才融合互动、文化融合发展、创新融合赋能、治理融合聚力和城市融合共荣等。基于此，加快城市总规划师制度的试点与推广，发挥规划设计对城乡空间格局的引领作用，实现城乡建设的高质量发展刻不容缓。

本书展示的每一个城市案例都是对城市空间管控展开的针对性思考、研究和实践，在当今城市可持续、绿色高质量发展的变革中，率先走出中国特色的空间规划治理新路径和新赛道。城市总规划师与生态城市实践系列作品集就是从时代背景、理论研究到案例实践的力证。我期待这一系列丛书能不断探索中国城乡规划的新路径，为中国城乡高质量发展输出可借鉴的模式，为强国建设、民族复兴伟业贡献力量。

仇保兴

国际欧亚科学院院士、住房和城乡建设部原副部长

序　二
Preface Ⅱ

《金色底板　长三角生态绿色一体化发展示范区（嘉善地区）规划建设总师示范》是继《九水连心　嘉兴市规划建设总师示范》之后，又一部“城市总规划师和生态城市实践系列作品”的案例，是沈磊教授及其团队以总规划师模式，对长三角生态绿色一体化示范区中的嘉善片区实施系统把控、全过程咨询服务的重要项目。

党的二十大报告强调，“以城市群、都市圈为依托构建大中小城市协调发展格局，推进以县城为重要载体的城镇化建设”。城市群是新型城镇化的主体形态，在建设现代强国进程中肩负重任：城市群是全国发展强劲与活跃的增长极以及高质量发展的样板区，是率先基本实现现代化的引领区，是区域一体化发展的示范区，是改革开放的新高地。长三角城市群是我国最重要的城市群之一，国家对长三角城市群的发展和示范引领作用十分重视。2019 年 10 月国务院批复设立“长三角生态绿色一体化发展示范区”。习近平总书记在上海主持召开深入推进长三角一体化发展座谈会时强调，“要加快长三角生态绿色一体化发展示范区建设，完善示范区国土空间规划体系，加强规划、土地、项目建设的跨区域协同和有机衔接，加快从区域项目协同走向区域一体化制度创新”。

自长三角生态绿色一体化发展示范区揭牌以来，上海青浦、江苏吴江、浙江嘉善三地一起，开启了新的发展征程，嘉善的西塘、姚庄两镇被划为示范区的先行启动区，肩负着走在前列、作示范、当样板的发展使命。他们致力于打造生态友好型一体化发展的样本，将一体化发展融入创新、协调、绿色、开放、共享发展当中，实现共建共治共享共赢，打破行政壁垒，聚焦一体化制度创新，建立有效管用的发展新机制。

在长三角生态绿色一体化发展示范区实施三周年期间，沈磊教授受聘担任嘉善片区总规划师，他和团队的专家们全身心地扑在现场，开展调查研究，对长三角一体化发展背景下嘉善片区的发展进行研判，根据本底条件及资源禀赋，提出“梦里水乡”的愿景，打造生态文明时代的世界人居样板。他们将“1 个金色底板、3 条魅力路线、8 个示范组团、20 大标志性项目”作为规划战略重点，并对其进行全系统的深化和全过程的把控。嘉善片区的总师团队仅用 300 天的时间，成功完成了示范区从生态绿色本底资源的保护，到千年吴越历史文化的传承，再到城乡融合与共同富裕的建设成果展示。总师团队在这一过程中实施全面有效的把控，通过高站位谋划、高起点规划、高水准设计、高标准实施、高品质呈现，形成了规划管控与治理能效的全面示范，打造出“金色大底板”的和美城乡画卷，使嘉善片区在长三角生态绿色一体化发展示范实践中交出了令各方满意的优秀答卷。

除了担任嘉善片区的总规划师，沈磊教授还在建党百年期间，担任嘉兴城市总规划师，并在金华、新昌、台州等多地积极推进城市总规划师模式的拓展实践。在总师团队高标准的规划指引和把控下，多个城市的品质得到了很大提升，获得政府和业界高度认可和评价。

沈磊教授和他的团队清醒地认识到，一项制度的建立、一种机制的形成，必须经受实践与时间的检验。城市总规划师的规划设计实践还有很长的路要走，要在探索中前进，不断提高把控和驾驭的能力；要在总结中积累经验，增长才干；要在研究中提高理论和技术水平，他们正在这条创新之路上，砥砺前行。希望他们能积极应对新形势下城市规划设计、开发建设、管理服务等方面的新课题，大胆创新、勇于实践，走进更多的城市，为城市总规划师制度的完善和推行作出积极的努力，为我国城市的高质量发展作出新的更大贡献。

期待着“城市总规划师与生态城市实践系列作品”丛书，能再续新篇。

宋春华

住房和城乡建设部原副部长、中国建筑学会原理事长

序　三
Preface Ⅲ

城镇化是现代化的必由之路。党中央高度重视新型城镇化工作，明确提出以人为核心、以提高质量为导向的新型城镇化战略。为了做好乡村振兴这篇大文章，以规划之力助力新型城镇化建设，需要关注以下几个核心问题与发展方向。

首先，现代化的本质是人的现代化。新型城镇化的核心目标是有效促进农村富余劳动力和农村人口向城镇转移，但这并不是简单地将人口从一地转向另一地，还需要通过规划手段保障人口转移前后的空间与配套设施，从根源层面解决现代化的公平普惠特质。其次，新型城镇化要求规划的过程与结果能促进城乡融合发展，促进农民农村共同富裕，这就意味着空间结构与功能的安排要以城带乡、以工促农，走城乡一体化发展之路。除了物质富足之外，精神富有也是新型城镇化对规划提出的要求之一，这一过程并不能一味“推倒重建”，而是应该注重文明传承、文化延续，注重保护和弘扬城乡地方的历史文脉，发展有历史记忆、地域特色、民族特点的美丽城镇。最后，人与自然是生命共同体，新型城镇化背景下的规划与建设还需促进绿色低碳发展，坚持生态文明理念不动摇。在规划过程中要保证用地、能源等的使用效率，集约化安排和使用空间，形成生产、生活、生态空间的合理结构，做到“让居民望得见山、看得见水、记得住乡愁”。

浙江嘉善是“长三角生态绿色一体化发展示范区”的先行启动区，承载着“双示范”的历史使命与担当，秉持着“生态绿色一体化发展示范”以及“共同富裕高质量发展示范”国家政策的双重要求，是新型城镇化建设的示范标杆。沈磊同志领衔城市总规划师团队，于嘉兴建党百年之际，已然在嘉善片区用总师总控的创新工作模式，为实现高质量新型城镇化发展作出了独特而有效的示范。

沈磊同志领衔的总师团队充分运用其对生态城市规划创新的深度理论探索，结合嘉善实际，提出系统性、全方位、规范化的全过程管控思路，让绿色低碳发展不限笔尖纸头，而是实打实地体现在山、水、城、人中。沈磊同志领衔的总师团队为嘉善提出了“1 个金色底板、3 条魅力路线、8 个示范组团、20 大标志性项目”的规划战略密码，在生态绿色、双碳战略、产业协同、科技创新、水乡风貌、共同富裕六大类典型示范项目中展现了他们对绿色低碳高质量发展的理解。沈磊同志领衔的总师团队还创新规划管理模式，与示范区开发建设管理委员会、示范区重大项目建设攻坚指挥部联合办公，以“技术管理”与“行政管理”“1+1”的模式，全面、全流程地参与示范区嘉善片区的规划编制、建筑设计、工程实施的技术审查及品质把控，以保证通过不同层级的规划蓝图、行动纲要及重点项目，在总体城市设计、详细城市设计、专项城市设计等层面取得丰硕成果。通过建立“规划、建设、运营、管理、服务”的协调推进机制，沈磊同志领衔的总师团队在嘉善的工作充分体现了总师总控模式的制度优越性，完善了理论与实践的内涵，在实践中发挥出更多元的主观能动性，不仅优化了城市的“面子”，即城乡环境的改造，还拔高了城市的“里子”，即文化、经济与生活品质的升级。

如今，沈磊同志领衔的总师团队向全国人民呈交了一份体现嘉善实力、代表嘉善水平、具有嘉善特色的高分答卷——全域秀美的金色大底板、千亩浩渺的祥符荡水下森林、全国首创的竹小汇零碳聚落样板……无一不在诉说着团队规划管理专业级技术服务的硬实力，用“金色底板”“七星组团”的空间格局，引领生态文明时代“梦里水乡”的世界级理想人居样板，回应着生态绿色、产业创新、文脉传承、共同富裕等绿色低碳转型、新型城镇化与高质量发展的目标要求。

“走进一座城，点亮一座城”，期待沈磊同志团队能够牢记参与城市规划建设的初衷和座右铭，也期待有更多城镇能够借鉴嘉善经验，被走进，被点亮。

程泰宁

中国工程院院士、全国工程勘察设计大师

前　言

“天不言而四时行，地不语而百物生。”在 20 世纪 80 年代初，正当人们对自然保护与环境问题关切备至之际，自然保护国际联盟（IUCN）首次推动了“可持续发展”的理念并将其引入了公众的视野。随后，对气候变化与生态环境保护的呼声不绝于耳，我国也相应地提出一系列绿色低碳转型、减碳降碳的措施，以达成“统筹国内国际，生态绿色发展”的目标，体现“创新、协调、绿色、开放、共享”的新发展理念。生态城市规划以生态学为基础，以可持续发展为原则，是一种涵盖了自然、社会、经济、文化等诸多方面的综合性规划设计方法。结合生态城市的相关规划方法，我国正在绿色低碳转型发展的道路上稳步向前。嘉善，作为“长三角生态绿色一体化发展示范区”的先行启动区，承载着“双示范”的历史使命与担当。在《中华人民共和国国民经济和社会发展第十四个五年规划和 2035 年远景目标纲要》（以下简称《“十四五”规划纲要》）的指引下，嘉善正以生态城市的规划方法与理念，积极落实 2030 年应对气候变化国家自主贡献目标及所制定的碳排放达峰行动方案，稳步走在绿色低碳转型的道路上。

2005 年 4 月，习近平同志到嘉善调研，对嘉善提出“三点希望”，要求嘉善在主动接轨上海、扩大开放、融入长三角方面迈出新步伐；在推进城乡一体化方面创造新经验；在转变经济增长方式方面取得新成效。2008 年 10 月，习近平同志将嘉善作为深入学习实践科学发展观活动的联系点，要求嘉善着力做好转变发展方式、主动接轨上海、统筹城乡发展“三篇文章”，并办成学习实践科学发展观活动的示范点。2013 年 2 月，经国务院同意，国家发改委批复实施《浙江嘉善县域科学发展示范点建设方案》，嘉善成为全国唯一的县域科学发展示范点。2017 年 2 月，经国务院审定，国家发改委印发实施《浙江嘉善县域科学发展示范点发展改革方案》。2022 年 9 月，国家发改委印发《新发展阶段浙江嘉善县域高质量发展示范点建设方案》，要求嘉善针对全国县域高质量发展的共性问题和突出难题，大胆探索解决路径和可行方案，及时总结提炼经验和做法，率先形成一批理论成果、实践成果、制度成果，支持嘉善建成全国县域高质量发展的典范。

嘉善作为国家战略高地、双示范建设样板、长三角展示窗口，厚望在身、重托在肩。嘉善县委、县政府高瞻远瞩、提前谋划、精心部署，在长三角生态绿色一体化发展示范区“三年大变样”的收官之年，聘请沈磊教授出任长三角生态绿色一体化发展示范区嘉善片区总工程师，为嘉善片区双示范、高质量、一体化建设提供专业指导和技术支撑。嘉善也成为继嘉兴之后，全国第二个城市总规划师制度的实践地和样板区。

在顺应生态绿色与高质量发展的时代背景下，2022 年 1 月，沈磊教授带领由规划、景观、建筑、市政等不同专业人员组成的 20 余人团队入驻嘉善，与示范区开发建设管理委员会、示范区重大项目建设攻坚指挥部联合办公，以行政管理与技术管理“1+1”模式，全面参与示范区嘉善片区的规划编制、建筑设计、工程实施的技术审查及品质把控。

自此，嘉善开始了对生态城市规划创新的深度实践探索，提出系统性、全方位、规范化的全过程管控思路，以保证通过不同层级的规划蓝图、行动纲要及重点项目，在总体城市设计、详细城市设计、专项城市设计等层面取得丰硕成果。本书就是对嘉善片区的理论探索与规划实践的系统性梳理与总结，共分为“时代共识”“本底规划”“亮点呈现”三大篇章共九个章节：

第一章，从国内国际视野阐述了 20 世纪以来全球气候变化的情况以及不同国家、地区与相关机构组织的态度，同时阐述了可持续发展的理念与未来，以及我国在绿色低碳转型领域的目标与要求。通过全球共识视野下的气候变化应对和应对气候变化的中国行动，描摹出生态城市规划在我国实践的时代背景。

第二章，通过系统性归纳生态城市理论起源与发展演变，以及国内外生态城市的实践经验，总结了生态城市理论的发展演变过程和未来实践趋势；同时，较为深入地分析了我国提出“双碳”引领政策路径的历史起源与发展过程，并通过“双碳”目标的聚焦分析，提出这一导向下我国的城市空间格局分布，凸显长三角一体化发展以及生态绿色发展的重要性。

第三章，针对嘉善地区，详细地介绍了“生态绿色一体化发展示范”以及“共同富裕高质量发展示范”的国家政策来源与相关要求，突出了“双示范”赋予嘉善的历史使命与担当，并有针对性地归纳了示范区嘉善片区的五大建设重点导向。

第四章，研判了嘉善片区在长三角一体化战略下的发展趋势。通过重要门户、同城化、区域与市县协同的区位优势，以及水乡生境、史境底蕴、产业基础和格局重塑的本底特征，突出了嘉善在区域发展格局中的战略地位和本底优势。

第五章，将嘉善未来的发展目标归纳为“梦里水乡”的生态文明时代世界级理想人居样板。其中，重点阐述了“梦里水乡”发展的总体框架、愿景定位，并突出谋划了“金色底板”“七星组团”空间格局引领下的生态绿色、科技创新、水乡风貌、共同富裕等发展目标。同时，还对分类施策全过程把控的总师总控模式创新进行了详细而深入的理论介绍，与后续章节具体的案例实践相呼应。

第六章和第七章，分别擘画了新时代梦里水乡的生态生境、科创转化、基础设施、文脉传承等八大系统策略以及金色底板、祥符科创、共富聚落、古镇新坊四大重点板块，为嘉善未来人居理想样板描摹出了清晰的图景。

第八章，为嘉善提出了“1 个金色底板、3 条魅力路线、8 个示范组团、20 大标志性项目”的规划战略，并对“如意水杉道、祥符荡绿道、街道家具、原野与田野、新江南园林、建（构）筑物、夜景照明、展陈、数字化、艺术装置”十大系统进行了详细的实施导控实践。

第九章，基于上述章节战略性、系统性的谋篇布局，首先进一步阐明了总师总控模式在嘉善的机制保障以及其所进行的全过程审查与实施把控；进而介绍了一系列总师总控示范项目在嘉善片区的精彩呈现结果，包括生态绿色、“双碳”目标、产业协同、科技创新、水乡风貌、共同富裕六大示范的典型项目。

本书是对长三角生态绿色一体化发展示范区建设中，沈磊教授总师团队在嘉善全过程统筹“规建管运服”的系统性总结，旨在从政策背景到区位本底优势研判，为嘉善片区打造“梦里水乡”的理想人居环境，提出了一揽子具体规划建设内容。本书还翔实地记录了总师总控模式下，嘉善作为新时代梦里水乡开展规划的八大系统策略、四大重点板块，以及总师总控的实施导控和示范项目呈现，以期通过理论建构与具体的项目实践，为规划师、设计师、规划管理者、政府决策部门提供可供参考的方法和典型案例，为新时代城市规划的方法创新研究提供了理论与实践支撑，为我国其他城市建设提供了一套可参考、可复制，具有较强实效性的技术管理 + 行政管理的规划模式与方法措施指引。同时，本书也尽可能避免了复杂晦涩的专业术语，而是以纪实的手法提升内容可读性，希望能将中国城市规划的发展进程以及创新的规划方法模式引向大众，以飨所有关注嘉善城乡发展、关注中国城乡规划的读者。

2022 年 11 月，在长三角生态绿色一体化发展示范区建设三周年工作现场会期间，嘉善向全国人民呈交了一份体现嘉善实力、代表嘉善水平、具有嘉善特色的高分答卷，展现了嘉善示范区最秀美的生态底板、高质量的建设标杆、可持续的发展引擎。践行“两山”转化理论的全域秀美金色大底板，打造千亩浩渺水下森林的祥符荡清水工程，国内首个零碳聚落样板的竹小汇科创聚落，引领嘉善融入长三角未来创新发展的祥符荡科创绿谷，浙江省共同富裕先行样板的沉香文艺青年部落……一批批具有显示度、示范性的项目落地，为嘉善的规划建设打响了品牌名声，也成为嘉善迈向长远未来的高起点跳板。在沈磊教授总师团队的专业技术服务加持下，嘉善将实现从传统水乡、现代水乡到未来梦里水乡的飞跃，成为世界级理想人居的典范、国家战略乐章的时代强音、长三角科创高地的生态明珠。

沈磊

Forword

As a Chinese poem reads, "Heaven does not speak and it alternates the four seasons; Earth does not speak and it nurtures all things." In the early 1980s, just as people were concerned about nature conservation and environmental issues, the International Union for Conservation of Nature (IUCN) first promoted the concept of "sustainable development" and brought it into the public eye. Subsequently, there was a constant call for climate change and ecological environment protection, and China accordingly proposed a series of measures for green and low-carbon transformation, carbon reduction, and carbon reduction, in order to achieve the goal of "coordinating domestic and international development and promoting ecological green development", reflecting the development concept of "innovation, coordination, green, openness, and sharing". Ecological city planning is a comprehensive planning and design method that covers many aspects such as nature, society, economy, culture, etc., based on ecology and sustainable development principles. Combining the relevant planning methods of ecological cities, China is steadily moving forward on the path of green and low-carbon transformation and development. Jiashan, as the pioneering area of the Yangtze River Delta Ecological Green Integration Development Demonstration Zone, carries the historical mission and responsibility of "dual demonstration". Under the guidance of the 14th Five Year Plan and the 2035 Vision Goal Outline, Jiashan is actively implementing the 2030 National Independent Contribution Goal to Climate Change and the formulated carbon emission peak action plan using the planning method and concept of ecological cities, steadily walking on the path of green and low-carbon transformation.

In April 2005, President Xi Jinping conducted research in Jiashan and put forward "Three Hopes" for Jiashan, requesting Jiashan to take new steps in actively integrating with Shanghai, expanding opening up, and integrating into the Yangtze River Delta, creating new experiences in promoting urban-rural integration, and achieving new achievements in transforming economic growth patterns. In October 2008, Xi designated Jiashan as a contact point for the in-depth study and practice of the Scientific Outlook on Development, and requested that Jiashan focus on the "three points" of transforming development modes, actively integrating with Shanghai, and coordinating urban-rural development, and make Jiashan a demonstration point for studying the Scientific Outlook on Development. In February 2013, with the approval of the State Council, the National Development and Reform Commission (NDRC) approved the implementation of the "Construction Plan for Jiashan County's Scientific Development Demonstration Zone in Zhejiang Province," making Jiashan the only county-level scientific development demonstration zone in the country. In February 2017, with the approval of the State Council, the NDRC issued and implemented the "Development and Reform Plan for Jiashan County's Scientific Development Demonstration

Zone in Zhejiang Province." According to the "Construction Plan for Jiashan County's High-Quality Development Demonstration Zone in the New Development Stage," which the NDRC released in September 2022, Jiashan County must bravely explore solutions to common issues and unresolved challenges in high-quality development of county-level areas throughout the nation, timely summarize and improve experiences and practices, and take the lead in forming a batch of theoretical, practical, and institutional achievements, support high-quality development of counties across the nation.

As a national strategic height, double demonstration construction model and window for showcasing the development of the Yangtze River Delta region, Jiashan shoulders great expectations and responsibilities. The Jiashan County Party Committee and County Government have been forward-thinking, planning ahead, and carefully deploying resources for the construction of the Jiashan area, a key part of the Yangtze River Delta ecological green integration development demonstration zone. In the final year of the "Three-Year Great Transformation" of the demonstration zone, Professor Shen Lei was appointed as the chief engineer of the Jiashan area of the Yangtze River Delta ecological green integration development demonstration zone to provide professional guidance and technical support for the high-quality, integrated construction of the dual-demonstration area in Jiashan. After Jiaxing, Jiashan also became the second city in the country to implement the system of city master planner.

In the context of adapting to the era of ecological green and highquality development, in January 2022, Professor Shen led a team of more than 20 professionals in planning, landscape, architecture, municipal engineering and other fields to settle in Jiashan, working together with the management committee of the demonstration zone and the command headquarters for the construction of major projects in the demonstration zone, to comprehensively participate in the technical review and quality control of the planning, architectural design, and engineering implementation of the Jiashan demonstration zone, using the "1+1" mode of administrative and technical management.

From then on, Jiashan began a deep practical exploration of ecological city planning innovation. We propose a systematic, comprehensive, and standardized approach to the entire process control to ensure the implementation of different levels of planning blueprints, action plans, and key projects. We have achieved fruitful results in overall urban design, detailed urban design, and specialized urban design. This book is a systematic review and summary of the theoretical exploration and planning practice in the Jiashan area, divided into three major chapters: "Consensus of the Times", "Background Planning", and "Lighting up Presentation", totaling nine chapters:

Chapter 1, elaborates on the global climate change situation since the last century from a domestic and international perspective, as well as the attitudes of different countries, regions, and relevant institutional organizations. At the same time, it also elaborates on the concept and future of sustainable development, as well as China's goals and requirements in the field of green and low-carbon transformation. Through the global consensus perspective on climate change response and China's actions to address climate change, we have depicted the era background of ecological city planning in China's practice.

Chapter 2, systematically summarizes the origin and development evolution of ecological city theory. Through the practical experience of ecological cities at home and abroad, we have summarized the development and evolution process of ecological city theory and future practical trends. At the same time, a more in-depth analysis was conducted on the historical origin and development process of China's proposal to lead the policy path of "dual carbon". Through the focus analysis of the "dual carbon" strategy, we propose the distribution of urban spatial pattern in China under this guidance, highlighting the importance of integrated development and ecological green development in the Yangtze River Delta.

Chapter 3, provides a detailed introduction to the national policy sources and related requirements for the "demonstration of ecological green integrated development" and "demonstration of high-quality development for common prosperity" in the Jiashan region. The plan highlights the historical mission and responsibility entrusted to Jiashan by the "dual demonstration", and summarizes the five key construction directions of the Jiashan area in a targeted manner.

Chapter 4, analyzes the development trend of the Jiashan area under the integration strategy of the Yangtze River Delta. The strategic position and underlying advantages of Jiashan in the regional development pattern are highlighted through its important gateway, urbanization, regional and county synergy, as well as the local characteristics of water town habitat, historical background, industrial foundation, and urban-rural pattern.

Chapter 5, summarizes the future development goals of Jiashan as a world-class ideal living model in the era of ecological civilization, known as "Dreamy Canal Town". Among them, the overall framework and vision positioning of the development of "Dreamy Canal Town" were emphasized, and development goals such as ecological green, industrial innovation, water town style, and common prosperity were highlighted and planned under the guidance of the "Fertile Farmland Landscape" and "Seven-Star Cluster" spatial pattern. At the same time, a detailed and indepth theoretical introduction was provided on the innovation of the overall control mode of the overall process of implementing classified policies, which is consistent with the specific case practices in subsequent chapters.

Chapter 6 and Chapter 7, respectively outline eight systematic strategies for the ecological nature, scientific and technological sharing, infrastructure, and cultural heritage of the Dreamy Canal Town in the new era, as well as four key areas: Fertile Farmland Landscape, Xiangfu Science and Technology Innovation, Common prosperity settlement, and The New Neighborhood of the Ancient Town. A clear picture has been drawn for the future living ideal model of Jiashan.

Chapter 8, proposes a strategic plan for Jiashan, which includes "1 Fertile Farmland Landscape, 3 Charming Routes, 8 Demonstration Clusters, and 20 Iconic Projects.". It introduced its detailed implementation and control practices in the ten major systems of "Ruyi Metasequoia Road System, Greenway system in Xiang Fu Dang, Street Furniture System, Wilderness and Farmland System, New Jiangnan Garden System, Building Construction Systems, Night Lighting System, Exhibition System, Digital System, and Art Installation System".

Chapter 9, based on the strategic and systematic planning layout of the above chapters. Firstly, it further elucidates the mechanism guarantee, full process review, and implementation control of the Chief Planner's overall control model in Jiashan. Furthermore, a series of demonstration projects under the overall control of the chief engineer were presented in the Jiashan area, showcasing their exciting results. This includes six typical demonstration projects: Eco-friendly Demonstration, The national dual carbon strategy demonstration, Industrial coordination demonstration, Technological innovation demonstration, Canal town style demonstration, and Common Prosperity Demonstration.

This book is a systematic summary of the overall planning, construction, management, operation and service of Professor Shen Lei's team in Jiashan during the construction of the Yangtze River Delta Ecological Green Integration Development Demonstration Zone. Starting from the analysis of policy background and the assessment of location advantages, this book aims to create an ideal living environment for the Jiashan area as a "Dreamy Canal Town" and proposes a comprehensive plan and construction content. This book also vividly records the eight systematic strategies and four key areas of Jiashan's planning as a "Dreamy Canal Town" in the new era under the overall control mode of the chief planner. Through the implementation guidance and demonstration project presentation under the overall control of the chief planner, we have achieved theoretical construction and specific project practice. This can provide reference methods and typical cases for planners, designers, planning managers, and government decision-making departments. This can provide theoretical and practical support for the innovative research of urban planning methods in the new era. This can provide a reference, replicable, and highly effective planning model and method guidance for technical management and administrative management for the construction of other cities in China. At the same time, this book also avoids complex and obscure professional terminology as much as possible, and instead enhances the readability of the content through documentary methods. We hope to introduce the development process and innovative planning methods and models of urban planning in China to the public, in order to benefit all readers who are interested in the development of urban and rural areas in Jiashan and China's urban and rural planning.

In November 2022, during the third anniversary work site meeting of the construction of the Yangtze River Delta ecological green integration development demonstration zone, Jiashan presented a high-scoring answer sheet that reflects its strength, represents its level, and has its own characteristics, showcasing the most beautiful ecological bottom plate, high-quality construction benchmarks, and sustainable development engine of the demonstration zone. With the implementation of the "Two Mountains Theory, " which emphasizes the value of "lucid waters and lush mountains, " Jiashan has transformed the region into a stunning showcase of natural beauty. Notable achievements include the establishment of the Xiang Fu Dang Green Water Project, which encompasses thousands of acres of underwater forest, as well as the creation of China's first zero-carbon village, the Zhuxiaohui Science and Innovation Gathering Village. To position itself for future innovation growth within the Yangtze River Delta, Jiashan has also taken the initiative in the creation of the Xiang Fu Dang Science and Innovation Green Valley. Another brilliant example of Jiashan's achievement is The Sinking Fragrance Literary Youth Tribe, which offers tangible evidence of the community's reputation and acts as a strong foundation for the town's jump into the long-term future. With the expert technical assistance of Professor Shen's team, Jiashan is poised to evolve from a traditional and modern canal town into a futuristic dream-like canal town. It will become a world-class model for sustainable living, a strong voice in the national strategy, and an ecological gem within the Yangtze River Delta's science and innovation highland.

Shen Lei

目　录

Contents

中篇　本底规划

BACKGROUND PLANNING

下篇　亮点呈现

HIGHLIGHT PRESENTATION

GOLDEN BASE PLATE

Jiashan District Urban Planning
and Construction Chief Planner Practice
in Demonstration
Zone of Green and Integrated
Ecological Development of the Yangtze River Delta

Previous Article

CONSENSUS OF THE TIMES

时代共识

上篇

第一章 Chapter 1

应对气候变化的全球共识及中国承诺

Global Consensus and China's Commitment to Address Climate Change

第一节　可持续发展：理念与未来

Sustainable Development: Concept and Future

20 世纪 80 年代初，正当人们对自然保护与环境问题关切备至之际，自然保护国际联盟（IUCN）首次推动了“可持续发展”的理念，将其引入了公众的视野。随后，在 1987 年，《我们共同的未来》（*Our Common Future*）报告正式确立了这一理念，并将“可持续发展”明确定义为“既满足当代人的需求，又不损害后代人满足其需求的发展”。这一理念成为全球各国政府和国际组织推动发展的重要指导原则。随着时间推移，自 1992 年里约热内卢地球高峰会议以来，可持续发展的讨论已经逐渐从理论探讨转向更加务实的行动。国际社会不再只停留在对可持续发展的语义、属性和哲学概念的辩论上，而是更加注重解决实际而紧迫的技术层面问题，以及基础性的保障措施。这一演变表明了对可持续发展的认知不断深化，社会对可持续性问题的处理正逐渐由理念探讨转向务实行动，为全球未来的可持续繁荣奠定了实践基础。

在城乡规划的领域，我们对“可持续发展”这一概念已经不再感到陌生。联合国人居委员会（UNCHS）在为 1996 年 6 月召开的第二届联合国人类住区会议准备最佳实例时，将可持续性（sustainability）、协作情况（partnerships）以及实际效果（tangible impact）三者并列为选择实例的三个标准。从那时起，全球城乡规划领域的先锋们开始纷纷提出可持续城市、可持续建筑等概念，试图将可持续发展的思想融入规划设计的理论和实践之中。简而言之，可持续发展的核心理念旨在追求三个方面的平衡：追求经济增长与资源利用的平衡，即“经济”可持续；追求生态系统完整和减排的平衡，即“环境”可持续；追求公平包容和福祉的平衡，即“社会”可持续。规划师们希望通过实践手段，如能源转型、环境保护、循环经济、科技创新等，共同走向一个可持续的未来。这并不仅仅是理论上的追求，更是一场关乎我们共同生存与繁荣的实际行动。在这个共同奋斗的过程中，规划师们努力使城市规划更加贴近人心，更好地适应不断变化的环境，为我们的子孙后代留下更美好的生活空间。

然而，联合国环境规划署最新发布的《2023 年适应差距》报告给我们敲响了警钟，提醒我们气候适应投资与规划依然存在不足，全球正面临着巨大的风险。一系列气候变化的影响持续加剧，而全球应当加速实施的适应措施却在放缓，与气候相关的损失和损害正在不断增加（图 1-1）。同样，联合国政府间气候变化专门委员会（IPCC）发布的《气候变化 2022：影响、适应和脆弱性》报告更是指出，全球平均气温已经比工业化前高出 1.09 摄氏度，气候变化给地球带来的灾难性影响已经变得“不可逆转”。图 1-2 展示了在不同碳排放情景下地球环境及生态系统的变化，科学家的预测显示，如果我们不能迅速削减温室气体排放，未来 20 年内全球升温将达到 1.5 摄氏度，这将导致更多人口死于气候相关疾病、水资源和粮食短缺，更多的动植物群落将从地球上消失。气候变化还与自然资源的不可持续利用、日益增长的城市化、社会不平等、极端事件和流行病等的全球趋势相互作用，对地球的未来发展构成威胁。

《气候变化 2022：影响、适应和脆弱性》（以下简称“《报告》”）报告指出，全球范围内，中国将是受气候变化影响最大的国家之一，直接威胁中国的粮食安全、经济安全以及人民生命安全——近年来，我国许多城市正在不断遭受暴雨、干旱等极端天气带来的威胁，应对气候变化等行动刻不容缓。随着全球温度持续上升，农作物减产将成为严重问题。《报告》引用的一项研究显示，在高碳排放情景下，中国每年水稻、小麦及玉米产量将分别下降 7%、11% 及 8%；而在实现快速减排的情况下，仅分别下降 3%、6% 及 4%。全球变暖引发的海平面上升、河流洪灾以及水资源短缺，也将严重制约我国城市群的发展。以广州为例，在高碳排放情景下，到 2050 年因海平面上升所造成的经济损失预计高达 3310 亿美元，而到 2100 年可能升至 1.4 万亿美元；相比

图 1-1　全球气候变暖导致北极冰川融化

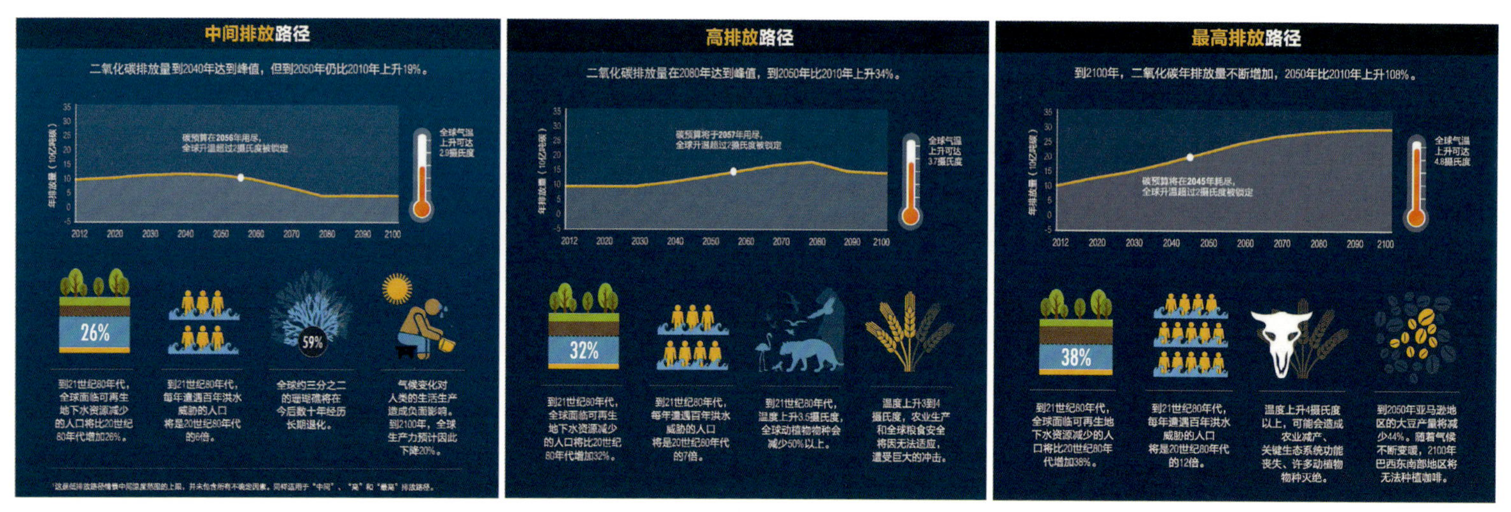

图 1-2　三种碳排放情景下地球环境及生态系统的变化

之下，实现快速减排可能将这一数字降至2.54亿美元。

同时，全球每多排放1吨二氧化碳，可能导致中国损失约24美元，而2021年全球二氧化碳总排放量约为364亿吨。另一项研究表明，地球的高温和湿度将挑战人类的极限。即使全球升温不超过1.5摄氏度，中国每年与高温相关的死亡率将从每百万人32人增加到每百万人49~67人；如果全球升温幅度达到2摄氏度，该指标将增加到每百万人59~81人。据《报告》预测，在高排放情景下，到2050年中国将有高达47%的人口生活在缺水状态，每年约9300万人可能遭受沿海洪水的威胁，而到2100年这一数字可能上升至1.2亿~1.4亿人。这些数字不仅仅是冰冷的统计，更是对中国未来生存和发展的严峻现实的警示。我们必须迅速采取有力的行动，为我们的子孙后代创造一个更加安全、可持续的生活环境。

“天不言而四时行，地不语而百物生。”这句古训道尽了地球作为我们共同的、唯一的家园的神奇与奥妙。在面对气候变化的巨大挑战时，人类的命运紧密相连。为了应对这一全球性的问题，2015年12月12日，《联合国气候变化框架公约》近200个缔约方在巴黎气候变化大会上达成《巴黎协定》，为2020年后全球应对气候变化行动作出了安排。《巴黎协定》的长期目标是“将全球平均气温较前工业化时期上升幅度控制在2摄氏度以内，并努力将温度上升幅度限制在1.5摄氏度以内”。目前，全世界已有178个国家成为该协定的缔约方。这一协定标志着全球绿色低碳转型的大方向，是为了保护我们共同的地球家园所采取的最低限度行动。减少温室气体排放、摆脱对化石能源的依赖成为改变局势的关键，而世界各国正加速推进可持续发展则成为必然的选择。当前，全球有上千个城市正在积极践行气候行动。这些城市在其低碳发展规划或行动方案中，纷纷提出碳减排、碳达峰以及碳中和的目标。比如，《纽约规划2030》明确提出“2050年温室气体排放比2005年减少80%”的雄心目标，《哥本哈根气候计划》力争“2025年建成世界第一座碳中和城市”，而《上海市城市总体规划（2017—2035年）》更是规划了“碳排放总量与人均碳排放预计2025年前达峰，至2035年控制碳排放总量较峰值减少5%左右”的详细计划。这些积极的努力彰显了全球城市在可持续发展和应对气候变化方面的决心，为我们共同的未来创造更为可持续、绿色的生活空间。

生态系统，包括我们人类自身在内，正面临着一场“硬性极限”的挑战。一旦到达这个不可逾越的边缘，生态系统将无法再适应更多的变化。这不仅是对环境的严肃警告，更是对我们未来生存的紧急呼吁。在面对气候变化带来的威胁时，我们必须迅速采取行动，共同努力，保护我们共同的家园。正如某些学者所言：“可持续发展要从理念转变为行动，需要三步走：科学家的艰苦探索，构建可持续发展理念；决策者的政治意愿，接受可持续发展战略；更深入的公众参与，推动可持续发展实现。”目前，沈磊教授领导的总师团队正在长三角生态绿色一体化发展示范区嘉善片区的规划与建设实践中，积极贯彻三步走的战略，为推动可持续发展行动作出贡献。总师团队正在构建出一套符合生态、绿色和发展的可持续理念，决策者的积极意愿让规划战略得以实施，为嘉善片区的未来创造出了更为可持续的发展路径。与此同时，公众的更深入参与也为可持续发展提供了坚实的基础，推动着实现这一理念的具体行动。在总师团队的带领下，长三角生态绿色一体化发展示范区嘉善片区正迈出坚实的步伐，朝着可持续发展的目标稳步前行。这不仅是一项局部的工作，更是为我们共同的未来打造一个更加绿色、可持续的生活空间的积极实践。

第二节 绿色低碳转型：目标与要求

Green and Low-carbon Transformation：Objectives and Requirements

绿色低碳转型“统筹国内国际，生态绿色发展”的目标，建立在国内国际应对气候变化的行动之上。2015 年 12 月，《联合国气候变化框架公约》第 21 次缔约方会议在巴黎召开，就 2020 年以后的全球应对气候变化新机制达成协议，要求各国采取更加积极的行动。作为全球最大的温室气体排放国，中国在实现《巴黎协定》中提出的全球应对气候变化长期目标方面起着至关重要的作用。这也意味着中国需要转变当前的发展模式，向绿色低碳发展方向迈进。在全球应对气候变化进程出现新转折、中国经济发展进入新常态的时代，绿色低碳转型的重要目标在于统筹国内、国际两个大局，将规划与实践面向生态文明建设，体现“创新、协调、绿色、开放、共享”的新发展理念。以碳达峰、碳中和为牵引，坚持绿色生产、绿色技术、绿色生活、绿色制度的一体推进，我国将全面提升能源安全绿色保障水平，建立健全绿色低碳循环发展经济体系。

绿色低碳发展转型，牵涉经济转型、产业升级、个人和组织行为改变、能源系统变革以及国际气候治理体系创新等多个层面，形成了一项错综复杂的系统工程。在这个过程中，存在着许多挑战和不确定性。为了降低转型成本，有效应对转型过程中的风险，我们需要具备全球性的视野和前瞻性的布局。在国家宏观战略层面，必须进行不同空间和时间尺度的统筹协调，提出近、中、远期不同阶段的转型目标和要求，以确保绿色低碳发展逐步实现。同时，需要优化转型路径，实施及时有效的政策干预，并对转型过程进行科学管理。

然而，当今世界的气候变化现实情况不容乐观，这也对我国绿色低碳转型提出了更多实质性的要求。IPCC《报告》显示，当前世界正朝着导致全球升温 2.5~2.9 摄氏度的碳排放路径迅速前进，全球推动碳减排的努力仍然面临重重挑战。在《巴黎协定》达成 5 周年之际，习近平总书记在 2020 年 9 月的联合国大会上提出了中国更为有力的气候行动计划。他表示：“中国将提高国家自主贡献力度，采取更加有力的政策和措施，二氧化碳排放力争于 2030 年前达到峰

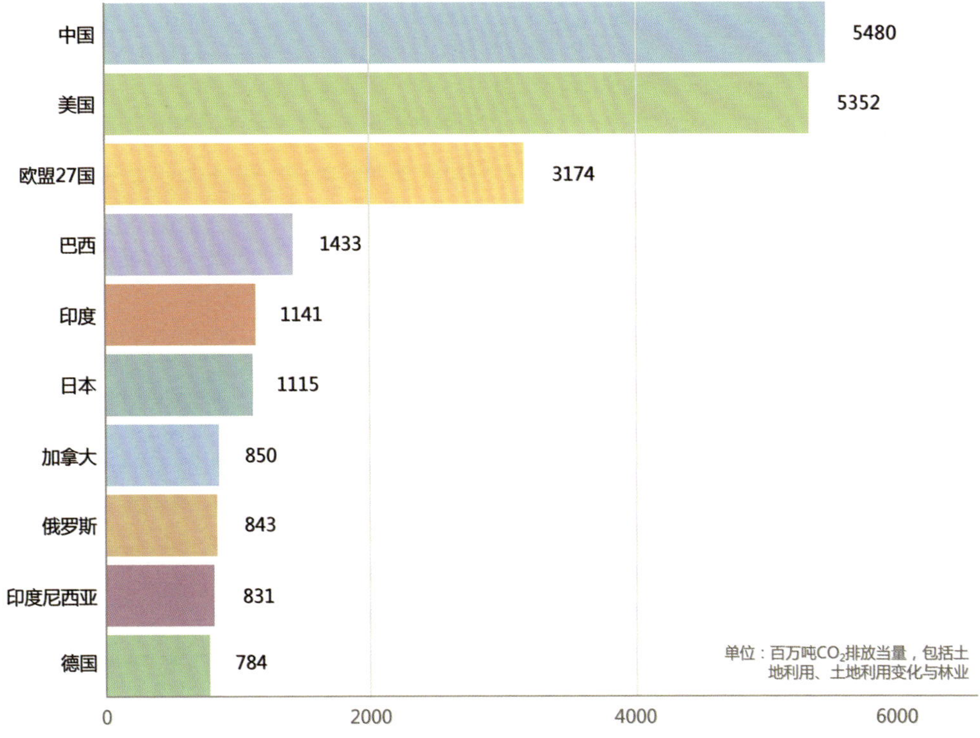

图 1-3　2004 年起中国成为世界最大的 CO_2 排放国

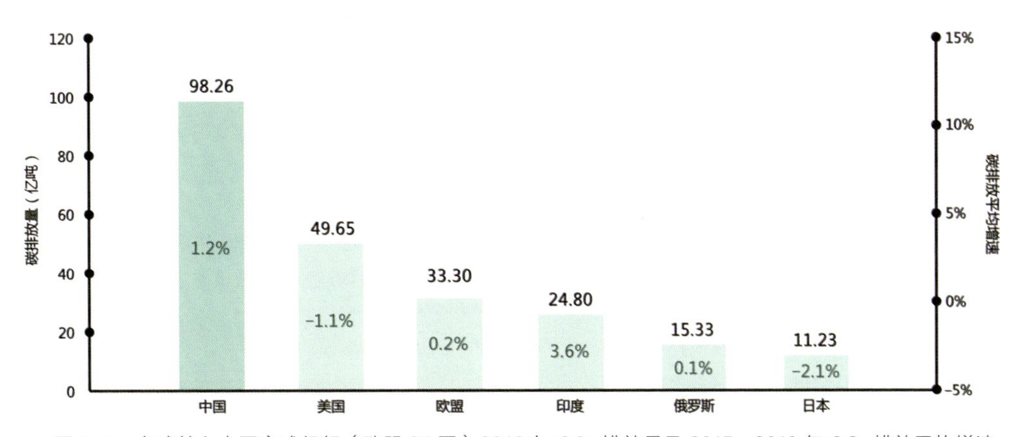

图 1-4　全球前六大国家或组织（欧盟 27 国）2019 年 CO_2 排放量及 2015—2019 年 CO_2 排放平均增速

值，努力争取 2060 年前实现碳中和。”这是中国最高领导层首次做出实现零碳排放的庄严承诺，彰显了中国在应对气候变化方面的大国担当和坚定决心。同年 12 月 12 日，习近平总书记在气候雄心峰会上更进一步表示：“到 2030 年，中国单位国内生产总值二氧化碳排放将比 2005 年下降 65% 以上，非化石能源占一次能源消费比重将达到 25% 左右，森林蓄积量将比 2005 年增加 60 亿立方米，风电、太阳能发电总装机容量将达到 12 亿千瓦以上。”这一系列承诺展现了中国在应对气候变化方面的坚定决心，为全球可持续发展树立了榜样。

根据世界资源研究所（WRI）的相关研究，1990 年至 2018 年，欧美发达国家成功地在一定程度上控制了二氧化碳排放速度。然而，进入 21 世纪后，中国的二氧化碳排放量呈现显著增加的趋势，于 2004 年左右超过美国，一举成为全球最大的二氧化碳排放国（图 1-3）。随着中国在 2014 年成为世界第一大经济体（国际货币基金组织，IMF），其二氧化碳排放问题日益引起关注。在 2015 年至 2019 年的时间段内，中国的二氧化碳排放年均增速约为 1.2%，仅次于印度的 3.6%（图 1-4）。相较于欧美国家 40~70 年的碳达峰历程，作为发展中国家的中国，要在最短时间内实现全球最高峰值的碳达峰（图 1-5），势必需要探索

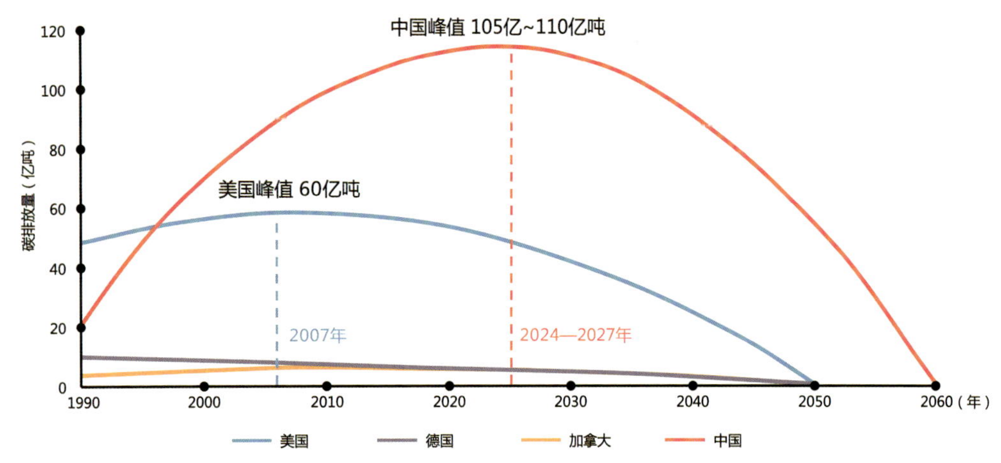

图 1-5　中国将以全球最短时间、最高峰值实现碳达峰

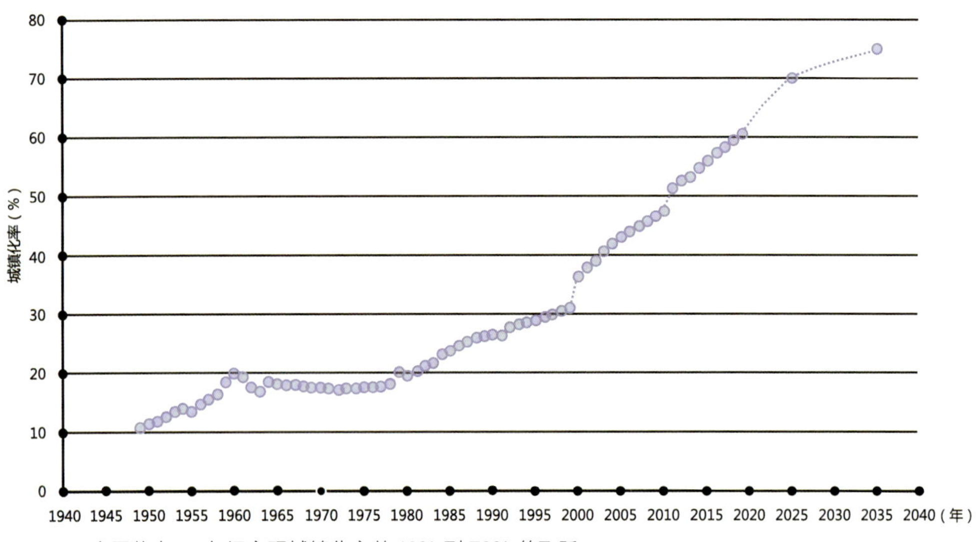

图 1-6　中国将在 75 年间实现城镇化率从 10% 到 70% 的飞跃

一条具有“中国特色”的减碳减排路径。这一路径旨在保障经济可持续发展的同时，实现“双碳”目标。这项任务对中国而言，是一场发展的马拉松，要求我们在缩短时间、提高峰值的同时，依然保持经济的健康增长。这就意味着必须深入挖掘中国在能源、工业、交通等领域的潜力，推动绿色技术的创新应用，从而实现在碳减排方面的巨大飞跃。在这个过程中，中国将不仅仅是追赶者，更要成为全球绿色发展的引领者，为全球应对气候变化贡献中国智慧和力量。

绿色低碳发展，实质上是可持续发展的体现，是顺应时代潮流和世界发展大势的不可回避的选择。具体而言，绿色发展意味着以效率、和谐、可持续为目标的经济增长和社会发展方式；而低碳发展，则追求用更少、更清洁的能源支持经济社会的可持续发展。其中，低碳发展的核心问题在于实现能源的绿色化。转型发展伴随着经济发展阶段的变化，经济发展方式同时也在经历深刻的变革。中国在城镇化进程方面经历了世界历史上规模最大、速度最快的过程，截至 2021 年，中国城镇化率已达 64.72%（图 1-6）。城镇化所带来的经济迅猛增长和人口规模扩大，使城市成为主要的碳排放源，占据全国碳排放总量的 70%。在碳排放结构方面，能源和工业、交通、建筑等领域占据主导地位。虽然交通和建筑的占比相对较小（分别为 7% 和 6%），但在“双碳”路径上同样有着巨大的发展潜力。尤其是城市，将成为中国实现碳中和和碳达峰目标的主战场，碳减排将成为中国城市未来发展中不可回避的硬性限制，低碳转型将是中国新型城镇化道路上的必然选择。这个选择将塑造中国城市未来的发展轨迹，推动城市实现可持续发展。

据中国社会科学院相关报告预测，中国在“十四五”期间将迎来城镇化进程的重要拐点，从高速推进逐步转向放缓。这标志着中国城镇化已经进入“下半场”，正在经历由

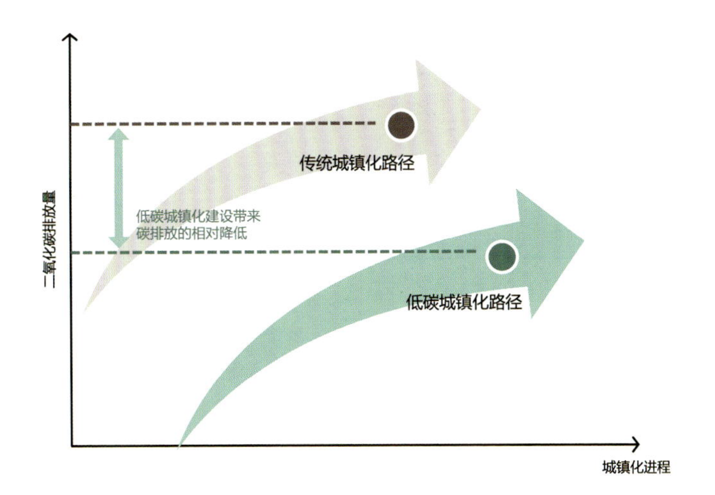

传统城镇化： 城镇化率每增加 1%，能源消费将相应增加 6000 万吨标煤；能源结构保持不变的前提下，二氧化碳排放量将增加约 1.5 亿吨。
低碳城镇化： 实现新型城镇化建设低碳转型，提高城镇化质量，切实提高能源利用效率，优化能源结构，降低能源消耗和二氧化碳排放强度。

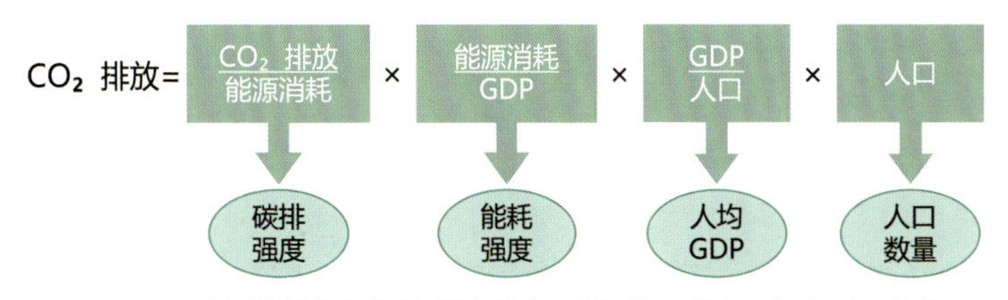

图 1-7　中国城镇化绿色低碳转型对于碳达峰、碳中和具有重要意义

高速增长向高质量增长、由追求数量向追求深度转变的阶段。在《“十四五”规划纲要》中，明确指出要“实施可持续发展战略，完善生态文明领域统筹协调机制，构建生态文明体系，促进经济社会发展全面绿色转型，建设美丽中国”，并提出从“提升生态系统质量和稳定性、持续提高环境质量、加快发展方式绿色转型”三个方面聚焦发力。这表明“十四五”期间，中国将把减碳作为主要目标，绿色发展将成为未来城镇化的主旋律（图 1-7）。这也是中国在应对气候变化新征程上提高国家自主贡献力度的重要路径。在这一过程中，中国将不仅仅关注数量的增长，而将更加注重质量的提升，以推动城镇化进程朝着更为可持续的方向发展。这将为中国城市的未来奠定坚实的绿色基础，助力构建更加和谐、宜居的城市环境。

在绿色低碳转型中，不可避免地涉及“发展”与“保护”之间的辩证关系。环境的可持续性与高质量发展之间存在长期而严峻的矛盾与协同。环境可持续性强调经济、社会和环境三方平衡，将经济发展置于环境保护和资源合理利用的前提中；高质量发展注重提高经济发展的质量和效益，特别是在增长速度中更关注增长的质量。这两者之间有着紧密的内在联系，环境为经济提供了资源和生态系统服务，为实现长期的经济发展和社会进步创造了基础条件。实现高质量发展需要在环境可持续性的基础上进行，这要求在规划实践中不仅要充分考虑区域高质量的经济发展，还需要促进其与环境、社会的协调发展。这包括推动绿色发展、低碳经济转型，促进资源的有效利用和循环利用，以实现经济的高质量增长和环境的可持续性。

在中国，绿色发展的变革焦点集中在产业结构、能源结构、运输结构的明显优化上，以构建绿色低碳循环发展的生产、流通、消费体系。要实现这一转型，需要加快发展绿色能源，推动能源结构朝着低碳方向转变；培育绿色产业，促进工业迈向绿色升级；调整运输结构，迅速推进绿色交通的发展；创新应用绿色技术，为绿色低碳发展提供支持；倡导绿色生活方式，促进人与自然的和谐共生等。这一转型要求城乡规划从战略方针到实施阶段都明确指出明显的路径，并提供相应的论证方法。因此，我们需要以一种发展的视角来审视城乡未来的空间格局变化，规划者必须付出更多的努力。沈磊总师团队充分考虑到嘉善的生态环境特点，通过深入挖掘生境特色和自然空间的底板格局，通过金色底板、竹小汇零碳聚落、祥符荡科创绿谷等一系列绿色低碳实践，打造生态文明的示范片区。

第三节　全球共识视野下的气候变化应对

Climate Change Response from a Global Consensus Perspective

20 世纪 60 年代初，美国学者蕾切尔·卡逊的著作《寂静的春天》如一场启蒙之火，点燃了全球对气候变化的关注。随后，1972 年国际学术性组织“罗马俱乐部”的研究报告《增长的极限》、1972 年联合国召开的人类环境会议、1987 年世界环境与发展委员会发表的研究报告——《我们共同的未来》、1992 年召开的联合国环境与发展大会，以及 2002 年联合国可持续发展世界首脑会议……一本本影响深远的著作，一次次飞跃性的国际环境保护大会的召开，无不表征着同一个事实：全球视野下对气候变化的事实达成了较为一致的共识，国家和地区之间逐渐积极寻求合作。然而，把时间拉进，我们所面临的气候变化情况却日益严峻。据世界气象组织（WMO）发布的《全球年际至十年际气候最近通报（2023—2027）》，在厄尔尼诺效应和人类活动的双重影响下，接下来五年内，至少有一年的全球平均气温超过《巴黎协定》规定的 1.5 摄氏度升温阈值的概率将达到 66%。这将创下人类历史上有记录以来的气温峰值。世界气象组织发布的《2022 年全球气候状况报告》指出，2022 年 CO_2、CH_4 和 N_2O 等三种主要温室气体的浓度持续上升。早在 2021 年，这三种气体的浓度就已经达到了观测到的最高纪录。尽管过去三年出现了一些产生降温效应的拉尼娜现象，但 2015—2022 年仍然是自 1850 年以来有仪器记录的最暖 8 年。2022 年全球平均气温比 1850—1900 年平均值高出约 1.15 摄氏度。

一系列数据反映出气候变化问题的严重性和急迫性。气候系统的失衡正在迅速发展，这对人类社会和生态系统将产生深远影响。这并非孤立事件，而是全球范围内的趋势。危急关头，我们需要更加积极地寻求全球合作，共同采取行动，以减少气候变化的不利影响，推动可持续发展的实现。在这一紧迫的气候变化背景下，全球各方逐渐形成的气候共识表现在积极寻求对话、磋商与合作解决的途径上，并在各国的承诺与实际行动中得以体现。当地时间 2023 年 11 月 30 日，《联合国气候变化框架公约》第 28 次缔约方会议（COP28，以下简称“气候变化大会”）于阿联酋迪拜开幕。此次气候变化大会成为各国政府盘点近期应对气候变化行动的平台。

在气候变化大会上，各国代表纷纷对其近期的应对气候变化举措进行总结。为了更好地理解全球各国在气候变化上达成的共识，并理解不同国家地区最新的气候变化应对态度及相关政策，我们梳理了英国、德国、意大利等多个国家代表在气候变化大会上的发言，以展示其各自在气候行动上的最新进展。

英国正加强气候融资，解决森林砍伐及能源创新问题。英国承诺将为国际气候融资项目（International Climate Finance，ICF）提供 16 亿英镑，推动其在五年内为 ICF 投资 116 亿英镑的承诺。英国表示将把大部分投资用于非洲与亚洲的项目，以解决森林砍伐和能源创新问题，努力恢复英国作为应对气候变化领导者的声誉及重拾英国绿色信用。英国采取多方面措施对国内自然遗产进行进一步保护，宣布 34 个新的土地景观恢复项目和社区森林以及资金投入方向。英国承诺的 16 亿新资金中，将有 5 亿英镑作为“森林和可持续土地利用投资”，为森林国家提供支持，减少森林砍伐，增强对可持续森林及土地利用的管控，为土著及当地社区提供支持。同时，16 亿基金中将有约 3.16 亿英镑用于能源创新项目，以帮助加速全球向可再生资源开发的过渡。

德国支持遏制甲烷排放倡议，并正式成立“气候俱乐部”（Climate Club），目前已有 36 个国家成为该俱乐部成员，旨在率先采取行动，共同制定气候中性产业的战略及标准。德国发表的支持遏制甲烷排放倡议，敦促更多国家和公司采取行动，德国政府将以天然气及石油生产作为工作重点，控制能源部门的甲烷排放，协同最高甲烷排放的农业部门努力开展后续工作。

意大利增加对非洲粮食系统的投资，促进长期繁荣发展。意大利呼吁各国政府设立明确方向，进行合理且具体的行动，同时意大利承诺将向损失与损害基金提供 1 亿欧元。全球粮食安全是意大利总理外交政策的主要关注点，意大利计划将 70% 的气候基金（Climate Fund），约 40 亿欧元投资于非洲，帮助非洲建立一个多产且高效的粮食生产系统，重点开发抗病和适应气候变化的作物以及先进和创新的农业方法。意大利补充强调，非洲不需要慈善，而是需要在平等条件下的竞争机会，从而使其能够依靠现有的丰富资源实现长期增长与繁荣，“授人以鱼不如授人以渔”。

法国推动七国集团（G7）成员国在 2030 年退出煤炭行业。法国呼吁逐步淘汰煤炭、石油及天然气，大力加快推进核能及可再生能源发展。法国表示“摆脱化石燃料是先进国家的首要任务”，各国应承担起责任携手合作，尤其是G7成员国，需要以身作则，在其他国家之前做出行动。法国作为世界上使用核能使用最多的国家，其能源结构中几乎没有煤炭，在讲话中法国再次承诺将在2027年前关闭最后一座燃煤电站。

美国将增强气候领导地位，提出削减甲烷排放计划。美国将向损失与损害基金提供1750万美元，向绿色气候基金（Green Climate Fund）承诺提供30亿美元，并提出美国在减排和利用可再生能源方面的一系列措施，试图重新树立全球气候领袖地位。美国是全球最大的石油与天然气生产国，其公布了削减本国石油与天然气行业甲烷排放的新规定。新规定将禁止对新钻探油井生产的天然气进行常规燃烧，要求石油公司监测油井井场和压缩机站的甲烷泄漏情况。美国还将制定一项特殊计划，利用第三方遥感技术监测超级排放源（super-emitters）所释放的甲烷含量。

加拿大支持甲烷限制承诺，并将加强相关排放法规。加拿大承诺向损失与损害基金提供1600万美元，并分享其在逐步取消低效化石燃料补贴方面的经验。同时，加拿大发布了《加拿大甲烷法规草案》（*Canada's Draft Methane Regulation*），旨在限制石油与天然气甲烷相关的温室气体排放，预计到2030年，石油与天然气甲烷排放量将在2012年的基础上减少至少75%。

新加坡推进绿色金融，建立全球碳市场网络。新加坡近期工作的主题为脱碳、金融及韧性，宣布围绕混合融资和过渡碳信用额度所展开的进一步举措。新加坡几家本土企业，例如AirCarbon Exchange公司可为客户提供数字平台，用于购买、交易及使用碳信用额度和重新造林、清洁能源投资等碳抵消项目。该公司表示，他们的愿景是建立一个碳市场网络，将世界各方连接在一起，更加有效地进行碳信用交易，形成良好的气候融资模式。

日本正加速推进绿色能源转型，构建亚洲零排放共同体。日本将基于《能源绿色转型促进法》（Green Transformation，GX）推行碳定价机制，并于2024年发行全球首个获得国际认证的国家转型债券。日本作为全球第三太阳能利用国，表示将以可再生能源作为主要电力来源，大力支持《全球可再生能源和能源效率承诺》，以在全球范围内创造一个公平、可持续的商业环境，促进清洁能源供应链的多样化为目标。通过加速推进能源绿色转型，努力实现减排、稳定能源供应和经济增长三者的平衡，日本将积极寻求与亚洲各国家合作，构建亚洲零排放共同体框架，共同应对气候变化。

韩国将高效利用核能优势，推动可再生能源项目。韩国水利核电通过其创新性小型模块化反应堆（i-SMR）技术，以及以此技术为驱动的智能净零城市模型，将以高效利用核能为优势，推动能源转型。韩国最大能源集团 SK E&S 与全球合作伙伴及韩国政府签署“建设韩国最大低碳氢工厂的全球谅解备忘录”，将与多方公司共同推进韩国规模最大的低碳氢项目。该项目计划利用碳捕获和储存（CCS）技术，捕捉制氢过程中排放的二氧化碳，并将其储存在废弃的天然气田。

南非各国同样表示，将敦促为非洲大陆的气候适应性提供有力资金支持。非洲领导人敦促各方对非洲大陆的适应融资需求做出更加全球性的回应，以帮助非洲应对气候变化的影响，增强非洲气候变化适应性。在 2023 年 12 月 1 日举行的非洲适应资金峰会上（Adaptation Finance Summit for Africa），领导人表示目前气候适应资金流向非洲的占比为 39%，仍需急速增加。非洲开发银行集团行长宣布启动气候行动窗口（Climate Action Window），呼吁捐助者与投资者加入气候行动窗口，筹集到的资金将用于为 2000 万农民提供适应气候变化的农业技术及天气保险，向 1800 万人提供水、卫生及保健服务，以及对 100 万公顷的退化土地进行修复。

气候变化逐渐成为国际社会的共同议题。从 1972 年的罗马俱乐部《增长的极限》报告，到联合国环境与发展大会以及最新的气候变化大会（COP28），全球各国在应对气候变化上逐渐达成了广泛共识。然而，尽管各国纷纷采取了不同的行动，如气候融资、减排措施和可再生能源开发，气候变化的严峻形势仍在加剧。世界气象组织的报告显示，温室气体浓度持续上升，全球气温屡创新高。一系列数据和事件表明，气候变化不仅是环境问题，更是关乎人类社会和生态系统的紧迫危机。面对如此严峻的形势，全球需要更加紧密的合作与协调。各国在气候变化大会上展示的行动和承诺，反映了国际社会积极寻求合作、共同应对气候变化的努力。我们需要加快步伐，采取更加有力的政策和行动措施，以实现全球气候目标，推动可持续发展。

在全球共识视野下，应对气候变化不仅需要各国政府的努力，也需要企业、非政府组织以及个人的积极参与。只有全社会共同努力，才能有效减少气候变化带来的不利影响，确保地球的未来更加绿色、可持续。全球共识不仅是目标，也是行动指南，各方应以实际行动为基础，推动全球气候治理走向更加务实和高效的方向。

第四节 应对气候变化中国在行动

China is Taking Action to Respond Climate Change

全球气温的急剧攀升同样也引起了中国的警觉。随着《京都议定书》《巴黎协定》等国际条约的签署，中国也采取了积极行动，应对气候变化的挑战。在《联合国气候变化框架公约》第 28 次缔约方会议上，中国宣布将积极寻求多边合作，加速推动绿色能源转型及实施措施。我们强调："中国一直重信守诺，为全球气候治理作出重要贡献。"在推动绿色发展、进行能源革命和应对气候变化的国际合作方面，中国将保持积极态度，并提出将践行多边主义，加强团结合作。同时，中国还计划加速绿色转型，积极提高可再生能源比例，推动传统能源清洁低碳高效利用，加快形成绿色低碳生产方式和生活方式。最终，中国将强化实际行动，充分兑现已有承诺。特别是，中国呼吁发达国家切实加大对发展中国家的资金、技术、能力建设支持，以将抽象的愿景转化为切实可行的现实。中国正在国际舞台上积极展现历史使命和与责任担当，为全球气候治理贡献力量。

回顾历史，中国在应对气候变化的可持续发展目标方面持续付出了积极努力。1994 年 3 月，国务院常务会议通过的《中国 21 世纪议程——中国 21 世纪人口、环境与发展白皮书》首次将可持续发展战略纳入我国长远规划，为我国经济和社会的发展确立了战略方向。自 1997 年中共十五大将可持续发展战略明确为我国"现代化建设中必须实施"的战略，到 2002 年党的十六大将"可持续发展能力不断增强"作为全面建设小康社会的目标之一，我国在可持续发展方面的探索一直在不断深化。应对气候变化的可持续发展目标已成为各大领域行动的伦理价值准则，体现了新发展观、道德观和文明观的重要意义。面对资源约束、环境污染和生态系统退化等问题，我国自 2000 年初起，从国家层面先后出台了一系列重大决策和部署。

党的十六大将"可持续发展能力不断增强，生态环境得到改善，资源利用效率显著提高，促进人与自然的和谐"作为全面建设小康社会的目标；党的十七大提出"必须坚持全面协调可持续发展，坚持生产发展、生活富裕、生态良好的文明发展道路，建设资源节约型、环境友好型社会"；党的十八大提出“建设生态文明，是关系人民福祉、关乎民族未来的长远大计”“着力推进绿色发展、循环发展、低碳发展”；党的十九大将“坚持人与自然和谐共生”作为新时代坚持和发展中国特色社会主义的基本方略；党的二十大将“人与自然和谐共生”作为中国式现代化的重要内涵，提出“坚持可持续发展，坚持节约优先、保护优先、自然恢复为主的方针，像保护眼睛一样保护自然和生态环境，坚定不移走生产发展、生活富裕、生态良好的文明发展道路，实现中华民族永续发展”。这一系列的目标和倡议，展现出我国在构建可持续未来的道路上的坚定决心和实际行动。

与欧美发达国家“直接削减”的方式不同，身为全球最大的发展中国家，中国应对气候变化的措施必须在“保护”与“发展”之间谋求平衡，巧妙处理矛盾与兼容的关系。面对国际形势的风云变幻，中国毫不畏难，以坚定的决心加强气候变化的应对措施，展现出独特的责任和担当。近年来，中国显著降低了二氧化碳排放强度，有效控制了温室气体的排放。截至 2020 年，中国单位国内生产总值二氧化碳排放量较 2005 年下降了 48.4%，非化石能源在能源消费总量中的占比达到了 15.9%，森林蓄积量超过 175 亿立方米。这不仅超额完成了“十三五”规划的目标，更超出了 2009 年向国际社会承诺的“到 2020 年单位国内生产总值二氧化碳排放比 2005 年下降 40%~45%，非化石能源占一次能源消费比重达到 15% 左右，森林蓄积量比 2005 年增加 13 亿立方米”的目标，为国家自主贡献目标的实现奠定了坚实基础。

中国在应对气候变化方面一直秉持减缓和适应并重的策略。自 2007 年起，中国不仅 4 次发布了气候变化国家评估报告，而且在 2013 年，正式发布了《国家适应气候变化战略》，标志着中国在适应气候变化方面取得了新的进展。紧接着，我国多个部门多方协调努力，联合印发了《城市适应气候变化行动方案》和《国家适应气候变化战略 2035》等文件，提出了全国八大区域和五大战略区域的适应气候变化任务，构建了多层次的适应气候变化区域格局。与此同时，中国还积极投身国际气候治理。中国联合其他国家发起全球气候适应委员会，致力于共享适应气候变化的成功经验与案例，推动南南合作，共同应对全球气候变化所带来的各种挑战。中国在国际舞台上展现出坚定的决心，通过跨国合作与经验分享，为全球气候治理事业贡献力量，彰显大国担当。

我国在可持续发展方面不断努力，从 1994 年发布的《中国 21 世纪议程——中国 21 世纪人口、环境与发展白皮书》到中国共产党各次全国代表大会上的可持续发展战略部署，我国一直致力于应对资源约束、环境污染和生态系统退化等问题。面对全球气温的急剧攀升，我们也积极响应国际气候协议，如《京都议定书》和《巴黎协定》，并在气候变化大会上强调了多边合作和绿色能源转型的重要性。我国一贯坚持履行承诺，推动绿色发展和能源革命，致力于实现绿色低碳的生产和生活方式，还呼吁发达国家增加对发展中国家的支持，以共同努力实现全球气候目标，在国际舞台上展现出坚定的决心和责任担当。近年来，我国也在用实际行动回应气候变化，坚持减缓与适应并重，通过一系列措施显著降低了二氧化碳排放强度，增加了非化石能源的比例，超额完成了对国际承诺的目标。

我国的行动不仅仅是对气候变化的应对，更是对自身发展模式的深刻调整。通过绿色转型和多边合作，我们不仅在全球气候治理中扮演了重要角色，也为其他发展中国家提供了可借鉴的路径。面对气候变化这一全球性挑战，我国展示了其作为负责任大国的担当和智慧。

2019 年 11 月 19 日，在国内外形势的大背景下，国家发改委发布了《长三角生态绿色一体化发展示范区总体方案》。这一总体方案明确示范区战略定位为：生态优势转化的新标杆、绿色创新发展的新高地、人与自然和谐宜居的新典范、一体化制度创新的试验田。值此示范区建设三周年之际，沈磊总师团队以规划、实施与成效治理的卓越声誉，紧紧围绕生态绿色、一体化、高质量等主题，积极响应“双碳”目标和“共同富裕”的号召。从规划建设到实际实施治理，全面展现了在“先手棋”和“突破口”方面所取得的建设成果。以嘉善示范区为楷模，沈磊总师团队向国家呈交了一份关于规划高质量落地的三周年答卷。这份答卷无疑是对生态绿色发展理念的有力印证，也是对全国推动可持续发展的积极贡献。

第二章
Chapter 2

生态城市的发展演变及“双碳”目标聚焦

Eco-city Development and Emphasis on Dual Carbon Strategies

第一节　生态城市理论起源与发展演变

The Origin and Development Evolution of Ecological City Theory

生态城市的概念，宛如人类文明的智慧结晶，是在对自然认知深化与演进的过程中形成的。无论是古代中国的城市人居环境建设，还是美国西南部印第安人的聚落布局，都勾勒出了生态城市的初期雏形。从如《易经》《道德经》等古老经典，到康有为的“大同书”，再到“太阳城”“田园城市”和道萨迪亚斯的“人类环境生态学”，人类历来都在积极探索与追求理想生活与住区。从传统城市聚落的自然生态思想，过渡到早期的生态觉醒，再发展为生态自觉，人类的环境价值观发生了深刻变革。传统的城市发展模式已不再满足追求人与自然和谐共存的城市发展需求。在如今可持续发展备受关注的时代，人类面临着何去何从的问题，城市又将何去何从？国际社会从生态学的角度提出了一个崭新的城市概念和发展模式——生态城市。如今，越来越多的城市正在追求生态的营城理念，涌现出众多以生态城市为发展目标和主要实现模式的城市，这不仅是人类建城生态价值取向的结果，更是未来城市发展的必然趋势，是可持续发展的人类住区形式。

回溯生态城市理念的根源，我们需要在过去的书籍、会议中寻找线索，回溯理念，追逐生态城市思潮的变迁，以找寻启发现代生态城市建设的借鉴思路。

现代生态城市理念思潮的源头，可以追溯到霍华德（Edward Howard）的田园城市理论。这一理论为我们揭示了城市与自然和谐共生的生态美学。1903年，英格兰莱奇沃思（Letchworth）应运而生，成为霍华德设计的典范田园城市。近一个世纪的洗礼后，这个小镇的国家资助、公共健康等的表现水平仍凸显出其极高舒适度的人居环境，相关指标仅次于霍华德设计的另一座田园城市——韦林（Welwyn）。随着城市生态环境变化和相关研究的深入，公众对环境保护的意识不断加强，推动着城市生态研究的发展。在现代社会的背景下，人与自然的关系问题重新引起了广泛关注和深刻反思。20世纪40年代，塞特（Josep Lluís Sert）编纂的《我们的城市还能存活吗》（*Can Our Cities Survive*）一书，对环境破坏后果发出了警示。芒福德（Lewis Mumford）同样意识到了人类发展与自然环境的失衡关系，并对小汽车文化和城市无序扩张发出了警示。1962年，生态学家卡森（Rachel Carson）发表了科普经典《寂静的春天》（*The Silent Spring*），此后，《增长的极限》（*The Limits to Growth*）和《生存的蓝图》（*A Blueprint for Survival*）等一系列作品，同样反映了人们对生态环境的广泛关注，并对传统的经济增长模式提出了质疑。这一系列事件不仅构筑了现代生态城市理念的基石，也引领着我们重新审视与自然共生的未来。在20世纪70年代，联合国教科文组织在“人与生物圈计划”（MAB）研究过程中提出了“生态城市”的概念，迅速在全球引起高度关注。1990年，美国生态学家理查德·雷吉斯特（Richard Register）在伯克利发起了第一届国际生态城市大会，自此之后，越来越多的国内外学者加入到生态城市的理论研究中，使其内涵不断充实完善，国际关注和影响也逐渐扩大。20世纪90年代，生态城市理论体系日趋成熟的同时，联合国于1992年6月在巴西里约热内卢召开的环境与发展大会上通过了《21世纪议程》，这是世界上第一份“可持续发展行动计划”，呼吁各国政府、非政府组织及发展机构要投资于未来，实现21世纪的全面可持续发展，并从社会可持续发展、经济可持续发展、资源合理利用与环境保护三个方面提出行动方案。自此联合国开启了全球范围的可持续发展推进工作，世界各国也兴起了生态城市的建设热潮。

正如《21世纪议程》的“可持续发展行动计划”在社会、经济和资源环保三个方面的要求，生态城市中的“生态”不仅仅局限于自然生态系统，也包括环境、经济和社会三大系统，这也正是生态城市建设的理论内涵。其中，环境系统要求城市的发展应以保护自然为前提，与环境承载力相适应，合理利用自然资源；经济系统追求低消耗、高收益、低投入、高产出的经济增长方式，提高资源再生和综合利用水平；社会系统体现为可持续的生产、消费、交通和住区发展模式，保障生活质量、人口素质、健康水平等，创造和谐的社会环境。生态城市的理念在这三大系统之间形成良性互动，形成人与环境和谐相处、经济持续发展以及社会全面进步的良性循环的城市发展模式，为城市可持续发展奠定了坚实基础。

随着中国国际地位的逐步提升，我国积极肩负起最大发展中国家在生态城市建设方面的历史责任，展现了大国担当的坚定决心。1994年，中国率先制定了《中国21世纪议程——中国21世纪人口、环境与发展白皮书》。这不仅是我国实现可持续发展的战略纲领，也是指导国民经济和社会发展中、长期计划的重要文件。随着时代的进步，生态城市的概念不断丰富和完善，其国际关注度和影响力也在持续扩大。进入21世纪，随着可持续发展战略的实施和生态文明理念的普及，我国生态城市建设呈现出蓬勃的发展态势。从1996年开始，我国陆续推出了一系列生态城市建设方案，推动了国内生态城市的蓬勃发展。截至2011年底，我国地级以上城市中，超过80%的城市提出了“生态城市”建设目标，近50%的城市提出了“低碳城市”建设目标。我国的生态城市建设可大致分为6种类型：景观休闲型城市、绿色产业型城市、资源节约型城市、环境友好型城市、循环经济型城市和绿色消费型城市。在贯彻落实科学发展观和转变经济增长方式的大背景下，生态城市建设成为实现这些目标的重要途径，为我国可持续发展掀开了新的篇章。

随着联合国可持续发展目标的提出，生态城市的发展内涵与模式迎来了更深层次的拓展。2015 年 9 月，联合国可持续发展峰会正式审议通过了《2030 年可持续发展议程》，提出了 17 项涵盖经济、社会、环境三大领域的“可持续发展目标”（图 2-1），其中 12 个目标直接与绿色城市发展紧密相连。这一议程成为国际可持续发展领域的纲领性文件，以其普遍性、开放性和高质量性，进一步巩固了生态城市实践的理论基础。2016 年 10 月，联合国第三次住房和城市可持续发展大会（人居三）在《2030 年可持续发展议程》的基础上，通过了《新城市议程》，为全球大规模城市化发展提供了明确指引。这一议程不仅进一步拓展了生态城市的发展内涵，还催生了韧性城市、健康城市、公园城市、人文城市、智慧城市等新兴模式，为生态城市理念提供了重要的参考。

当代中国与世界研究院认为，生态城市建设是人类在探索与自然和谐共生的智慧选择上的重要一步，也是实现中国城市可持续发展的长远战略选择。这一理念的

图 2-1 《2030 年可持续发展议程》中的 17 项“可持续发展目标”

核心在于构建自然、社会、经济相互依存的复合生态系统，旨在实现环境友好、社会公平、经济发展的可持续性。生态城市的概念强调了生态环境在改善民生、人与自然和谐相处中的关键地位，是对人民群众日益增长的对优美生态环境需求的积极回应。在建设生态城市的过程中，我们将优美的生态环境视为党和政府必须提供的基本公共服务，使人民群众能够在天蓝、地绿、水净的环境中生产生活。这不仅有助于提升人民群众的获得感、幸福感、安全感，同时也体现了生态城市建设的根本宗旨。从经济学的角度看，生态化是一种最高效率的资源配置方式；而从城市建设的角度看，促进城市的可持续发展是一个漫长而值得投入的过程。近年来，中国城市在全面推进资源节约和循环利用方面取得了显著的成绩，降低了能耗物耗。在城市空间、环境、产业、建筑、交通、能源等多个方面进行了有力的生态探索，形成了花园城市、绿色城市、园林城市、山水城市等多样化的生态城市类型。

然而，与国际上的生态城市相比，我国的生态城市建设尚有差距，建设成效有限。这主要是由于我国的生态城市规划建设中存在诸多问题，如生态城市建设规划的编制和管理需要完善、生态城市规划未充分意识到地区差异显著的现状、生态规划的制定与实施存在脱节。在这个过程中，我们需要认真审视我国生态城市建设面临的现实挑战。首先，生态城市建设规划的编制和管理方面尚需进一步完善。目前的规划在处理地区差异方面显得不够灵活，缺乏对不同地域特色的充分认知。规划的制定与实施之间也存在一些脱节的现象。除此之外，我国生态城市建设评价指标的选取和定值缺乏地域特色、评价指标体系缺乏动态性，当前指标体系未能很好地反映出环境、经济和社会三者之间的有机联系。部分地方政府将生态城市建设作为政绩工程，使生态城市流于形式。而在规划建设中，公众参与的机制亦显不够完善。这一系列问题严重制约了我国生态城市建设的进程。与此同时，我们也要深入理解城市居民的生活需求，将生态环境建设融入人们的日常生活和工作。通过环境建设的引导以及对生活方式的改变，最终将实现城市居民生态观念和意识的全面提升。这不仅仅是城市的一次转型升级，更是对人们对美好生活向往的积极回应。

面对这些挑战，沈磊总师团队采取了一种整体性的方法，以统筹城市规划、建设与治理为目标。我们希望通过国体、政体、规体的统一性进行体制创新，结合有为政府和有效技术，以管理为目标、实施为导向、技术为手段，形成一种行政管理与技术管理相结合的“1+1”城市总规划师模式，旨在推动我国生态城市建设达到新的高度。在这种模式下，城市规划不再是单一的蓝图设计，而是转变为一个动态的、持续的过程，涉及规划、建设、治理的各个环节。政府在城市规划中扮演着支持者和协调者的角色，通过政策支持和资源调配，确保城市规划的有效实施。同时，技术的应用也将成为实现生态城市目标的重要手段，无论是智能管理系统的引入，还是绿色建筑技术的推广，都旨在提高城市规划运营的效率和可持续性。此外，公众参与被视为生态城市规划与建设不可或缺的一部分。通过建立和完善公众参与机制，可以更好地反映民意、集中民智、珍惜民力，确保生态城市建设真正符合人民群众的需求，增强人民群众的获得感和幸福感。沈磊总师团队的工作不仅仅是技术层面的创新，更是治理理念和方式的革新。我们正努力将我国生态城市建设推向一个新的发展阶段，为实现生态文明建设的目标作出积极贡献。

第二节　国内外生态城市的实践经验

Practical Experience of Ecological Cities at Home and Abroad

欧美国家一直以来都在生态城市建设方面走在前列，德国、瑞典、英国、美国等地涌现出众多引领生态城市发展的典范城市。全球范围内，生态城市建设的关键领域包括废弃物回收利用、绿色能源系统、可持续交通以及生态空间的塑造。例如，日本的九州成为“循环型社会”的典范，提出了实现区域废弃物零排放的创新构想；瑞典的马尔默被誉为“明日之城”，该城市所需电力完全来源于风电、太阳能和地热等可再生能源；荷兰的阿姆斯特丹被冠以“自行车王国”的美誉，自行车出行率高达 40%；新加坡则以“花园城市”之美名著称，整个城市与自然融为一体，高品质的公园和开放空间随处可见。

与此同时，各国开始关注在城市、园区或社区尺度上，通过绿色生态技术的集成来打造“微缩型”的生态城市样板。比如瑞典的哈默比社区（200 公顷）、马尔默 Bo01 新区（30 公顷）、德国的弗莱堡沃邦社区（40 公顷）、英国的贝丁顿零碳社区（2 公顷）以及日本的藤泽智慧城（19 公顷）等。这些先进而典型的生态城市模型也从侧面反映了生态城市发展内涵的演变过程。哈默比社区建于 20 世纪 90 年代，其先进之处在于构建了以能源、垃圾和水为主的循环系统；而马尔默、沃邦、贝丁顿等则建于 21 世纪初，更关注可再生能源、被动式建筑、低碳出行，“零排放”“碳中和”理念初具雏形；藤泽智慧城则崛起于 21 世纪 10 年代，引入“智慧 + 生态”的理念，将智能化和信息化技术融入能源、建筑、交通等多个领域，进一步增加了生态效益和碳减排效益。这些生态城市模型为全球的发展提供了可借鉴的范例，也展示了不断演进的生态城市发展趋势。

此外，国内外还有众多生态城市的实践案例值得被分享学习。

纽约的城市韧性探索是对生态城市建设的实践回应。为了打造一个更强大、更有韧性的纽约，以应对接下来可能会遇到的未知洪灾风险，地方政府着手制定了《纽约适应计划》，并制定了曼哈顿下城沿海复原力规划方案等一系列行动措施（图 2-2）。这一计划的目标是增强城市从变化和不利影响中的恢复能力，以及对困境情境的预防、准备、响应和快速恢复的能力。这不仅是为纽约的未来，更为其他海岸城市提供了一份可行的行动示范。

典型案例之一是弹性水岸的实施，纽约充满创意地打造了布鲁克林大桥公园。通过对纽约水岸历史建设和变迁的深入研究，他们在气候变化的背景下提出了弹性水岸公园的防洪策略。这一策略以先进的灾害风险评估为基础、健全的法律法规为支持，构建了一个集多功能于一体的弹性水岸系统，将城市防洪的蓝色网络扩展至整个区域。另一令人瞩目的项目是构建弹性防洪的 U 形保护系统，它位于曼哈顿主岛滨水区。为了应对飓风袭击和海平面上升的挑战，BIG 建筑事务所提出了这一创新的系统，为曼哈顿滨水区的未来弹性海岸和城市发展勾勒了新的图景。作为城市防洪系统的“缓冲区”，这个项目的目标是保护社区免受风暴潮和海平面上升的威胁。通过创造多样化的城市滨海空间，不仅激发了防洪基础设施的综合社会效益，同时强化了城市与海滨之间的联系。这个项目的建设将带来城市转型，不仅为邻近社区提供了户外空间和便利设施，也向人们展示了将城市发展与海平面上升问题共同纳入适应性策略的必要性。在维持当地海洋环境多样性的同时，项目通过统一场地流线和活动规划，呈现出一幅城市与自然共融的画卷。

这些实践案例提供了适应气候变化的城市水系统弹性策略，包括结构性措施如滞洪区、绿色河道、渗透系统等，以及非结构性措施如流域管理、灾害预警、经验学习等。纽约作为曾遭受洪水灾害影响的海岸城市，在政策制定和引导方面不断创新，提升了城市的灾害韧性水平，为全球城市提供了宝贵的经验。回顾纽约城市韧性的实践历程，每个阶段政府出台的有针对性的政策和建设资金是保障城市韧性与生态能力持续提升的关键力量。

伦敦的贝丁顿零碳社区（图 2-3）是世界上第一个零二氧化碳排放社区。以其前瞻性的环保理念，贝丁顿零碳社区这个繁华都市中的绿色宝石正悄然引领着可持续生活的潮流。社区的示范建筑，不仅是对环保的承诺，更是对经济实用的诠释。它们巧妙地利用了就近的资源，将废弃的建材重新赋予了生命。在这些建筑中，高达 95% 的钢材都是从周边拆除的建筑物中回收而来，这不仅减少了成本，更是在资源的循环利用上迈出了坚实的一步。社区的能源供应系统是一个无须燃烧化石燃料的清洁能源奇迹，所采

图 2-2　美国纽约曼哈顿下城沿海复原力规划方案

图 2-3　英国伦敦贝丁顿零碳社区

用的热电联产系统，不仅为居民提供了生活必需的电力和热水，而且其发电站更是以木材废弃物为燃料，实现了真正的零排放。在这里，通风系统被设计得既节能又高效。社区所采用的风帽设计，通过巧妙的结构，使得室内空气得以循环更新，一个通道排出污浊的空气，而另一个通道则吸入新鲜的空气，同时在过程中，废气的热量被用来预热新鲜空气，这样既保持了室内空气的质量，又最大限度地减少了热能的损失，高达70% 的热通风损失被挽回。社区的交通网络同样是其绿色理念的一部分，两个火车站台如同两条绿色的动脉，将社区居民与伦敦的心脏紧密相连。而社区内部的两条公交线路则为居民日常出行提供了便捷的选择，鼓励其减少私家车的使用，从而进一步降低碳排放。

图 2-4　德国弗莱堡沃邦社区

德国的弗莱堡（图 2-4），这座被誉为绿色之都的城市，以其前瞻性的环保实践成为德国乃至欧洲的环保橱窗。在这里，太阳能不仅仅是一种能源，更是一种生活方式，一种深深植入城市骨髓的绿色理念。弗莱堡的街道上，太阳能光伏模块如城市的绿色守护者，无处不在——超过 550 座太阳能集热管、250 座大型发电设施，这些数字背后，是弗莱堡人对太阳能的热爱和信任。在这里，太阳能企业、研究所、供货商及服务部门形成了一个一体化的太阳能经济网络，如同城市的绿色血管，为城市的可持续发展提供了源源不断的动力。在弗莱堡，绿色交通的理念深入人心。30 多年来，公交、有轨线路、自行车专用道、步行街区的扩建从未间断，这些绿色的出行方式，不仅为居民提供了便捷，更减少了城市的交通压力。超过 500 公里的自行车道，分担了城市近 30% 的交通流量，每 1000 人平均只拥有约 400 辆汽车，这些数字，是弗莱堡人对绿色出行方式的坚持和承诺。弗莱堡的城市绿化，更是其绿色理念的具体体现。从城郊到市中心，多层次绿化带如同绿色的波浪，延伸至城市的每一个角落。总面积达 660 公顷的绿化带，公园服务半径约 100 米，实现了开放空间之间的网络联接。在新区的改建中，古树得以保存，大量平顶房屋进行了屋顶及墙面绿化处理，这些举措，让弗莱堡的城市绿化更加立体、更加丰富。在固废资源化利用方面，弗莱堡同样展现出了其环保的决心。垃圾填埋场不再是废物的终点，而是变成了能源生产的大户。垃圾山产生的沼气，被送往热电联产站，转化为城市的能源。而建有的最大光伏发电中心，总功率达到 2.5 兆瓦，每年能满足一千户居民的用电需求，这些举措都是弗莱堡在固废资源化利用方面的创新和突破。

瑞典斯德哥尔摩市的哈默比社区（图 2-5），曾是一段工业兴衰史的见证者。1917 年，当市政府在此购买农地，将其转型为工业区时，未曾想到未来这片土地将承载起更宏伟的绿色梦想。然而，非法工业的污染阴影迅速笼罩，土地退化，环境告急，

图 2-5　瑞典斯德哥尔摩市哈默比社区

哈默比社区的命运似乎蒙上了一层阴影。然而，阴影中也孕育着光明。20 世纪 80—90 年代，随着住房需求的增长和环境问题的凸显，哈默比社区再次成为关注的焦点。1997 年，斯德哥尔摩市决定竞标 2004 年奥运会，哈默比被选为奥林匹克公园的开发地。尽管奥运梦想未能成真，但市府的决心并未动摇，他们依然坚持着环境友好的开发理念，设定了“达到两倍好”的环境目标，希望为瑞典乃至全球的未来城市发展树立新的标杆，围绕哈默比湖发展哈默比——完工后将包含约 1000 套公寓，可容纳约 26000 名居民。

哈默比社区的发展，不仅仅是一个居住区的建设，更是一个生态循环模型的实践。在这个模型中，现有的水电、通信、能源以及蓝绿基础设施被有机地集成，构建了一个完整的资源循环链。这个循环链，如同社区的脉搏，将能源、水和废物整合到更大的系统中，通过利用回收废物产生能源，减少能源消耗，实现了资源的最大化循环利用。在这个循环链中，热电联产厂焚烧生活垃圾，不仅产生了区域供热和电力，更是废物变宝藏的生动例证。哈默比热电厂，则通过热泵、燃油和电锅炉，为社区提供稳定的供热。废水处理厂的建立，不仅提高了废水和剩余污泥的处理质量，更将污泥转化为宝贵的肥料，实现了废物的资源化。光伏电池、燃料电池和太阳能收集器这些清洁能源的象征，被安置在房屋的屋顶，为居民提供局部的热量和电力。废水、污泥产生的沼气，有机家庭废物产生的生物质，以及当地处理雨水的设施，都在无声中讲述着循环利用的故事。小型风力发电厂如同守护者，静静地立在社区中，为这个绿色梦想增添一翼。在这个生态循环模型中，每一砖一瓦，每一草一木，都被赋予了新的意义。恰当的建筑材料、绿色屋顶和景观，不仅仅是为了美观，更是生态循环的一部分。可再生燃料的使用，公共交通和共享汽车的发展，都在向世人展示着一个可持续、环保的未来城市生活的蓝图。哈默比社区，这个曾经工业化的土地，如今正以绿色的姿态，迎接着新的生机。

印度斋浦尔的马辛德拉世界城市项目（图 2-6）同样展示了一个可持续城市的未来蓝图。这个占地超过 3000 英亩（约 1214 公顷）的新城开发项目，是马辛德拉地产开发公司的一项雄心勃勃的尝试，旨在成为城市气候领导联盟 C40“正气候发展计划”的示范性项目，为全球的大规模发展项目提供缓解气候变化的战略参考。项目自 2008 年启动，预计 2028 年完成，它的目标不仅仅是减少温室气体排放，更是要改善整个社区的碳排放状况，实现经济和环境的双重效益。为实现这一目标，马辛德拉世界城市项目采取了一系列创新的能源利用和控制措施。

首先，项目制定了一个碳排放基准量，这是实现净碳负值战略的第一步。通

图 2-6　印度斋浦尔马辛德拉世界城市

过预测能源需求和碳排放量，项目确定了运营能源使用以及运输和废物产生的年度基准碳排放量，确保满足 C40 的最低碳补偿要求。在节能策略方面，项目提出了全面的措施，包括建筑与公共设施的节能策略、废物处理的节能策略以及交通的节能策略。建筑与公共设施的节能策略，如高效利用建筑物中的能源、使用可再生能源等，都是提高能源利用效率的关键。废物处理的节能策略着重于减少城市固体废弃物，并对其进行有效隔离和处理，以最环保、最经济、可持续的方式管理废物。交通节能策略则通过实施可持续的非机动化战略，减少运输产生的能耗和二氧化碳排放。此外，项目还包括其他节能措施，如延长铁路线、安装 LED 路灯、建设太阳能发电厂、保证绿地率等，这些措施都在不同程度上减少了能源消耗和碳排放。项目还积极支持员工在相邻村庄植树，通过这些举措，已经在项目场地内种植了 10000 多棵树，向邻近社区植树 13200 棵。这些行动不仅美化了环境，也增强了社区的碳汇能力。马辛德拉世界城市项目，以其创新的节能措施和环保理念，展示了一个绿色、可持续、环保的未来城市生活的可能。

悦来生态城（图 2-7）位于中国山城重庆，其规划如同一位巧匠在大地上绘制的一幅立体画卷，一笔一划都体现了对山地特色的深刻理解和尊重。在这幅画卷中，规划的范围被分为三个层次，每个层次都有其独特的定位和目标。在 27 平方千米的范围内，悦来生态城确定了低碳生态试点城的总体框架，整合了交通体系，这是城市宏观规划的体现。在中观层面，10 平方千米的范围被用于确定土地利用规划和完善道路交通规划，这是对城市细节的精细打磨。而在 3.43 平方千米的范围内，则是重点地区城市设计的舞台，这里是城市灵魂的展现。悦来生态城的实践基地，以其特殊的山地小气候、较大的建设用地坡度、独特的日照间距和空间隔离度，面临着一系列挑战。然而，这些挑战也成为其规划创新的动力。竖向交通系统的存在，为形成三维立体路网结构提供了可能，这是对山地城市交通规划的一次大胆尝试。

图 2-7　重庆悦来生态城

在实践过程中，悦来生态城依托轨道交通与公共交通站点，采用城市层级的公交导向型开发（transit-oriented development，TOD）模式，实现了规划地块与周边区域的高效连接。站点周围的用地被精心设计，以提高混合度和开发强度，促进低碳出行方式的普及。站点周围最近一圈用地包含了TOD 开发单元内所有重要的服务设施用地，这样的设计使得社区居民能够便捷地到达片区公共服务中心。“小街区开发”的土地利用模式，在这里得到了充分的体现。它强调高效、功能混合、适宜步行的开放性街区空间，将人的活动从封闭的社区引导到充满活力的城市街道上。在地形复杂的坡地上，悦来生态城的路网串联采用了巧妙的规划原则。江河与山形的恰当利用，斜向步道的巧妙布局以及慢行道网络在特殊地形中的重要角色，这些都是对山地城市交通规划的一次创新。在这里，山城步道的不同标高节点处都设置了步行—车行转换站点，各种交通模式相互衔接，建立了多种便捷的换乘联系。

悦来生态城的土地混合利用模式，是其规划的另一大亮点。这种模式允许一类用地兼容多种其他用途，从而赋予地块混合用途开发的可能。这种灵活的土地利用方式，不仅增强了城市活力，也提高了土地的市场价值。从平面功能复合到立体功能复合的多种措施，体现了对空间利用的深入思考。此外，悦来生态城绿色基础设施构建原则是从不同功能要求出发，形成有机、复合的绿色空间，并实施分类管理。这些绿色空间如同城市的“肺”，为居民提供了清新的空气和休闲的空间。重庆悦来生态城的规划不仅考虑了地形的特点，更考虑了人的需求、环境的保护和城市的可持续发展，是对山地城市规划和建设的一次全新探索。

国内外优秀的生态城市建设案例，为中国的生态城市建设提供了大量启发。从重庆的山城到成都的平原，从广州的珠江畔到上海的黄浦江两岸，每一座城市都在以其独特的地理位置和资源禀赋，探索着生态城市建设的路径。成都、广州等地对绿色空间进行了合理规划，积极构建绿色基础设施；上海依托黄浦江本底，对城市水系进行了一体化管理实践，实现其水体两岸的生态修复；乐山等其他城市还在生态城市的管控指标方面作出探索，将成果落实在具体的城市规划项目实践中。这些生态城市的探索和实践，都是在中国国家大政方针的战略背景指导下进行的。而正是从“双碳”目标到长三角地区城市空间战略格局，这些国家层面的导向类型，为嘉善片区的发展赋予了深刻的时代意义，共同促成了嘉善生态、绿色的城乡有机融合与更新。接下来，本章将从“双碳”的政策路径、战略聚焦，以及长三角地区的城市空间战略格局等国家导向目标，阐述嘉善规划建设治理的战略高度定位与区位重点背景。

第三节　我国“生态城市”的政策路径与“双碳”目标的引领聚焦

China's Policy Path of “Ecological Cities” and Leading Focus of “Dual Carbon Strategy”

古老而充满活力的中国是最具有生态城市建设优势的国家，在国体、政体、规体的统一贯彻下，中国模式将为系统实现生态城市目标提供整体性解决思路和方法手段。纵观我国“生态城市”建设的政策路径，总体来看可分为三个阶段：20 世纪 90 年代—21 世纪 10 年代初的“起步阶段”、21 世纪 10 年代中前期“蓬勃发展阶段”和 21 世纪 10 年代中后期“内涵提升阶段”。

第一阶段，在 20 世纪 90 年代，中国的生态城市建设还处于起步阶段，面对全球多样化的城市发展模式，中国意识到必须走一条符合自身国情的生态城市建设道路。从 1992 年开始，建设部与国家环境保护局等机构，推出了具有“生态城市”特征的一系列试点工作，这些工作还是围绕狭义的“生态城市”展开，以生态环境保护、人居环境改善为核心，通过综合手段促进城市与自然的融合，减少对自然环境和生态资源的破坏。1992 年，建设部启动了“国家园林城市”的创建工作，这标志着中国生态城市建设的一个重要起点。这一标准要求城市园林绿化系统建设要符合分布均衡、结构合理、功能完善、景观优美的原则，使得城市人居环境清新舒适、安全宜人。1995 年，国家环境保护局发布了《全国生态示范区建设规划纲要（1996—2050）》，提出以保护和改善生态环境、实现资源合理开发和永续利用为重点，通过统一规划，有组织、有步骤地开展生态示范区建设，促进区域生态环境的改善，逐步走上可持续发展的道路。1996—1999 年，全国分 4 批次共设立了 154 个“国家级生态示范区”，进行实地试点，而海南在 1999 年获批成为全国第一个生态示范省。这些试点和示范区的建设，为中国生态城市建设的未来发展提供了宝贵的经验和实践基础。进入 21 世纪，中国生态城市建设的步伐加快。2000 年，国务院印发了《全国生态环境保护纲要》，为全国的生态环境保护工作提供了指导。2003 年，国家环境保护局发布了《生态县、生态市、生态省建设指标（试行）》，鼓励已命名的国家级生态示范区及社会、经济、生态环境条件较好的地区，开展生态县、生态市、生态省的创建工作。2004 年，建设部启动了“国家生态园林城市”的创建工作，这是“国家园林城市”的升级版，更加强调以人为本，关注城市生态环境质量、为民服务水平及管理综合水平，在环境生态化的基础上加大了社会生态化的比重。值得一提的是，“国家园林城市”和“国家生态园林城市”的创建工作一直延续至今，住房和城乡建设部最新公布的 2019 年相关城市命名中，包含有 8 个国家生态园林城市、39 个国家园林城市、72 个国家园林县城、13 个国家园林城镇，这些成果展示了中国在生态城市建设上的进步和成就。这一时期的实践，虽然还围绕着狭义的“生态城市”概念展开，但已经为中国生态城市建设的未来发展奠定了坚实的基础，也为后来的蓬勃发展阶段提供了宝贵的经验和启示。

第二阶段，在 21 世纪 10 年代中前期，中国的生态城市建设迎来了蓬勃发展的新阶段。这一时期，生态城市的建设不仅仅是城市面貌的更新，更是对国家新型城镇化、生态文明发展理念的深刻响应。生态城市建设与低碳城市、海绵城市、智慧城市等理念的融合发展，使得生态城市的内涵更加丰富，更加符合时代发展的要求。在这一阶段，中国在省、市、县、区、镇等不同行政区域内开展了大量的试点示范工作。这些试点工作不仅关注生态技术的适宜性、成本可控及可实施性，而且强调生态建设模式的可复制性和可推广性。通过这些试点示范，中国积累了大量宝贵的经验和教训，为后续的生态城市建设提供了坚实的基础。2010 年，国家发展改革委启动了“国家低碳省区和低碳城市”试点工作。这项工作要求试点省市建设以低碳排放为特征的产业体系和消费模式，这是中国控制温室气体排放行动目标的重要举措。根据试点城市提交的达峰目标统计（图 2-8），19.8% 的城市承诺在“十三五”期间达峰，大多分布于经济发展较快的东南沿海地区，烟台、宁波分别承诺 2017、2018 年达峰，北京、广州提出 2020 年实现达峰；50.6% 的城市承诺在“十四五”期间达峰，其中深圳、苏州提出 2022 年实现达峰；23.5% 的城市承诺在“十五五”期间达峰，主要分布于工业化、城镇化水平较低的中西部省份；超 9 成试点城市明确提出了碳达峰目标。这一阶段的摸索和实践，不仅为中国生态城市建设的未来发展积累了宝贵的经验，也为全球生态城市建设的探索提供了中国方案和中国智慧。

21 世纪 10 年代中前期可以认为是中国的生态城市建设全面推进的关键时期。这

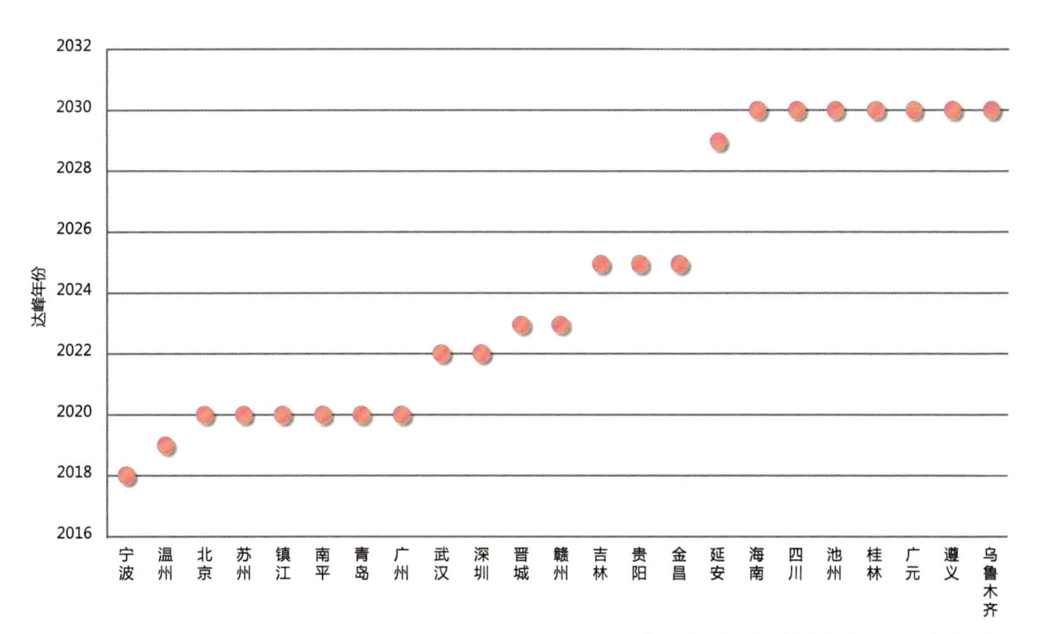

图 2-8　中国碳达峰试点城市提出的达峰年份目标

一阶段，国家层面的规划和指导成为推动生态城市建设的强大动力，期间中国生态城市建设的推进可以主要分为两类。首先，是由国家发改委与住房和城乡建设部主导的，以“绿色、低碳、生态”为内涵的生态城市建设，侧重于推动产业体系和消费模式的低碳化，以实现控制温室气体排放的目标。在这一理念指导下，2011 年，住房和城乡建设部联合国家发改委启动了“绿色低碳重点小城镇试点示范”建设工作，旨在通过试点城镇在可再生能源和新能源的应用、建筑节能、城镇污水和垃圾治理、生态环境整治等方面的实践，探索和推广生态城市建设的有效模式。同年，住房和城乡建设部发布《低碳生态试点城（镇）申报管理暂行办法》，并以此为指导于 2012 年整合低碳生态试点城（镇）与绿色生态城区示范工作，启动“绿色生态示范城区”创建工作；截至 2014 年，住房和城乡建设部共开展 3 批评选工作，设立 16 个“绿色生态示范城区”；2017 年，在梳理及总结示范区建设经验的基础上，住房和城乡建设部发布《绿色生态城区评价标准 》GB/T 51255—2017，结合各城区所在地域的气候、环境、资源、经济及文化等特点，对城区的土地利用、生态环境、建筑、交通、资源、信息化、碳排放、产业与经济、人文等元素进行综合评价，这是目前国家层面最权威的“生态城市”评价标准。

同时，中国生态城市建设的另一类推进是由国家发展改革委和环境保护部主导的、以“生态文明”为抓手的相关建设。2013 年，国家发展改革委等六部委联合发布《国家生态文明先行示范区建设方案（试行）》，以党的十八大中关于“生态文明”建设的战略部署为指导思想，通过在全国范围内选取不同发展阶段、不同资源环境禀赋、不同主体功能要求的地区开展先行试点建设，总结有效做法、创新方式方法、探索实践经验、提炼推广模式、完善政策机制，以点带面地推动生态文明建设，深化生态文明体制改革，加快建设资源节约型、环境友好型社会；截至 2015 年，发改委批准 100 个城市 / 地区作为“国家生态文明先行示范区”。2017 年，生态环境部启动“国家生态文明建设示范市县 / 示范区”创建工作，鼓励全国各市县 / 地区积极创建，通过审核后授予称号；截至 2023 年，生态环境部已开展 7 批“生态文明建设示范市县 / 示范区”评选工作，全国共 104 个市县 / 地区入选第 7 批生态文明建设示范区名单，这是目前全国生态文明建设领域的最高荣誉，也象征着全国范围内生态城市建设工作已取得显著成效。在这一阶段，中国的生态城市建设不仅仅是理论上的探索，更是通过实际的试点示范工作，总结经验、提炼模式、推广应用，从而在全国范围内推动了生态文明建设的深化和发展。这些实践和成果，不仅为中国自身的城市发展提供了宝贵的经验，也为全球生态城市建设提供了有益的参考。

第三阶段，在21世纪10年代中后期，中国的生态城市建设经过蓬勃发展后进入了内涵提升的新阶段。这一阶段的特点是将生态城市的价值体系与低碳、绿色发展的理念深度融合，形成了一种更为紧密的耦合关系。碳约束成为生态城市建设的重要目标和考核指标，以低碳、减碳为目标的生态城市建设成为主流趋势。在这一阶段，中国提出了“地球生命共同体”“碳达峰、碳中和”等战略概念，以及健康城市、无废城市、韧性城市、公园城市、人文城市等新的发展理念。这些理念的融合，为生态城市建设提供了新的视角和方向，更多地聚焦能源结构、产业结构、基础设施、用地布局、交通出行的优化方案，为城市实现减碳降排提供综合性、整体性、系统性的解决路径。

“十四五”规划和2035年远景目标纲要提出，落实2030年应对气候变化国家自主贡献目标，制定2030年前碳排放达峰行动方案。中国工程院院士杜祥琬曾表示，“碳达峰”“碳中和”是立足于我国实际、经过努力可以实现的目标。为了实现我国“双碳”目标的引领聚焦，我们应该重点从以下9个抓手发力：一是“能源减碳”与“蓝天保卫战”协同推进。二是把节能提效作为降低碳排放的重要举措。三是电力行业减排，建设一套以非化石能源电力为主的电力系统。四是交通行业减排。逐步建成美丽中国低碳的交通能源体系。五是工业减排，做好产业结构调整，通过技术进步，减少工业碳排放。六是建筑节能，包括建造和运行方面。七是循环经济。各种废弃再生资源的利用有利于工业（例如冶金业）减碳。八是发展碳汇，同时鼓励碳捕集、利用与封存（ccus）等碳的移除和利用技术。九是将碳交易、气候投融资、能源转型基金、“碳中和”促进法作为引导碳减排的政策工具。这些抓手将共同作用，推动我国在能源、工业、交通、建筑等多个领域实现绿色低碳转型，为实现“双碳”目标奠定坚实的基础。“碳达峰与碳中和”目标基于我国国情并经过科学论证，实现“双碳”目标的举措将深刻推动我国经济和社会进步及生态文明建设。以此为背景，生态城市建设的内涵逻辑得到了进一步提升。这不仅仅是对城市面貌的改变，更是对国家未来发展方向的深刻思考和积极探索，力图实现经济、能源、环境、气候共赢的可持续发展。

第四节　国家战略导向下的城市空间格局

Urban Spatial Pattern under the Guidance of National Strategy

在当今社会经济活动的频繁互动下，城市的“脉搏”跳动得愈发强劲。随着经济的蓬勃发展和科技的飞速进步，城市间的互动与合作日益紧密，交通和通信网络的织就，让距离不再是障碍，而是连接的桥梁。在这样的时代背景下，城市群、大都市区的崛起成为一种必然，它们不仅是生产力解放和生产要素集聚的象征，更是区域界限消融后，新型空间组织形式的体现。在全球化和信息化的浪潮中，城市群、大都市区以其高效的网络化结构、庞大的人口和资源集聚以及城市活动和要素流动的协调组织，成为各个国家主动争取的目标和参与全球竞争的筹码。

在这宏伟的蓝图下，“十四五”规划应运而生，它明确指出，城市群发展是推动全面城镇化“两横三纵”（图 2-9）战略格局的关键。通过分类推进城市群建设，打造高质量发展的动力源和增长极，中国正深入实施京津冀协同发展、长三角一体化发展、粤港澳大湾区建设等区域重大战略，加快步伐，向着世界一流城市群的目标迈进。站在新的历史起点上，中国的经济发展和新型城镇化已经迈入了“十四五”及 2035 年的新阶段。城市群发展成为国家战略的核心议题。以京津冀、长三角、粤港澳大湾区三大城市群建设为引领，中国正在探索一种新的区域协调发展机制，这种机制旨在实现统筹有力、竞争有序、绿色协调、共享共赢，为高质量发展注入强大的动力。这是中国的未来，也是我们共同的未来。中国正站在一个新的历史起点上，经济发展和新型城镇化已步入“十四五”及 2035 年的新阶段。

2018 年 11 月 5 日，习近平总书记在首届中国国际进口博览会开幕式上宣布，支持长江三角洲区域一体化发展并上升为国家战略，着力落实新发展理念，构建现代化经济体系，推进更高起点的深化改革和更高层次的对外开放。这一战略的提出，标志着我国在新时代的发展征程中又迈出了坚实的一步。6 个月后，在 2019 年 5 月 13 日，一份具有深远意义的文件——《长江三角洲区域一体化发展规划纲要》在党的中央政治局会议上审议通过。这份纲要明确指出，长三角一体化发展不仅是区域性的，更是具有全

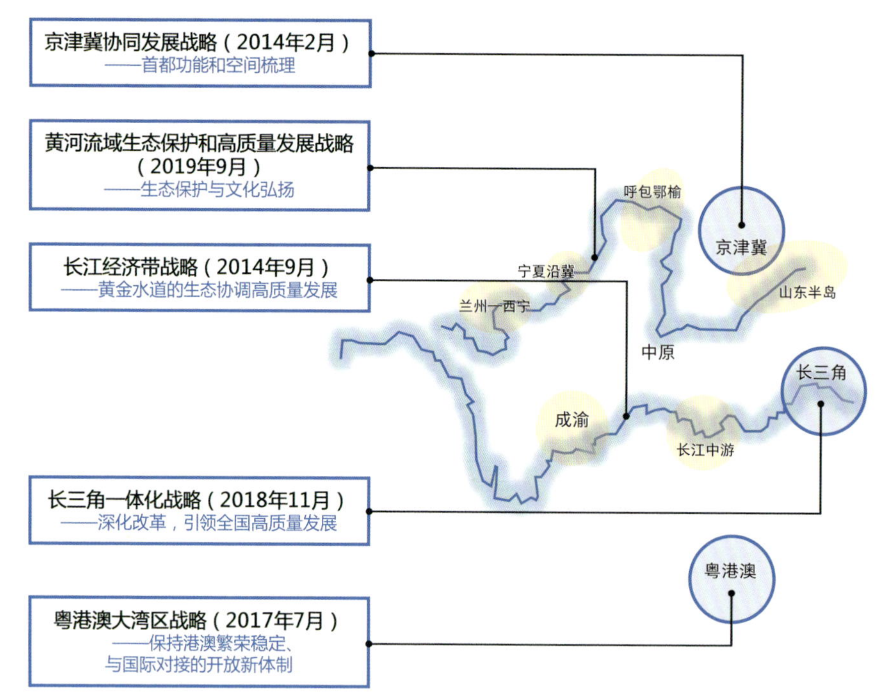

图 2-9 “三个城市群 + 两条发展带”的国家战略格局区位示意图

国性的示范和带动作用。纲要强调，要紧紧抓住“一体化”和“高质量”这两个核心要素，加快打造一个具有强大影响力和辐射力的活跃增长极，以此推动长江经济带与整个华东地区的全面发展，形成一批高质量发展的区域集群。

长三角区域一体化发展，覆盖了上海、江苏、浙江、安徽三省一市，总面积达到 35.9 万平方公里。截至 2023 年，这里常住人口 2.38 亿人，地区生产总值突破 30.5 万亿元，占全国地区生产总值的 24.2%。在科技创新方面，长三角地区同样表现优异。根据 2023 年的数据，长三角地区获得的国家科学技术奖 128 项，奖项全国占比 51.2%；获得发明专利 24.77 万件，在全国占比约 26.9%；国家重点实验室数量达 104 家，在全国占比约 20%。长三角地区目前已形成集成电路、生物医药、新能源汽车、人工智能四大主导产业：集成电路产业规模占全国的 58.3%，生物医药和人工智能产业规模均约占全国的 33.3%。此外，长三角自由贸易试验区的货物进出口总额占全国的 46.2%。长三角地区作为我国经济发展最活跃、开放程度最高、创新能力最强的区域之一，在全国经济格局中占据着举足轻重的地位。它是新时期中国参与全球化竞争、打造全新增长极的重要战略锚点。长三角地区高质量一体化发展的创新成果和先进经验，无疑将对全国其他地区产生深远的影响，发挥出示范引领的巨大作用。

2019年10月25日，国务院批复成立“长三角生态绿色一体化发展示范区”，如同春风化雨，象征着国家在“一体化”和“高质量”的基础上，对长三角赋予更高的历史使命——实现以“生态绿色”为引领的区域协同发展。2019年11月1日，长三角生态绿色一体化发展示范区正式揭牌成立，这不仅是一个仪式，更是对未来的庄严承诺——《长三角生态绿色一体化发展示范区总体方案》应运而生，擘画了“生态优势转化的新标杆、绿色创新发展的新高地、人与自然和谐宜居的新典范、一体化制度创新试验田”的目标功能定位，以及“生态绿色、‘双碳’目标、一体化、科技创新、共同富裕”五大导向的清晰路径。

在长三角生态绿色一体化发展示范区走过的第一周年，青浦作为重点，将目光放在体制机制创新上。这如同一粒种子在春泥中萌发，生长出32项开创性的制度创新嫩芽，聚力在生态环保、互联互通、创新发展和公共服务四大领域茁壮成长。第二周年，吴江片区如同盛夏的朝阳，将政策落地作为目标，见证了首批32项制度创新成果，深化政策落地结果——出台先行启动区规划建设导则、跨域财税分享实施方案、建设用地机动指标统筹使用操作办法……一系列举措，如同智慧的结晶，闪耀着区域协同发展的光芒。

如今，长三角生态绿色一体化发展示范区的目光聚焦于嘉善，这片充满活力的热土正是秋天金色的底板，将以累累硕果迎来示范区建设第三周年的新篇章。嘉善的示范区规划与建设，紧密围绕生态绿色、一体化、高质量的主题，回应“双碳”目标和“共同富裕”的时代召唤，从规划建设到实施，全面展现长三角生态绿色一体化发展示范区的“先手棋”。这不仅是示范区的建设，更是长三角一体化发展战略的“突破口”，是我国区域一体化制度创新实践的重大举措，是空间载体在生态文明思想下践行新发展理念的重要实践。嘉善，正以其独特的生态绿色本底特色，与当地政府紧密合作，以总师模式为引领，实现了规划、建设、治理全方位落实，展现出一幅生态优先、绿色发展的美好图景。

第三章

Chapter 3

“双示范”赋予嘉善的历史使命与担当

“Dual Demonstration” Endows Jiashan with Historical Mission and Responsibility

第一节　生态绿色一体化发展示范

Ecological Green and Integrated Development Demonstration

2019年11月19日，国家发改委正式发布了《长三角生态绿色一体化发展示范区总体方案》(以下简称“《总体方案》”)，长三角生态绿色一体化发展示范区（以下简称“一体化示范区”）涵盖上海市青浦区、江苏省苏州市吴江区、浙江省嘉兴市嘉善县，面积约2300平方公里，其中水域面积约350平方公里。《总体方案》如同种子向一体化示范区播撒，等待在这片沃土上生根发芽。《总体方案》提出一体化示范区“三新一田”的战略定位，即打造“生态优势转化的新标杆、绿色创新发展的新高地、人与自然和谐宜居的新典范、一体化制度创新的试验田”。在这一战略定位的引领下，示范区率先将生态优势转化为经济社会发展的强大动力，探索生态友好型的发展模式。它不仅仅致力于生态的保护，更追求生态与经济的双赢，让绿色成为发展的底色，让生态成为推动社会进步的引擎。更为重要的是，示范区大胆探索，从区域项目的协同走向区域一体化制度创新，构建共商、共建、共管、共享、共赢的新模式。这是一种全新的尝试，秉持对绿色发展的坚定信念，长三角生态绿色一体化发展示范区正成为我国区域一体化制度创新实践的重要篇章。

在《总体方案》的引领下，一体化示范区巧妙地统筹生态、生产、生活三大空间，将生态保护置于首要位置，摒弃了传统的集中连片式开发方式，而是精心打造

“多中心、组团式、网络化、集约型”的空间格局。青浦区金泽镇、朱家角镇，吴江区黎里镇，嘉善县西塘镇、姚庄镇，这5个先行启动区，面积约660平方公里（其中嘉善片区约157平方公里），成为一体化示范区建设的先锋。五大先行启动区如画卷般精美昂扬，着力构建“十字走廊引领、空间复合渗透、人文创新融合、立体网络支撑”的功能布局。在这里，开发强度被严格要求控制，蓝绿空间占比不能低于75%，规划建设用地也不能超过现有总规模。地处三省交界处的先行启动区，生态环境基础良好、环境容量约束多，它将在生态绿色的基础上先行先试、集中示范，进行一体化发展的制度创新和政策突破，实现经济社会高质量发展，为长三角及全国树立样板、打造标杆。在《总体方案》的指导下，长三角生态绿色一体化发展示范区的目标是构建一个蓝绿交织、林田共生的生态网络，作为示范区空间打造的本底。与其他两区相比，嘉善片区农田占比为57%，整体蓝绿空间占比达到79%，是三区中蓝绿空间占比及农田占比最大、生态本底最优的区域。因此，嘉善片区能够充分利用“浙北粮仓”品牌优势，以统一布局的规划优势和高新技术水平的加持，打造万顷稻田的“金色底板”，承接未来农业的高质量发展。可以想象，未来的嘉善将成为生态优先、绿色发展的典范，展现出一幅生态与农业和谐共生的美好画卷。

自一体化示范区挂牌成立三年以来，这片充满活力的热土始终秉持“生态优先、绿色发展”的核心理念，紧跟国家战略步伐，紧扣“一体化”与“高质量发展”的主题，双轮驱动，一手抓制度创新，一手抓项目建设，蹄疾步稳，砥砺前行。在短短三年里，示范区累计推出了112项具有前瞻性的制度创新成果，其中38项经验已经跨越地域界限，被长三角乃至全国其他条件成熟地区所借鉴与推广，彰显了示范区的示范引领作用。与此同时，示范区以行动诠释创新优势，持续推进的108个重点项目如星星之火，渐成燎原之势——沪苏嘉城际铁路的开工、水乡客厅的落成，每一个重大工程的启动都如同示范区的一张张名片，展示着其独特的魅力与日益增强的影响力。示范区的开发者联盟，已凝聚了53家来自不同行业的领军企业，它们构成了示范区建设的强大“资源库”，各展所长，各施其能，共同为这片热土的繁荣发展注入源源不断的动力。

第二节　共同富裕高质量发展示范

Common Prosperity and High-quality Development Demonstration

除了生态、绿色的一体化发展模式，嘉善片区也以其“科学发展、高质量和共同富裕”的生动实践和引领，成为新时代城市发展的典范。自 2003 年“八八战略”实施以来，习近平同志对嘉善关怀备至，4 次亲临现场调研，对嘉善在转变经济发展方式、主动接轨上海、统筹城乡发展以及加强党的建设等方面作出了 16 次重要批示。习近平同志的指导，如同盏盏明灯，照亮了嘉善前进的道路，为嘉善的共同富裕梦想注入了强大动力，为嘉善的发展提供了坚实的理论基础和行动指南。

2008 年，嘉善被确定为习近平同志深入学习实践科学发展观活动的基层联系点，由此踏上了全面探索县域科学发展之路的新征程。在习近平总书记的殷切希望和关心下，嘉善努力做好“转变发展方式、主动接轨上海、统筹城乡发展”三篇文章，书写了城乡融合发展的新篇章。自 2013 年嘉善荣膺全国唯一的县域科学发展示范点以来，其先进的经验和做法在浙江省乃至全国范围内推广，发挥了重要的示范引领作用。2019 年 12 月，国家发改委等十八部委联合发布《国家城乡融合发展试验区改革方案》，嘉善所在的浙江嘉湖片区（含嘉兴和湖州全域）被选为“国家城乡融合发展试验区”，成为全国 11 个试验区中城乡差距最小的区域，这无疑是对嘉善近年来城乡发展所做出的最高肯定。党的十八大以来，国务院以及自然资源部、发改委等中央部委针对“生态绿色、一体化、‘双碳’目标、产业转型及共同富裕”等领域密集出台文件，明确生态文明时期城市发展的新方向，长三角生态绿色一体化发展示范区应运而生，成为新时代城市建设新理念的“全国样板”。

2021 年，嘉善这片江南水乡迎来了新的发展契机。4 月，习近平总书记对“嘉善县域科学发展示范点”工作作出的重要批示为工作指明了方向。根据批示精神，浙江省政府迅速行动，组织制定并向国家发改委报送《新发展阶段浙江嘉善县域高质量发展示范点建设方案》，这份方案承载着对嘉善未来的期许和蓝图。仅仅两个月后，国务院印发《中共中央　国务院关于支持浙江高质量发展建设共同富裕示范区的意见》，春风化雨般为浙江的高质量发展注入了强大动力，赋予浙江重要改革示范任务，为全国推动共同富裕提供省域范例，打造新时代全面展示中国特色社会主义制度优越性的重要窗口。

2022年9月，国家发改委印发《新发展阶段浙江嘉善县域高质量发展示范点建设方案》(以下简称《方案》)，针对全国县域高质量发展的共性问题和突出难题，要求嘉善大胆探索解决路径和可行方案，及时总结提炼经验和做法，率先形成一批理论成果、实践成果、制度成果，为嘉善县域示范建设描绘了清晰的路径。曾经的鱼米之乡，如今要成为全国县域高质量发展的典范。

在《方案》的指导下，嘉善要在“科创产业联动发展、城乡融合发展、生态优势转化、高水平开发合作、社会共治共享”5个先行区的示范任务中探索前行，实现县域高质量发展示范点、长三角一体化发展示范区、浙江省共同富裕示范区建设的互促共进，探索一套行之有效的“嘉善方案”，向全国复制推广。这是一场理论与实践的深刻对话，是一次制度创新与实践探索的勇敢尝试。

深入贯彻习近平总书记的重要指示批示精神和省、市部署，承载着殷殷嘱托与期望的嘉善正勇立潮头，争做共同富裕的先行典范。在这个新的历史时期，嘉善肩负着国家的重托，应当把握时代脉搏、超前启动、系统谋划，以“一体化示范区先行启动区建设”为入手点，以“生态绿色、‘双碳’目标、科技创新、共同富裕”为示范目标，坚持“高水平规划与高品质实施”双管齐下，全力塑造“一体化”与“高质量”发展的“嘉善样板”，以嘉善之窗全面展现共同富裕美好图景。

第三节 示范区嘉善片区的建设重点导向

Key Directions for the Construction of the Jiashan Area in the Demonstration Zone

在长三角生态绿色一体化发展示范区宏伟蓝图的引领下，嘉善片区始终秉持着“生态”“绿色”的核心发展理念，犹如一颗镶嵌于江南水乡的绿色明珠，闪耀着可持续发展的光芒。嘉善不仅在地理位置上得天独厚，更是在发展模式上不断探索，努力为区域发展提供可借鉴的“嘉善方案”，其所走的每一步，都是对生态文明建设的积极响应，推动区域经济与生态环境之间的和谐共生。

在嘉善片区的规划、建设与治理过程中，“生态绿色、一体化、双碳战略、共同富裕和科技创新”五大战略导向被高度重视。这些战略不仅是区域发展的方向指针，更是嘉善在快速发展中的行动指南，每一项战略都旨在确保嘉善在经济腾飞的同时，牢牢守住生态底线，为未来提供可持续的城市发展样板。

首先，“生态绿色”的战略导向是嘉善片区发展的基础和灵魂。与传统的经济优先发展模式不同，嘉善优先考虑生态环境的保护与修复，将山水林田湖草构成的生态系统视为不可分割的生命共同体。在这种战略思维下，嘉善致力于将其丰富的自然资源转化为可持续发展的动力源泉，探索出一条经济与生态协同共生的发展新路径。嘉善不仅仅致力于自身的绿色发展，还以其生态优势，为全球生物多样性保护提供“中国智慧”，形成了人与自然和谐共处的典范。未来，嘉善希望通过生态创新，构建出一套能够向全国乃至全球推广的生态保护与经济发展的新标杆，为其他城市的可持续发展提供宝贵的经验借鉴。

其次，“一体化”和“双碳战略”成为嘉善在区域合作与应对气候变化挑战中的两大支柱。随着全球气候变化问题日益严峻，嘉善积极践行国家的“双碳战略”，即在二氧化碳排放达到峰值后逐步实现碳中和的目标。在具体措施上，嘉善通过推动产业升级和能源结构调整，实现了从“能耗双控”到“碳排放总量与强度双控”的转变。嘉善还通过建立区域一体化协同机制，打造出绿色发展、降碳减排的综合体系，极大地提高了区域内的资源利用效率，确保经济发展与碳排放减量同步进行。此举不仅为嘉善实现自身的绿色转型奠定了基础，也为长三角区域在全国范围内的双碳战略实施提供了重要的参考模式。

“共同富裕”的战略导向则展示了嘉善对社会公平与区域均衡发展的深刻关注。在中国当前高质量发展的背景下，嘉善通过优化公共资源的配置，致力于缩小城乡发展差距，确保城乡居民能够平等地享受公共服务。嘉善的目标是实现城乡在基础设施、教育、医疗等方面的全面融合与均衡发展，并通过提高居民收入水平、完善社会保障体系来逐步消除贫富差距。通过这一战略，嘉善不仅为实现共同富裕奠定了坚实的基础，还为其他地区在生态文明建设中的社会公平问题提供了有益的经验。

最后，“科技创新”是嘉善片区不断前行的强大引擎。在全球科技迅猛发展的背景下，嘉善深知创新是推动经济转型和高质量发展的核心动力。嘉善通过集聚创新资源，建立起从基础研究到产业应用的完整科技创新链条，形成了“科创 + 产业”深度融合的发展模式。嘉善的科技创新不仅体现在研发和技术突破方面，还通过建设“一厅三心”的科技创新平台，构建了国际一流的产业创新生态系统。嘉善片区正以创新为核心驱动力，引领着长三角乃至全国的绿色经济转型，成为科技创新与绿色产业发展的典范。

在这五大战略导向的引领下，嘉善片区的规划建设采取了“总师模式”，即通过科学技术与管理制度的有机结合，统筹规划、建设和管理各个环节。嘉善的实践不仅为长三角区域的一体化发展提供了范例，还为全国的城市规划和生态城市建设树立了新的标杆。这一模式通过整合各类资源，实现了技术管理与行政管理的相互叠加，形成了强大的推动力，使得嘉善片区在各项工作中取得了显著成效。

嘉善的探索，不仅是在追求经济发展的表面繁荣，更是在追求人与自然和谐共生的深层价值。嘉善的成功经验无疑将为其他地区提供重要的借鉴，尤其是在应对气候变化、推动生态保护、实现共同富裕以及科技创新驱动等全球性挑战中，嘉善将继续发挥其引领作用，为全世界的生态文明建设贡献“中国智慧”。

GOLDEN BASE PLATE

Jiashan District Urban Planning
and Construction Chief Planner Practice
in Demonstration
Zone of Green and Integrated
Ecological Development of the Yangtze River Delta

Mid Article

BACKGROUND PLANNING

中篇

本底规划

第四章

Chapter 4

长三角一体化战略下的发展研判

Development Analysis in the Context of the Integration Strategy of the Yangtze River Delta

第一节　区位优势

Location Advantage

一、重要门户

Important Gateway

嘉善这颗镶嵌在长三角腹地的璀璨明珠，坐落在浙江省北部。作为长三角一体化发展的重要门户，位于苏浙沪两省一市交接处的嘉善在产业经济、交通发展、生态绿色等多方面都与江苏、上海紧密相连。嘉善县域面积约506.88平方千米，它不仅是上海大都市圈的辐射区，也是杭州湾大湾区、杭州都市圈和苏锡常都市圈、环太湖科创圈等辐射影响范围的重要组成部分；它不仅是长三角生态绿色一体化发展示范区率先建设、集中示范的重点核心片区，也是虹桥国际开放枢纽拓展带上的重要节点，是浙江省接轨上海市的“第一站”和“桥头堡”，还是展示社会主义现代化县域高质量发展的示范点与展示窗。

2018年，长三角一体化上升为国家战略。2019年，长三角生态绿色一体化发展示范区正式成立，作为实施长三角一体化发展战略的“先手棋”和“突破口”。其中，位于嘉善县北部的西塘、姚庄两镇与上海市青浦区的金泽、朱家角以及苏州市吴江区的黎里共五镇，共同划入长三角生态绿色一体化发展示范区先行启动区，作为示范区率先实践高质量和一体化发展的核心地区，在推进示范区整体发

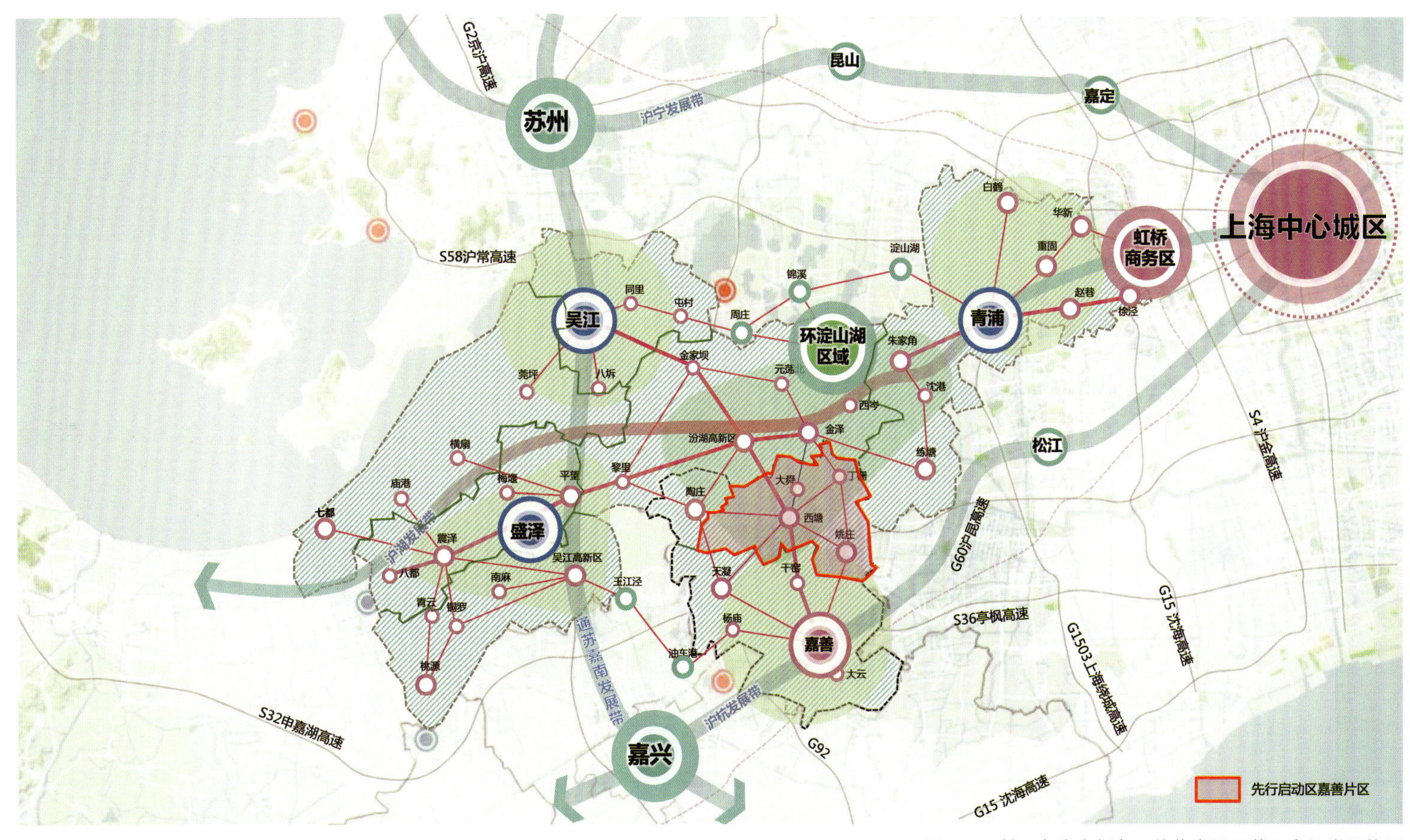

图 4-1　长三角生态绿色一体化发展示范区空间发展格局

展层面具有重大示范意义（图 4-1）。示范区的设立与西塘、姚庄两镇被纳入先行启动区，不仅标志着嘉善成为浙江接轨上海、联通苏州、融入长三角的“前沿阵地”，更赋予了它作为生态绿色高质量一体化发展的先锋区的重任，担当起引领示范、辐射带动嘉兴乃至整个浙江省发展的历史使命。

在这片 157 平方千米的土地上，先行启动区“嘉善片区”被巧妙地置于一体化示范区“两核、四带、五片”空间发展格局的沪湖发展带与沪杭发展带之间。这里，“沪湖绿色智造走廊”如纽带一般，串联起朱家角、金泽、黎里等古镇，推动旅游休闲、科创研发等产业的蓬勃发展，共享数字经济、绿色经济、创意经济所带来的产业红利。同时，G60 科技走廊则成为承接上海科创中心外溢效应的桥梁，吸引总部经济、生物医药、生命科学、信息科学等前沿产业在此生根发芽，为嘉善的绿色发展注入了新的活力。

在长三角生态绿色一体化发展示范区的理想蓝图中，“两核、四带、五片”的空间发展格局被精心勾勒，犹如一幅未来的生态画卷。其中，“两核”如同画卷的双眼，分别是以虹桥商务区为核心的发展动力核以及环淀山湖区生态绿色创新绿核，它们共同“注视”着区域的繁荣与生态的和谐。而“四带”则如同画卷的骨架，由沪宁、沪杭、沪湖、通苏嘉甬 4 条区域发展带构成，它们是连接区域发展的“血脉”，输送着经济与生态的“养分”。在这骨架之上，“五片”城镇簇群如同画卷的“血肉”——青浦城区、吴江城区、嘉善城区、盛泽镇区以及先行启动区，每个片区都是独特的存在，正逐渐从纸面跃入现实。在生态绿色的旗帜下，“两核、四带、五片”的空间发展格局正展现着自己的特色与活力，共同促就长三角地区绿色发展的勃勃生机。

二、三地同城

Localization of Three Cities

嘉善，作为浙江省接轨上海的“第一站”，以其独特的地理位置成为长三角一体化战略的“桥头堡”，在沪苏嘉同城化发展的趋势下承担着重要的枢纽作用。多年来，嘉善始终贯彻习近平总书记“在主动接轨上海、扩大开放、融入长三角方面迈出新步伐”的指示精神，将“主动接轨上海”摆在突出位置，不断加强与上海的联系，使得沪苏嘉同城效应日益凸显，这一趋势尤其表现在区域交通协同方面。在这片充满活力的土地上，交通网络的织就犹如一条条流动的丝带，将嘉善与周边大都市紧密相连。沪杭高铁和沪杭城际铁路，如同两条银色巨龙，蜿蜒而过，将嘉善与上海的城际交通缩短至仅需 20 分钟高铁车程，使得商务人士能够轻松穿梭于两地，洽谈合作，共谋发展：轨道交通网络融合的充分一体化推动了沪苏嘉同城化（图 4-2）。公路网络方面，沪昆、申嘉湖等高速公路如同血管，将嘉善与上海虹桥相连，仅需 1 小时车程便可在虹桥的都市繁华与嘉善的水乡宁静之间自由切换。3 条省际直达客运线、2 条省际毗邻公交线和 2 条免费通勤线的先后开通，更是为两地居民提供了便捷的出行选择，使得两地“同城化生活”不再遥远。展望未来，嘉善的交通版图将更加宏伟。苏嘉甬高铁、沪苏嘉城际铁路（嘉善至西塘市域铁路）（图 4-3）的通车，将进一步缩短嘉善与长三角主要城市的时空距离。上海

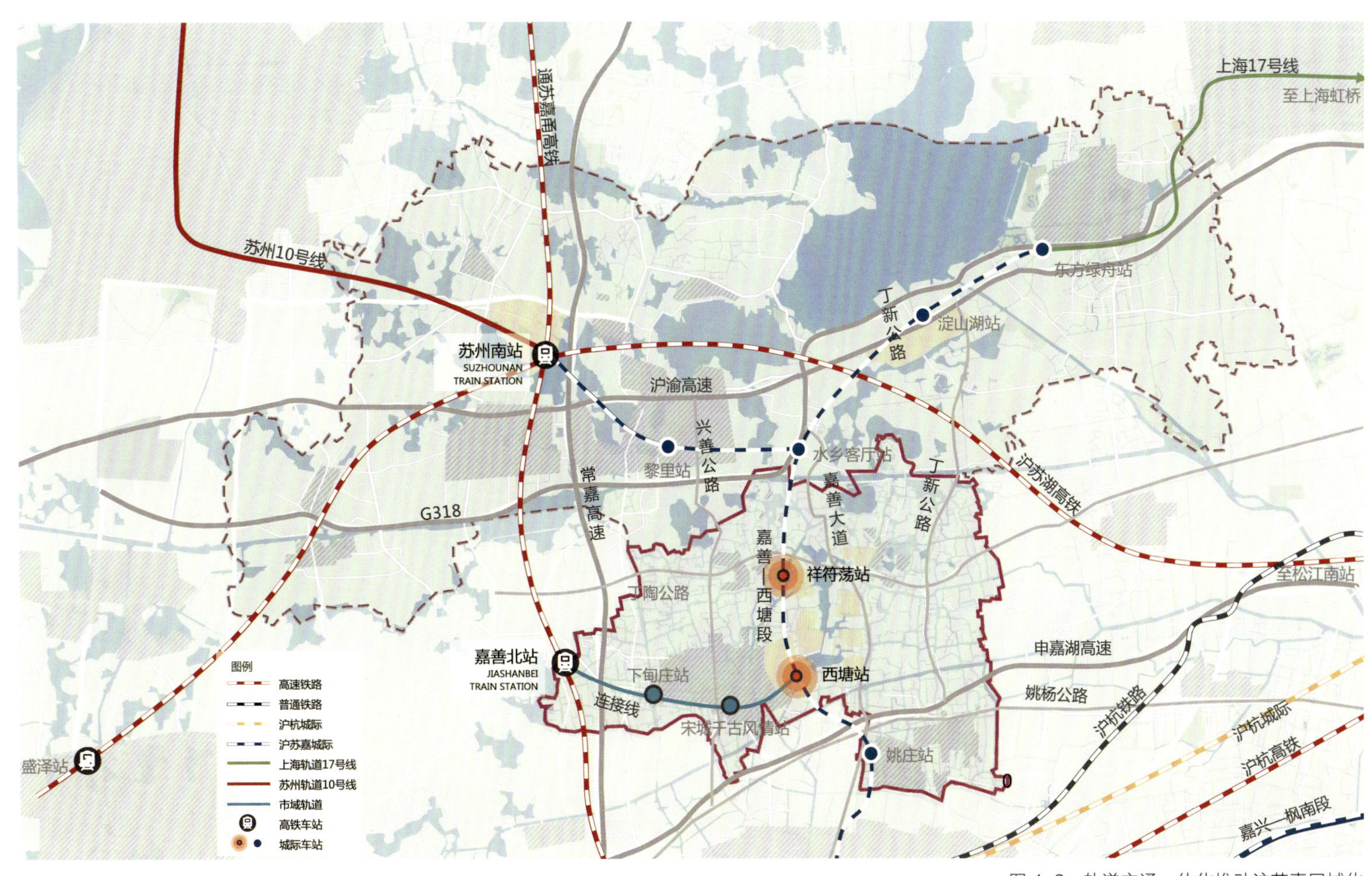

图 4-2　轨道交通一体化推动沪苏嘉同城化

图 4-3　嘉善至西塘市域铁路西塘站

地铁17号线、苏州地铁10号线的延长线，将如同两条灵动的纽带绵延至水乡客厅片区，将嘉善融入更为广阔的都市圈，进一步加强其与上海及苏南城市的通勤联系，实现半小时内通达长三角的便捷交通梦想。

三、区域协同

Regional Collaboration

在《长三角生态绿色一体化发展示范区总体方案》的谋篇布局中，三大组团功能目标明确，以协同错位的理念共谋示范区一体化发展。其中，嘉善被赋予了要"构建多层次创新空间，围绕西岑科创中心、元荡科技城、汾湖高新区、中新嘉善现代产业园、祥符荡创新中心等打造创新组团"的使命。一系列创新组团构建起多层次的创新空间，如同一颗颗璀璨的明珠被精心串联，形成了一幅活力四溢的创新画卷。《长三角生态绿色一体化发展示范区国土空间总体规划》进一步描绘了这幅蓝图的细节，提出"以环淀山湖区域为创新绿核，打造一个生态、创新、人文融合发展的中心区域"。在苏浙沪两省一市交界处约35.85平方千米的范围里，三地合力打造的"水乡客厅"，将成为"集中实践和示范城水共生、活力共襄、区域共享的发展理念"的试验田。依托三地特色资源，各自打造的产业特色示范区域，如心脏搏动，由此形成"一厅引领、三心协同"，引领一体化发展示范区绿色创新发展的核心区（图4-4）。

"三心"在发展定位、功能与空间配比等方面协同一体，并结合区域特质形成先行启动区"黄金三角"错位发展态势（图4-5）。西岑科创中心，以华为青浦研发中心为依托，构建了一个集企业办公、研发中试、技术孵化、生产服务、配套居住为一体的复合型产业社区。吴江高铁科创新城，则依托苏州南站高铁枢纽，打造先行启动区内最主要的对外交通门户，形成了一个展现枢纽经济特征、集聚文教科创产业、现代风尚与人文生态融合的特色高铁小镇。而祥符荡创新中心，则以湖荡为核心要素组织创智聚落，吸引高端研发试验机构，形成"空间上小微散、功能上高精尖"的科创综合体。

在这3个创新组团中，祥符荡创新中

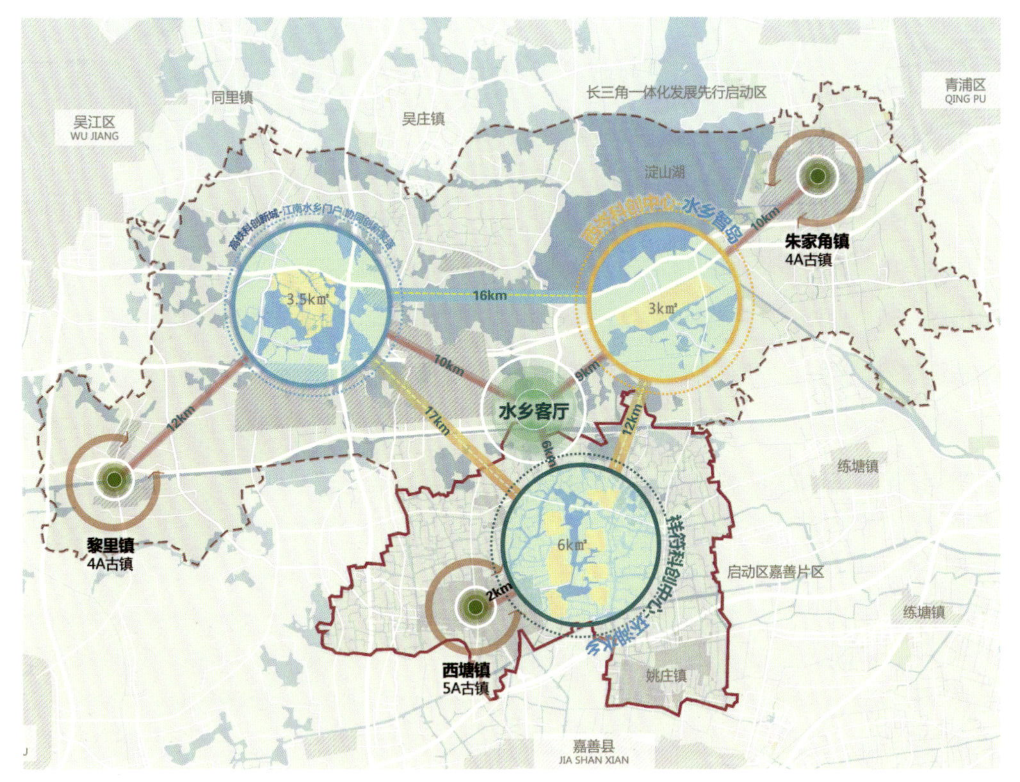

图 4-4　先行启动区“一厅引领、三心协同”的绿色创新发展格局示意图

图 4-5　三个绿色创新组团协调错位发展，构架先行启动区“黄金三角”

心的发展优势尤为突出。首先，祥符荡创新中心的示范引领最前沿，它位于水乡客厅的最近处，对外辐射效应最为直接。其次，祥符荡创新中心的文脉传承最直接，它与西塘古镇直接相邻，凸显了深厚的人文底蕴。此外，祥符荡创新中心的水乡特征最完整，它的场地蓝绿肌理最为典型，呈现出有利的湖区经济形态。最后祥符荡创新中心的发展空间最充足，它的建设用地储备量最大，具有充分的发展潜力。在“三心”发展定位、功能与空间配比等协同错位的作用下，祥符荡创新中心也将充分发挥其本底特色优势，成为引领长三角生态绿色一体化发展示范区发展的新潮流。

四、市县协同

City County Collaboration

在嘉善这片沃土上，产业的脉络如同江南水乡的河道，蜿蜒而有序，汇聚成发展的蓬勃力量。嘉善，作为长三角区域一体化的枢纽节点，其产业发展的故事，正是一幅民营经济与外向型制造业交织的生动画卷。县域南部的产业集群，如同点点繁星，照亮了嘉善的“经济天空”。电子信息、装备制造、新材料等专业化集群在这里初露锋芒，构建起了嘉善经济技术开发区、中新嘉善现代产业园、姚庄经济开发区等产业发展主平台，成为推动区域产业发展的强大引擎（图4-6）。

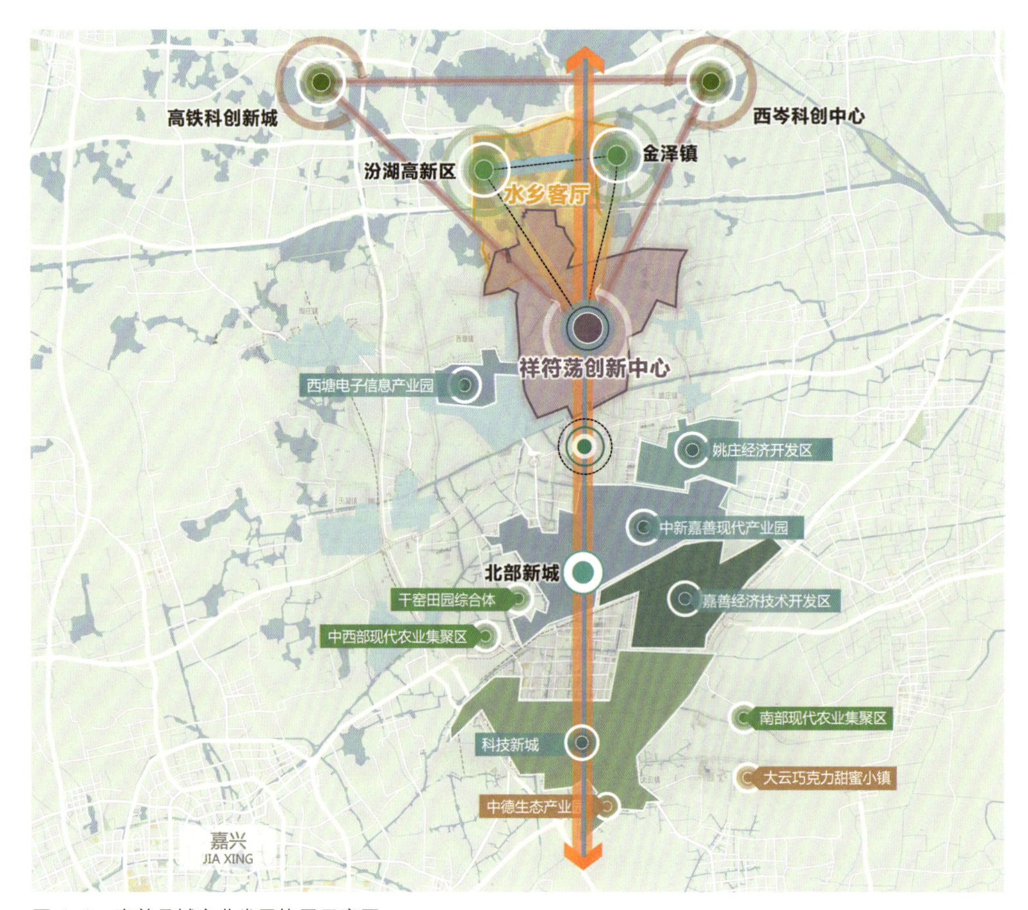

图4-6　嘉善县域产业发展格局示意图

从嘉兴市域融入长三角一体化发展的角度来看，祥符荡创新中心是生态绿色发展走廊的重要节点、“金边融沪”借势发展的战略锚点、示范协同完整延续的连接点。从嘉善县域来看，祥符荡创新中心是示范区与嘉善的连接点、嘉善县北部城市副中心，是从“边界”到“引擎”的新发展担当，也是践行生态赋能产业发展的新触媒。祥符荡创新中心的建设使嘉善的发展如虎添翼，其积极发挥生态优势的价值转换，以生态、绿色之本底为一体化示范区的科创产业发展注入新动力。

嘉善的目光并未仅仅停留在此。在《嘉善县国土空间总体规划》的指导下，一座“一城一谷三区”的网络化、田园组团式新城正在崛起。“一城”即嘉善未来新城，是一个融合了高铁新城、嘉善主城区、北部新城的产城融合标杆，不仅承载着嘉善未来发展理念，更是独特营城模式的创新实践。“一谷”即祥符荡科创绿谷，其以祥符荡创新中心为核心发展引擎，并与西塘古镇相融，通过植入科技创新的基因，打造一个“创新人才荟萃、创新主体集聚、创新成果涌流、创新活力迸发”的世界级科创湖区。而“三区”即临沪高能级智慧产业新区、长三角农业科技园区、长三角生态休闲旅游度假区，三个区域各具特色，各自依托其区别化的产业基础，放大产业效能，共同构成嘉善发展新格局。祥符荡区域作为嘉善未来的“双向门户”，不仅向南引领嘉善高质量发展，更向北协同长三角一体化，充分实现了生态优势的价值转换，为科创产业发展注入了绿色动能。这里，每一寸土地都孕育着希望，每一个规划都昭示着未来，嘉善，正发挥着其协同引领的重要门户作用，为长三角生态绿色一体化发展示范区绘制着一幅生态绿色与城市发展和谐共生的美好图景。

第二节　本底特征

The Original Characteristics

一、水乡生境

Canal Township Ecology

嘉善，这块浙北瑰宝时刻彰显着“水乡生态”的本底特色，成为长三角区域生态网络上的重要节点（图 4-7），以其得天独厚的水系资源，绘制了一幅独具“河湖相依、田林相映”自然基底特征的生态画卷。在这片土地上，1958 条大小河道交织

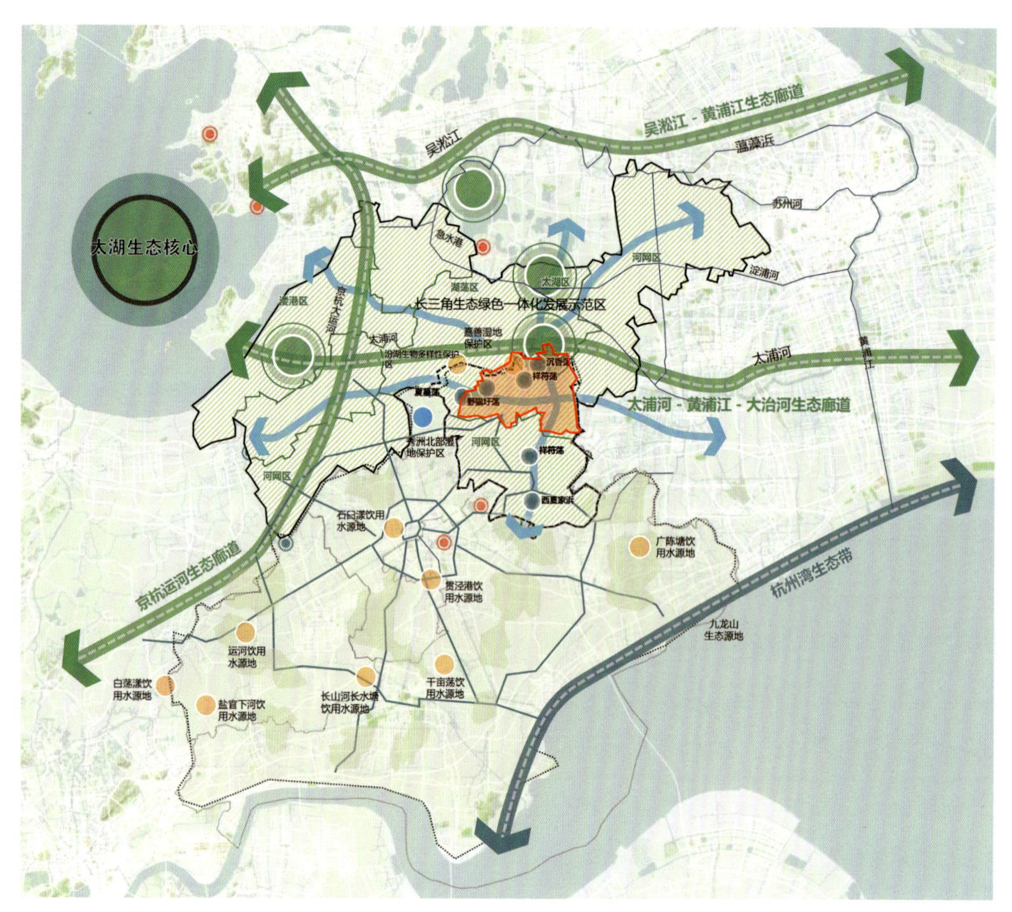

图 4-7　嘉善示范区为长三角区域生态网络上的重要节点

成总长度 1646 千米的水系，如同大地上的蓝色血脉，滋养着这片生机勃勃的土地。县域北部的先行启动区，更是湖荡密布、水网纵横，其河网密度高达 3.25 千米 / 平方千米（图 4-8），成为长三角地区重要的区域绿心、水源涵养区及湿地保育区，也是太浦河—黄浦江—大治河生态廊道的重要节点。在这片生态宝地，嘉善片区以其在先行启动区“两区一县”中建设密度最低、生态保育任务最重的特点，保留了典型的、原生态的“湖荡水乡”风貌特征。然而，地处太湖流域碟形洼地的嘉善，也面临着地势较低、洪涝灾害频发的挑战。嘉善全域地势的南高北低，使得北部片区约 90% 的地面低于现状防洪设计水位，较易发生洪涝灾害。这对嘉善生态城市规划的智慧提出了全新的考验。

此外，嘉善素有“浙北粮仓”的美誉。示范区嘉善片区内农田面积约 30.91 万亩（约 206 平方千米），占地 41%，永久基本农田集中连片度较高，为发展现代农业、打造农业景观提供了坚实的基础。水田、旱田、园地、林地，这 4 种生境单元在区域内和谐共存，共同构筑了嘉善水乡生态的特色本底（图 4-9）。每一片稻田都是对自然的颂歌，每一片绿林都是对生态的坚守，水乡生态的本底特征为生态绿色、和谐共生的发展提供了良好的基础。

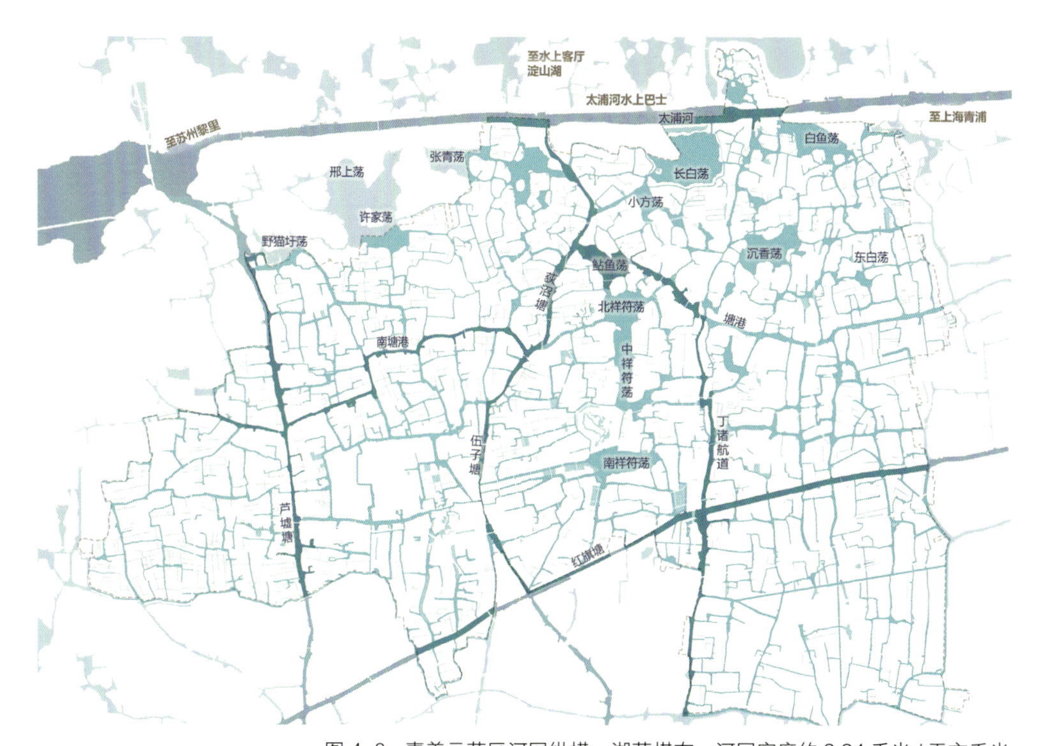

图 4-8　嘉善示范区河网纵横、湖荡棋布，河网密度约 3.34 千米 / 平方千米

图 4-9 嘉善示范区水田、旱田、园地、林地 4 类水乡生境单元

二、史境底蕴

Historical Background

嘉善县域及嘉兴全域，作为江南水乡文化的代表，延续了最具原始传统和代表特色的文脉聚落特征，形成了一幅生动的水乡人文历史长卷（图 4-10）。放眼长三角地区，这片被水网细密覆盖的土地，是江南水乡文化的摇篮，承载着深厚的历史人文底蕴。在这里，文化遗址星罗棋布，文化特色鲜明突出，它们是历史的见证，也是文明的印记。杭嘉湖平原是江南地区新石器时代文

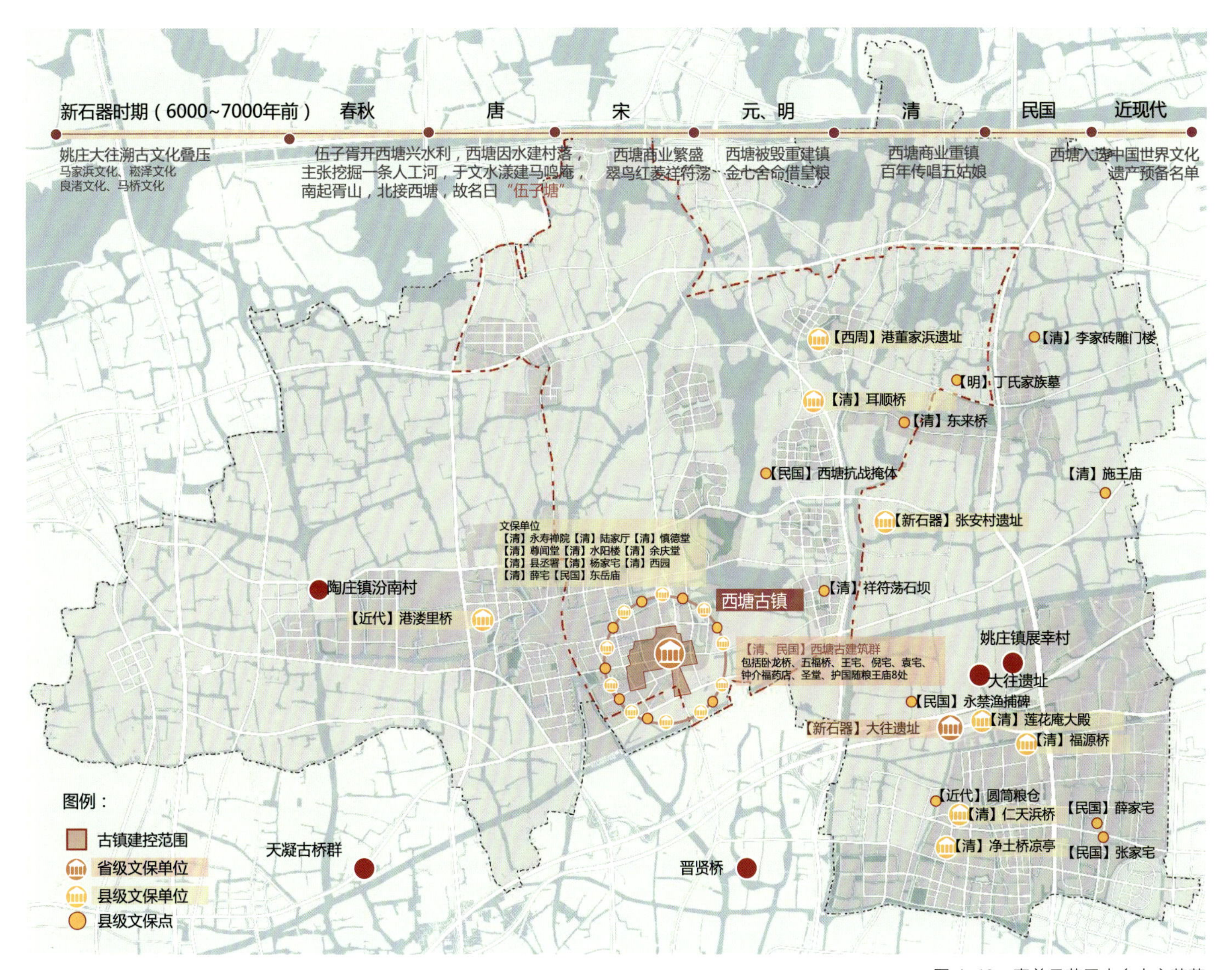

图 4-10　嘉善示范区水乡人文荟萃

化遗址的温床，尤其是嘉兴地区，文化遗址分布之密集令人叹为观止。马家浜、崧泽、良渚三个时期的文明遗址均有分布，这些文明的瑰宝，都是这片土地上曾经文明发达、人文荟萃的印迹。

嘉兴地区的水乡环境，如同一幅水网纵横的精致水墨画，孕育出一个个历史文化名镇。这些古镇是江南水乡人文和空间特色要素的集中体现。位于嘉善片区内的西塘古镇，素有“吴根越角”之称，不仅是吴越文化的发祥地之一，也是江南六大古镇之一，更是我国第一批历史文化名镇。西塘古镇拥有“春秋的水、唐宋的镇、明清的建筑、现代的人”，被誉为“生活中的千年古镇”（图 4-11）。它像是一部活生生的历史长卷，展现了从漫流沼泽到塘浦圩田，从水村相依到因河兴镇、沿河丰产的古朴特征。自然与人文在这里交织互动，共同书写着水乡的涓涓历史。

嘉善地区的水网结构层级分明、四通八达，城镇聚落的发展与水系、道路紧密相关，小则成村、大则成镇，形成“因河兴市、沿河兴产、依水而居、水宅/水村相依”的具有水乡特色的空间肌理（图 4-12）。在这里，河流不仅是自然的恩赐，更是生活的脉络，它们如同一条条丝线，将嘉善的城镇、乡村、产业紧密相连，形成了一幅幅生动的江南水乡图景。

图 4-11　千年古镇——西塘

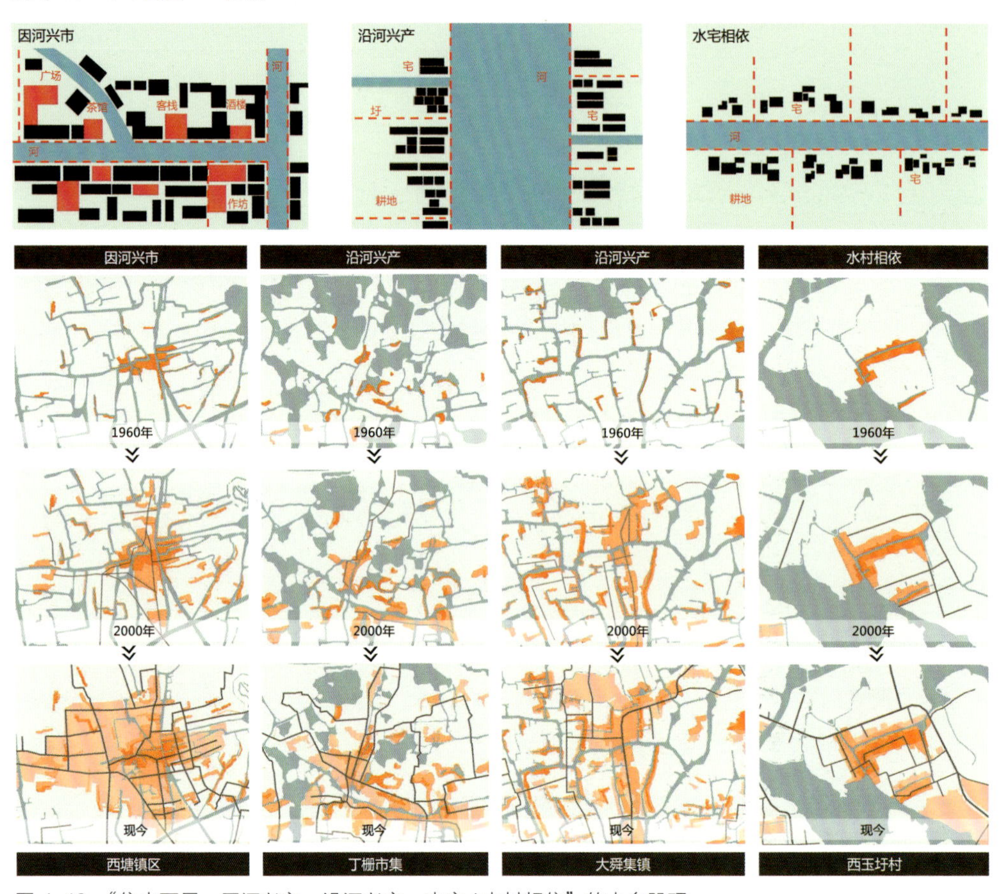

图 4-12　“依水而居、因河兴市、沿河兴产、水宅 / 水村相依”的水乡肌理

三、产业基础

Industrial Foundation

嘉善，不仅因其得天独厚的自然环境、以生态和绿色为核心的自然资源本底而备受关注，也因其融合了江南水乡独特的文化韵味和历史遗产的地域风貌而闻名，更因其通过发展新兴产业、创新经济的现代化产业发展模式而展现出独特的产业本底特征而备受瞩目。在长三角一体化发展的背景下，新兴产业和创新功能正呈现出由传统的中心城市向周边区域梯度转移的扩散趋势，并伴随产业体系的升级逐渐由都市圈中心向外围区域溢出，这一趋势为嘉善提供了承接区域产业结构和人口资源溢出的广阔发展空间，并赋予其在区域一体化协同发展格局中构建新的战略定位的巨大机遇。嘉善以其雄厚的产业基础为依托，已布局多个具备创新能力和高成长性的产业平台，形成了结构完备、潜力突出的产业生态系统。在这里，新材料、新能源、生命健康、数字经济、高端精密机械等战略性新兴产业如雨后春笋般崛起，展现出坚实的发展基础和强劲的发展势头。尤其是在数字经济领域，嘉善凭借着数字技术的深度应用和创新实践，已成为区域内产业发展的突出亮点，为这片土地注入了新的活力与创新动能。

根据《长三角生态绿色一体化发展示范区产业发展规划》，嘉善片区正在构建“两横一纵、三心协同、五镇一体”的产业协同发展格局。嘉善片区中，姚庄作为产业强镇，继续发展精密机械、通信电子、节能环保、农旅休闲产业；西塘作为文旅名镇，继续发展文化旅游、保税经济、跨境电商、会议会展产业；祥符荡创新中心则以培育新经济模式为主，发展生命健康、数字智能、教育科研、创新转化产业。“一心两镇”三个区域共同构成了“智造筑基、文旅赋能、创新升级”的县域北部新发展极核（图 4-13），为嘉善的未来描绘了一幅充满希望和活力的画卷。

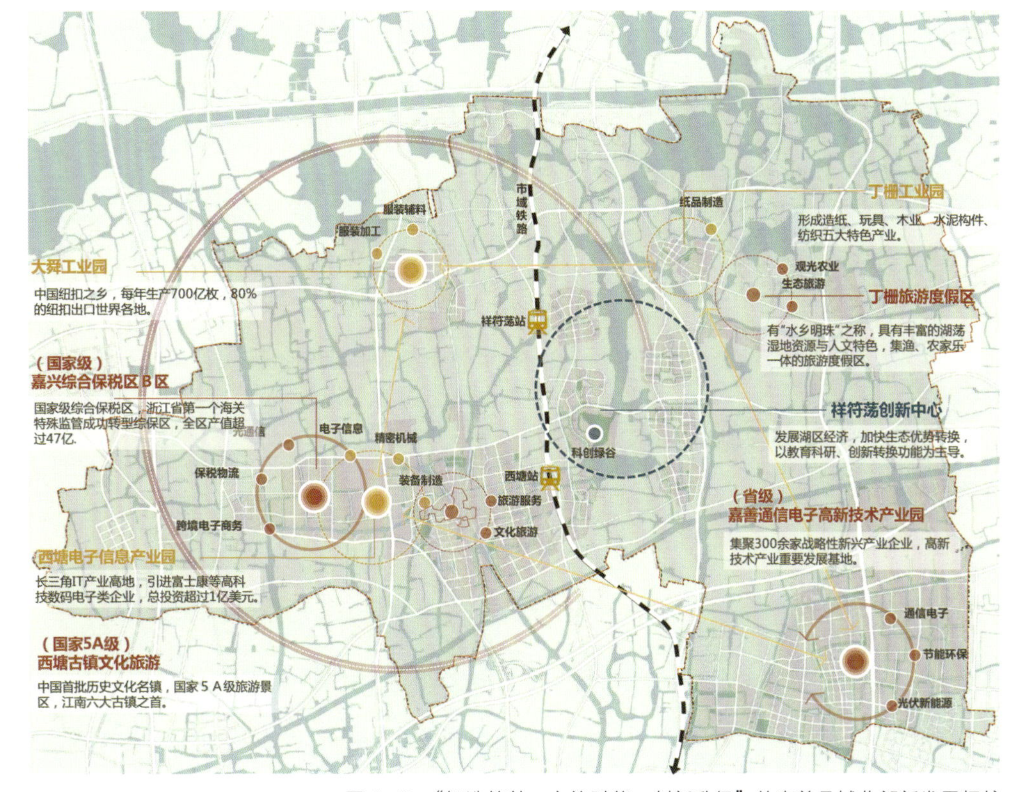

图 4-13 “智造筑基、文旅赋能、创新升级”的嘉善县域北部新发展极核

四、格局重塑

Pattern Reconfiguration

作为长三角生态绿色一体化发展示范区的枢纽节点，嘉善以其独特的水乡生态、文脉聚落、产业模式本底特征，展现出了良好的发展势头。先行启动区的建设，犹如一支有力的画笔，正在嘉善北部片区勾勒出一幅空间格局的新画卷。

相较于青浦、吴江两区，先行启动区嘉善片区以其 57% 的农田占比和 79% 的整体蓝绿空间占比，彰显了其生态本底的优势。在这里，生态的优势被转化为发展的动力，低碳发展的理念深入人心，科技创新的力量被充分承载，共同富裕的目标成为引领，高质量的一体化发展成为嘉善的坚定方向。为了实现这一宏伟蓝图，嘉善片区确立了五大发展指向：生态绿色、“双碳”目标、一体化、科技创新、共同富裕。这些指向如同航标，指引着嘉善的发展航船破浪前行。

先行启动区的建设将推动嘉善北部片区空间格局再构。在五大发展指向的基础上，嘉善片区将通过最佳的生态资源和人居环境，汇聚创新动能，以“研发转化 + 高端制造”为引擎，整合“大科创”产业链，打造一个充满活力的创新高地。嘉善的空间格局被精心规划为“一轴一带接一厅、三片一心营水乡、八河九荡聚祥符”，每一个部分都承载着嘉善对未来的期许（图 4-14）。

“一轴”指的是世界级的水脉绿轴，它象征着嘉善生态的脊梁；“一带”是水乡文脉的发展带，它承载着嘉善的文化和历史；“一厅”是示范区的水乡客厅，它是嘉善对外的窗口和门面。“三片”为西塘片区、姚庄片区、沉香荡共富片区，每个片区都有其独特的功能和定位；“一心”是祥符荡创新中心，它是嘉善创新发展的核心；“八河九荡”指红旗塘、祥符荡、茜泾塘、芦墟塘、南塘港、丁诸航道、东栅港、六斜塘 8 条河流和祥符荡、邢上荡、张青荡、西浦荡、小方荡、长白荡、白鱼荡、沉香荡、白漾荡 9 个湖泊，它们作为嘉善的蓝色血脉，滋养着这片土地的勃勃生机。

先行启动区嘉善片区空间格局的再构，正以其独特的生态优势和创新发展模式，展示着高质量发展的新路径，为全国乃至世界提供了一个生态绿色一体化发展新范例。

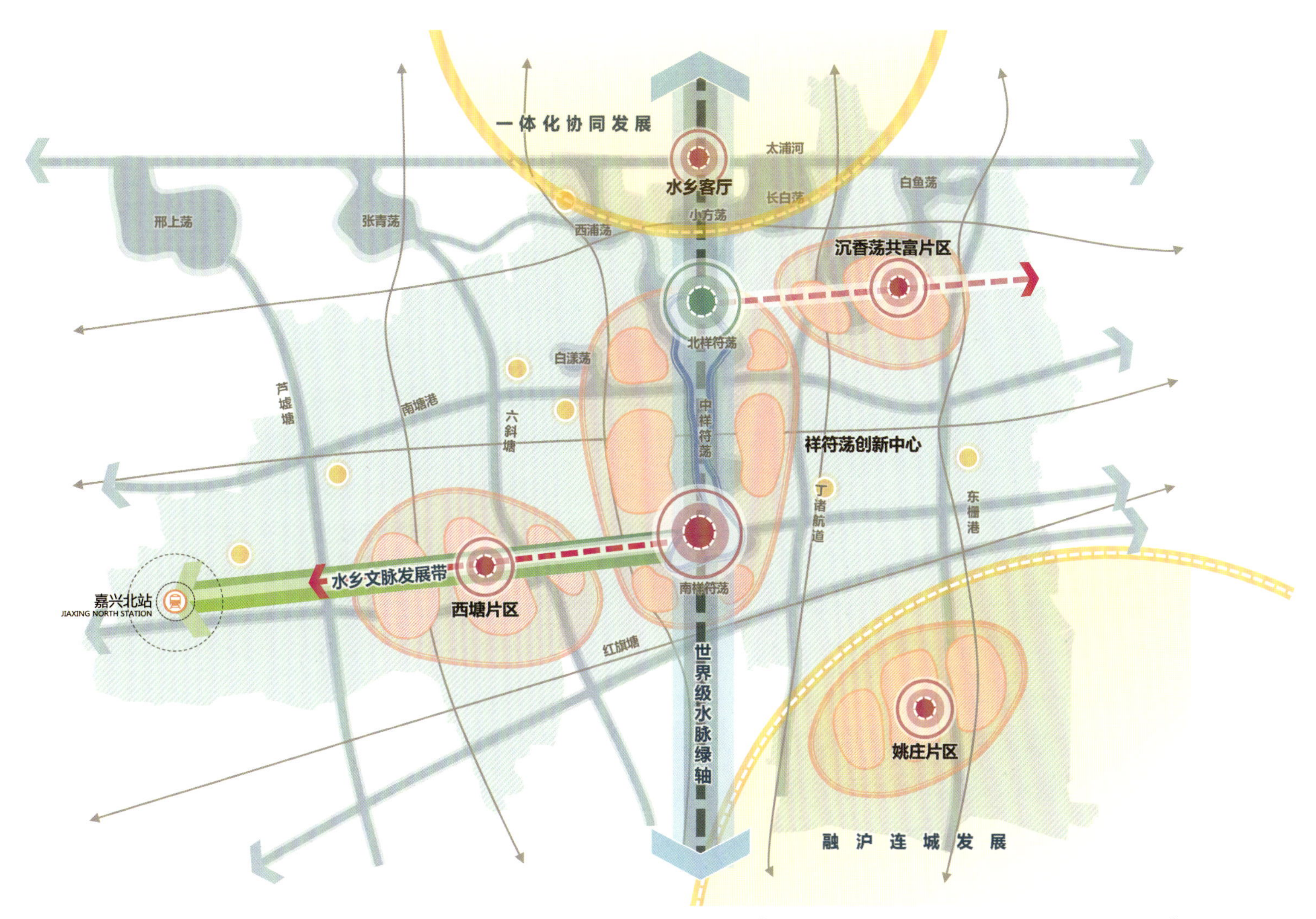

图 4-14　嘉善示范区“一轴一带接一厅、三片一心营水乡、八河九荡聚祥符”的新发展格局

第五章

Chapter 5

生态文明时代世界级理想人居样板——梦里水乡

World-Class Ideal Habitat Model in the Ecological Civilization Era：Dreamy Canal Town

在悠悠岁月中，中华民族对自然的敬畏与热爱，如同长江之水，绵延不绝。这种对和谐人居环境的求索向往，深深植根于我们五千年的文明史，铸就了我们对丰富的生态生存与文化智慧的不懈追求。从古至今，从绿意盎然的森林，到金黄遍野的农田，再到繁华喧嚣的都市，寻找那片诗意的栖息地，始终是人类心之所向，对美好生活的追求从未停歇。如今，随着生态文明的理念深入人心，人与自然和谐共生成为时代的主旋律。科技的光辉照亮了城市发展的道路，文化的底蕴丰富了城市空间的内涵，社会服务的细致周到与城市治理的智慧高效，各类要素相辅相成，共同织就了“未来城市”的宏伟蓝图。在这幅蓝图中，浙江嘉善以其独特的江南水乡风情，探索出了一条生态文明引导下的城市发展新路径，这不仅是对历史的传承，更是对未来的憧憬。

第一节　发展内涵

The Development Connotation

一、总体框架

Overall Framework

在时代的洪流中，我们清晰地感受到了生态文明的召唤。这是人类文明发展历史的必然选择，是人类文明演进的崭新篇章，我们已经迈入生态文明的时代。在这

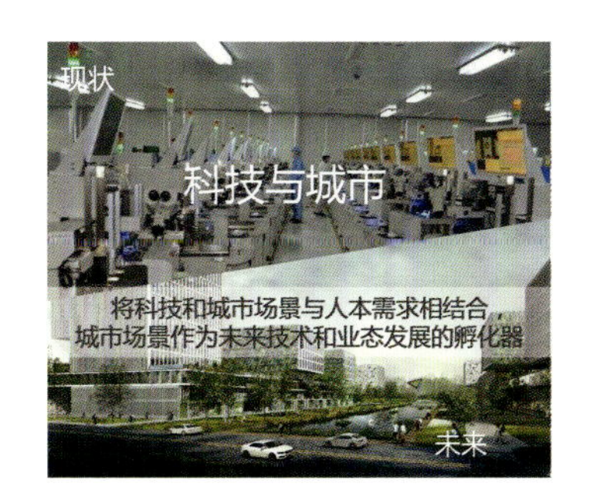

图 5-1　生态文明催生未来城市的诞生

个篇章里，人与自然的关系被不断放大，二者和谐共生被赋予了前所未有的重要性，科技的光辉照亮了城市发展的道路，文化的深厚底蕴成为城市空间的灵魂，而社会服务与城市治理的携手并进，则为城市的繁荣稳定提供了坚实的支撑——生态文明催生未来城市的诞生（图 5-1）。我们坚持“生态优先，绿色发展”的理念，将“两山”理论转化为具体的行动指南，寻找着一条人与自然和谐共生的可持续发展之路，这是从人类发展与生存的高度，对全球生态危机与可持续发展的积极回应，也是对未来世代的责任担当。顺应生态文明建设和生态绿色发展、“双碳”目标政策引导，长三角生态绿色一体化发展示范区总体方案中也提出“三新一田”的总体发展目标纲领，即打造生态优势转化新标杆、绿色创新发展新高地、人与自然和谐宜居新典范，以及一体化制度创新试验田。

在生态文明的时代背景下，嘉善片区祥符荡的未来建设发展显得尤为瞩目。我们以全域全要素的统筹规划为起点，以生态低碳发展为实践路径，以打造理想人居环境为理念目标，构建了一个包含“四大目标、五大导向、九大系统”的全方位发展框架（图 5-2）。这个框架不仅横跨各个领域，纵向贯穿了谋划、规划、设计与实施管控的全过程。为“横向到边、纵向到底”地探索江南水乡发展的新路径，迈出了坚实的步伐。我们希望将祥符荡片区打造一个世界级的理想人居样板——“梦里水乡”，让这里成为人们梦想中的家园，让生态与城市在这里完美融合，让绿色发展在这里生根发芽，结出硕果。

低碳生态城市理想人居：四大目标、五大导向、九大系统

四大目标 示范区方案：生态优势转化新标杆；绿色创新发展新高地；一体化制度创新试验田；人与自然和谐宜居新典范

五大导向 高质量发展：生态绿色；一体化；“双碳”目标；科技创新；共同富裕

九大系统 规划方法与实施：
01 生态特色生境底板
02 融合空间自然布局
03 智慧出行绿色系统
04 基础绿色设施转型
05 生态模式低碳营造
06 高质服务共享系统
07 科创功能转化提质
08 文脉水乡传承风貌
09 规划治理建设创新

图 5-2　生态城市构建的整体框架

二、愿景定位

Vision Positioning

在时代的浪潮中，祥符荡创新中心以其独特的本底优势，站立在了国家战略和发展政策交汇的历史节点上。面对前所未有的历史机遇指引，我们为祥符荡描绘了一幅宏伟的愿景定位。未来祥符荡创新中心将成为“生态绿色高质量发展的标杆地、跨区域一体化发展的试验地、世界级水乡人居文明的典范地”。这一愿景，不仅是对未来的憧憬，更是对现实的责任和承诺。

为实现这一愿景，我们精心策划了“蓝绿共栖、产学共创、低碳共筑、古今共融”四大策略。这些策略将共同作用于祥符荡的创新中心，旨在打造一个生态文明时代的世界级理想人居样板——一个融合了生态、科技、绿色的“生态科创绿谷”，一个让人流连返的“江南梦里水乡”（图 5-3），整体呈现具有“梦里水乡、祥符科创、金色底板、七星伴月”发展内涵的空间格局（图 5-4）。未来的祥符荡创新中心，蓝绿交织的自然景观与科技创新的活力相得益彰，低碳环保的生活方式与历史文化的深厚底蕴相映成趣，共同构筑了一个既现代又传统，既生态又科技，既宜居又繁荣的和谐画卷。

图 5-3 “生态科创绿谷 · 江南梦里水乡”的愿景定位

图 5-4　梦里水乡、祥符科创、金色底板、七星伴月
图片来源：中国生态城市研究院沈磊总师团队

三、梦里水乡

Dreamy Canal Town

被江南水乡温柔细雨滋养的嘉善，正在绘制一幅融合传统与现代的城镇画卷。在这里，沈磊教授团队用总师制度的智慧笔触，细腻地勾勒出网络化、组团式的城镇空间形态，希望推进传统的古老江南文化与现代文明交织出一幅幅生动的图景，增强文化自信，塑造“回归自然、荡显城隐、水韵创风”的城乡风貌。在祥符荡的波光潋滟中，生态和谐、文化多元、人文活力交织，用“人文”与“科创”共织“未来”，总师团队渐渐描绘出未来城市理想人居的场景标志。

总师团队致力于延续江南水乡的空间肌理，将高标准建设公共文化设施和服务体系置于规划、建设、治理的首位，塑造新江南文化品牌，让嘉善的文化影响力跨越国界，用具有国际文化影响力的水乡村落格局，重塑鱼米之乡的全新风貌，绘制生态文明的美丽画卷。在这片土地上，总师团队秉持绿色、低碳发展理念——祥符荡片区可再生能源和低能耗建筑的积极推广，公交与慢行系统交织的绿色出行网络的构建，以及智慧化绿色基础设施的超前布局，都在全面推动着从建筑单元到社区组团，从城镇到乡村的低碳、零碳、负碳转型。嘉善，正以其先行者的姿态，为区域乃至更广范围的碳达峰目标提供着实践范例，展现着生态文明建设的坚定步伐。

在水乡人文方面，西塘古镇以其深厚的历史文化底蕴和独特的江南水乡风貌，被列为国家 5A 级旅游景区，享有“生活着的千年古镇”之美誉。2017 年，它更是成为广大网民票选的最喜爱的十大古村镇之一，在《中国世界文化遗产预备名单》中亦占有一席之地。嘉善片区生态涵养良好、绿色本底丰富，水网纵横、蓝绿交织，“梦里水乡”和谐的自然画卷正在展开。在这片土地上，总师团队致力于将绿色低碳的理念深植于城市发展的每一步，让生态环保不仅是一种理念，更是一种生活方式。以祥符荡为示范的长三角生态绿色一体化发展示范区，将成为生态宜居、文化繁荣、创新发展的典范，向世界展示一个充满活力、绿色可持续的现代化水乡新城。

四、创新高地

Innovation Highland

起源于丰厚的历史人文底蕴，嘉善梦里水乡水墨画一般的美丽长卷正在缓缓向现代延展，实现“创新高地”的科创生态发展。在祥符荡科创绿谷的规划设计中，总师团队深刻尊重生态本底，精心延续并保留江南水乡的自然空间肌理，细致修复生物生境系统，巧妙构建蓝绿交织、林田共生的生态网络，精心打造城镇与自然和谐共生的空间格局。我们致力于推进生态、文化赋能，加快水乡特色要素的优势转换，积极探索绿色发展、协同发展的新路径，深化区域优势分工、资源共享、产学研互动，全力打通“原始创新—技术创新—产业创新—服务创新”的链条，精心布局协同共进的新型产业空间。

总师团队通过规划设计高品质的人居环境及人文风貌，吸引具有国际影响力的高能级科创资源，构建面向全球、面向未来的大科创产业体系。总师团队在管控设计中着力营造一流的创新创业环境，吸引长三角地区的高端人才汇聚祥符荡，建设集湖荡景观、科技创新、高端产业、水乡生态、古镇文化于一体的世界级活力湖区典范（图5-5、图5-6）。在这里，每一寸原野都将成为创新的热土，每一滴湖水都将成为发展的源泉。与自然、科技携手，奏响传统与现代交织的乐章，总师团队正努力发挥祥符荡多样化科创产业发展的绿色、创新重点作用。

图5-5　祥符荡科创绿谷创新高地鸟瞰效果图（一）

图 5-6　祥符荡科创绿谷创新高地鸟瞰效果图（二）
图片来源：中国生态城市研究院沈磊总师团队

第二节　空间格局

Spatial Pattern

在这片充满生机与活力的土地上，规划绘制出一幅以“世界级水脉绿轴”和“水乡文脉发展带”为骨骼的壮丽图景（图5-7）。这一轴一带的L形EOD（生态导向开发）城市发展空间格局，如同大地的脉络，将生态与城市的发展紧密相连，为祥符荡注入了绿色的血脉。

在功能布局上，规划运用“文旅”与“科创”两大引擎，实现了“一镇一心”的有机融合。每一个组团都拥有自己的核心，每一个核心都跳动着创新与文化的音符，共同编织出一幅文化、自然、创新交织的和谐美好画卷。在这幅画卷上，规划精心构建了一片林田共生的金色底板，形成祥符荡最生态的生境本底，把握大自然赐予我们的宝贵财富；同时以“七星伴月”的组团形态，打造“多中心、网络化、融合式”的一体化布局（图5-8）。祥符荡片区的空间格局，荡显城隐，城市与自然的界限开始模糊，水乡的格局与自然景观完美融合，展现出片区独有的江南韵、文化味、生态魂、国际范的特色风貌。

一、金色底板

Fertile Farmland Landscape

在嘉善，我们正在精心编织一幅强化生态安全、硬性约束农田保护的“金色底板”网络，凸显湖荡纵横蜿蜒、河网错综复杂以及林田和谐共生的自然景观。这里，江南水乡的田园风光底蕴与“水、城、文、绿、乡”的元素完美融合，共同构成了一个生态与智慧并重的全域秀美金色底板，智慧科技为农业农村赋能，用切实行动践行“两山”理论。通过总师总控的制度优势，我们在此锚固生态基底，深耕生态优势，推动生态经济的发展，以自然之美的“风景独好”承载创新之力的“最强大脑”，创造最大的效能，推动城乡融合发展，迈向共同富裕之路。

在金色底板核心区，总师团队巧妙安排空间布局，大处着眼，小处入手，把握空间游线的起承转合，特别打造了一系列如诗如画的景观节点和线路，如醉美环湖绿道、如意水杉道、祥符揽云观景平台等。这些绿道作为线性开敞空间，以“生态田野”和

“自然原野”为基底，从“生态化”和“人性化”两个角度出发，顺应自然，实现对自然的最小干预，同时满足人们对安全、便捷和舒适的使用需求，符合人的活动规律，打造出环祥符荡的“醉美”绿道。

其中，具有空间格局代表性的当属金色底板核心区的生态岛，其以最低程度的干扰为原则，保留和修复自然生境，旨在打造一个生物多样性保育和科普基地，为动植物提供一个温馨的家园。小到生态岛田间地头的阡陌溪流，大到整体祥符荡南荡、北荡万顷碧波，清水工程是生态绿色建设、突现金色底板空间格局浓墨重彩的一笔。这一项旨在恢复祥符荡生态系统的宏伟计划，不仅提升了水体的质量和稳定性，还促进了生态系统的良性循环。通过水、岸的综合协调共治，祥符荡的水质、生态和景观得到了全面提升，打造出了一片世界级的滨水空间。在这里，水清草绿、鱼翔浅底，“万顷祥符荡，风静水天波”的壮丽景象跃然眼前。我们精心挑选了 300 多种本地植物，以保持自然景观的地域性和生物多样性。这些举措不仅体现了我们对自然生态的尊重和保护，也为后代留下了一笔宝贵的生态财富。

同时，嘉善这片江南水乡的肥土沃地，其核心空间本底依然是那片“金色底板”。大面积铺开的金黄稻田景观当属祥符荡空间格局的点睛之笔——每至夏、秋交叠之际，金黄的麦浪翻滚在万顷碧波的映衬下，构成了嘉善独有的稻田农业景观，如诗如画。然而，如何治理并保持这种纯粹的风貌，如何在风景如画与生态智慧之间找到平衡协调，以及如何实现农业高产与减少温室气体排放的统一，亩产千斤的精准控制从何入手，这些都是总师团队需要回答的问题。为了回应这些挑战，我们提出了“生态田、低碳田、智慧田”的发展理念。嘉善是典型的江南鱼米之乡，稻田是嘉善最重要的底色，通过从高标准农田到“生态田、低碳田、智慧田”

图 5-7　祥符荡片区“一轴一带”的发展脉络

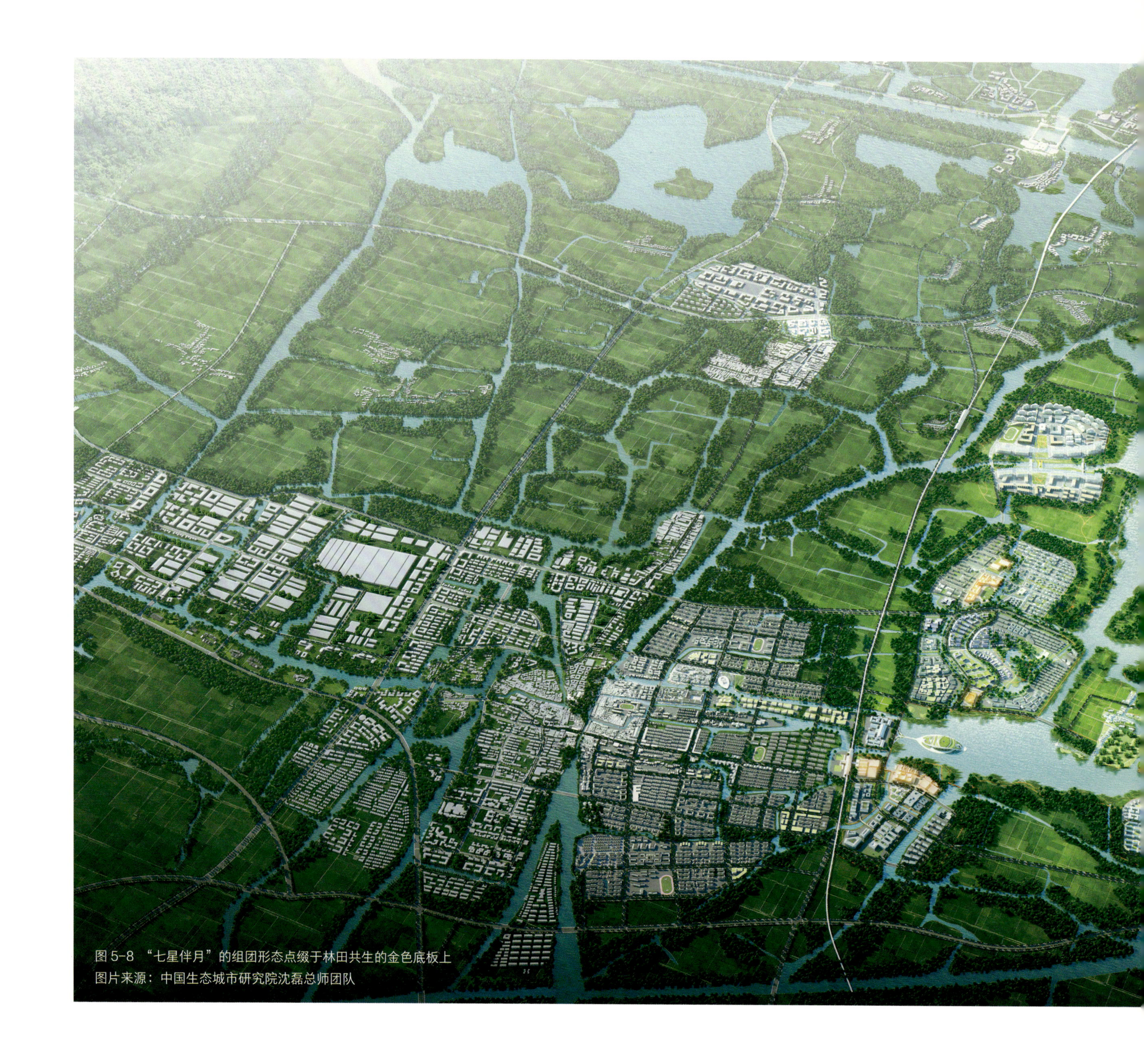

图5-8 “七星伴月”的组团形态点缀于林田共生的金色底板上
图片来源：中国生态城市研究院沈磊总师团队

的转化，这一理念不仅促进了农业生态的整体提升，还打造了一个充满魅力的“金色底板”。

农业是温室气体的重要排放源，其排放的 CH_4 和 N_2O 分别占到全球人为 CH_4 和 N_2O 排放总量的约 50% 和 60%。其中，稻田又是重要的农业温室气体排放源。在长江中下游的稻作区，水稻种植面积约占全国水稻种植总面积的 40%，稻田 CH_4 排放量约占全国农业 CH_4 排放量的 40% 的 2/3。嘉善的金色底板，通过采用高质量“生态田、低碳田、智慧田”的建设方法，显著减少了稻田甲烷排放 10%~15%，间接碳排放减少 8%~15%，水资源消耗减少 30%，肥料使用减少 10%，氮、磷排放减少 30%，亩均劳动力投入减少约 100 元。

“生态田、低碳田、智慧田”建设方法的妙处在于合理利用先进技术，赋能现代农业生产，打造生态、绿色和谐共生的空间发展格局（图 5-9）。其中，“生态田”的实施依赖于农田林网生态种植、生态沟渠节水零排、泵房改造景观融合、生态沉淀尾水净化等路径。“低碳田”则通过氮肥深施、间歇性节水灌溉、农机高效应用等低碳管理技术和模式，围绕“增汇、减排、降耗、循环”来降低水稻生产过程中的人力、物力能耗，从而降低碳足迹。“智慧田”则通过精准灌排、无人农机、绿色防控等数字赋能技术，依托稻田数字孪生系统 + 算法模型，基于精准灌排系统，实现自动化管理生产。这些措施不仅提升了农业的生产效率，还保护了生态环境，是嘉善在生态文明建设方面的先进理念和实践的充分体现。

图 5-9 “生态田”“低碳田”“智慧田”的实现路径

二、七星组团

Seven-star Cluster

嘉善除了核心的金色底板，其整体空间格局被总师团队合理地赋予了“七星伴月”的组团形态，打造“多中心、网络化、融合式”的空间布局。这种布局旨在实现城乡功能的有机结合，以及与自然空间的和谐相融，形成组团式、网络化的城乡结构。总师团队致力于构建符合人性尺度的水乡单元，将城市的发展轻柔地放置在生态本底之上，打造城市在自然中和谐生长而非刻意为之的空间形态。蓝绿风景道和交通走廊构成了这片区域的脉络，它们不仅连接着各个单元化的空间，还承载着复合型的功能，推动生态、生活、生产“三生”空间的融合发展，打造人与自然和谐共处的典范。“七星伴月”核心组团的打造，具体包括了 1 个金色底板，象征着嘉善的农业根基和生态底色；3 条魅力动线——1 条水乡线、1 条环湖线、1 条示范线，它们如同脉络，串联起嘉善的过去、现在与未来；以及 8 大核心组团和 20 大重点项目，这些都是嘉善发展的重要支撑和展示窗口。

具体而言，在嘉善的规划蓝图中，3 条示范魅力动线如丝带般串起了这片水乡的灵动之美。首先是如意水杉道，它南北贯穿祥符荡，形状似如意，全线总长约 12.8 千米，象征着吉祥和美好。其次是“通古达今”的水乡路线，它不仅延展了千年水乡的文脉，还展示了新时代江南的新风貌。最后是一条环祥符荡的绿道，它以生态田野和自然原野为基底，全线总长约 15 千米，为人们提供了一处接近自然、享受宁静的绝佳场所。南荡的聚焦范围则包括十里港滨水路和南祥符荡环线，总长度约 6 千米，这里将成为连接自然与文化的又一纽带。

而 8 大核心组团则各具特色，共同构成了嘉善发展的多元矩阵。西塘良壤组团以商业服务和会展商务为核心，将成为文化交流和商业活动的热点地区。国际服务组团则定位为公共中心，致力于提供面向未来的国际化服务。东汇双碳组团是乡村赋能的科创摇篮，将生态优势转化为发展动力标杆。科创集智组团则是智力集聚和技术创新的高地，吸引着“最强大脑”的汇聚。浙大绿洲组团聚焦于前沿学科和绿色智慧的产学研基地，为未来的科创、绿色发展提供支撑。双高产业组团致力于壮大“3+3”产业集群，打造花园式园区的示范标杆。沉香富裕组团旨在盘活空间产业人才，展示城乡共同富裕的实践。水乡客厅组团则是城水共生、区域共享发展的试验田，探索着人与水的新关系。8 大核心组团形成了 4 大类功能单元，分别为 1 个大学园区单元（浙大绿洲单元）、1 个研发总部单元、1 个国际服务单元、4 个成果转化单元（尖端转化单元、医械智研单元、生态低碳单元、未来数字单元）。这 7 个功能单元如同 7 颗明星，闪耀在祥符荡（图 5-10）。通过这些精心设计的组团和其下一系列项目，嘉善不仅展现了自己的地域特色和文化底蕴，也为区域一体化发展提供了强有力的引擎，推动了城乡功能的有机融合，助力人与自然的和谐共生。

图 5-10 七星伴月的“七星”功能单元

第三节　总师总控模式创新：分类施策，全过程把控

Innovation of the Chief Planner's General Control Model: Control of the Entire Process of Implementing Classified Policies

在嘉善这片充满活力的土地上，中国生态城市研究院展现了长久以来理论与实践结合的规划智慧，滋润着这里的每一寸肌理。总师团队的精锐之师，以其高瞻远瞩的视角和精湛的专业技能，巧妙地将规划技术、管理与制度创新融为一体，为嘉善的未来描绘出一幅生态与科技和谐共生的美好蓝图。城市总规划师团队是由权威技术专家领衔的一支为城市整体规划发展进行技术支撑的多专业团队。在规划治理整体背景下，沈磊教授团队创新规划治理机制，引入了城市总规划师模式，并在嘉善的规划实践中掌舵，以其深厚的专业素养和前瞻性视野，引领着这场规划革命，让总师总控的创新规划模式悄然改变着嘉善发展的轨迹。总规划师所具有的功能属性，更是一个职位、一个系统、一个平台，一种全新的规划治理理念。它汇聚了“规划研究、重点谋划、设计管控、落地实施”四大特征，从而实现城市资源挖掘、城市战略明晰、城市亮点呈现、城市价值提升、城市特色彰显。高效运转的制度模式引领着规划、建设、管理三驾马车协同前行，实现了 1+1>2 的技术与管理叠加效应。

城市总规划师模式的治理机制创新，通过全过程技术把控，有力地推动了一体化发展示范区的建设。通过深入的“本底研究”，总师团队挖掘出嘉善绿色、低碳的创新潜力并转换为发展竞争力。总师团队对城市规划进行技术判断把握，以日常“技术管理”对行政决策进行支持，确保每一项规划都精准对接城市的长远发展。最终，在“实施总控”环节，总师团队更是将规划设计蓝图所蕴含的信息，一步步转化、传导、落地为实施项目的现实，让嘉善的城市风貌和特色得以生动呈现。

为确保这幅蓝图不仅仅是空中楼阁，而是真正地生根发芽、开花结果，总师团队在规划技术、管理、制度等方面采取了一系列富有创新性和可操作性的措施。我们以规划的全面贯彻和实施落地为目标，以城市风貌特色的高质量呈现为己任，以响应现代化

城市治理的呼唤为动力，运用整体性全要素整合的策略，统筹技术管理与系统性政府咨询意见，织就了一张贯穿设计与实施的全过程、持续性总控网络。在这张网络中，总师总控模式如同一把精准的标尺，从宏观到微观，体现出其精确的对规划的掌控能力。在宏观层面布局全域城市设计、国土空间规划、战略设计研究，确保每一步都落在推动城市可持续发展的关键点上。在中观层面，总师总控模式又专注于土地细分导则、公共空间导则、城市设计导则，让每一片区域都展现出其独特的韵味。而在微观层面，这一模式则又精心编织城市设计指引、土地出让条件、相关专题研究，确保每一处细节都经得起时间的考验。这种总控机制，就像一条无形的纽带，实现规划设计成果从理论到实践的纵向有效传导，确保本底规划和技术管理在宏观、中观、微观层面的管控内容得到有效承接，从而保障最终的实施落地成效。

总师总控模式不仅是一种理念上的革新，更是一种实践中的突破，它将行政管理和技术管理全面紧密结合，形成强大的现代规划治理模式合力。在这里，“城市总规划师”不再只是一个头衔，而是一种全方位、全过程的全系统规划建设管理服务模式，它贯穿于前期定位、设计组织、规划实施、运行维护的每一个环节，确保了规划建设的连续性和高效性。“管理平台”机制，作为实现整体决策、部门协同、工作统筹的重要抓手，就像一个精密的齿轮系统，将各个部门紧密地啮合在一起，确保了规划实施的顺畅和高效。在规划设计上，总师团队运用总体城市设计的方法，将宏观规划与具体设计紧密结合并贯穿到底，不仅注重规划的远见卓识，更重视成果的实际落地。而在技术把控上，我们采取“两端着力、中间管控”的规划管理策略，实现了“横向到边、纵向到底”的全方位管控，确保了每一个细节都符合高质量的要求。

实施总控，是确保项目高质量落地的关键。总师团队基于不同项目的系统性、全面性和复杂性，运用全生命周期理论，以整体性理论为指导，并巧妙运用现代化技术，以协助政府主管部门，有序地统筹和组织方案的征集、规划、审查等多周期工作。总师团队统筹政府主管部门、不同专项设计单位、不同阶段主体单位等多个不同主体之间的协同合作，并进一步协调从运营、开发到建设管理等各个环节，统筹开展建筑、景观、生态、地下空间、绿色基础设施、产业、交通、地质等多个专项之间的协同校核。这一切的努力，都旨在保证后期使用及运营的科学性、合理性和可持续性。

嘉善在总师总控模式的引领下，正焕发着前所未有的活力。总师总控模式的实施，不仅提升了规划管理的效率，更确保了规划设计与实施的紧密结合。在这片充满生态魅力的土地上，嘉善的城市发展尊重了自然的绿色本底，展现出“金色底板”的勃勃生机。城市的未来，不应该只是孤立的设计、单纯的建设，更不能是无序的发展。在总师总控模式的智慧引领下，技术与行政深度融合，每一个环节精准把控，城市的未来将守护本真、彰显个性、提升价值。通过全方位、多层次的技术与行政的协同，嘉善的规划实践向世人回应了一个重要命题：如何在快速发展的时代背景下，既保持对自然环境本底格局的尊重，又实现高质量发展及人与自然和谐共生。

一、实施总控的系统分类

System Classification for Implementing Overall Control

实施总控的核心在于对规划系统性的分类，总控模式的重点表现为 4 大类重点项目的分级、高质量落地。这些项目根据其范围、规模、工作重点、参与方复杂性、标志性意义等不同因素，被细分为“城市级系统性项目、片区级系统性项目、组团级系统性项目、地块级系统性项目”。总控在内容上主要涵盖了城市发展框架、片区设计、重大项目建设、城市品质提升、建筑设计方案等方面。

城市级系统性项目，以其对城市发展特色和空间构架的前沿把握，最具整体性和复杂性，成为城市发展的前沿阵地。它紧紧抓住区域发展格局的机遇，重点关注城市保护与发展问题，对全域全要素进行系统研究，摸清家底，对系列重点区域、地段的关键任务和发展方向进行目标思路的引领。片区级系统性项目，是对城市核心保护区域、重要发展区域的领先谋划，最具系统性和前瞻性，以其全局的视野和细腻的笔触为城市核心保护和重要发展区域描绘出一幅幅美好的未来图景。这些项目关注的视角涵盖了目标定位、工作组织模式、规划设计、技术整合、系列重大项目策划、整体实施落地的全过程。组团级系统性项目是对城市或片区有长远发展意义的重大项目，以其凸显的标志性和拓展性，为城市的长远发展增添了无限的可能。这些项目以其全面的视角和深入的谋划，重点关注多主体协同，多专项整合规划设计编制，全过程统筹技术把控、技术审核，高质量工作推进、施工落地等方面。地块级系统性项目是核心片区高质量规划建设的重要载体，作为城市规划与建设的微观缩影，最具示范性和时代性，为嘉善的核心片区注入了新的活力。这些项目重点关注规划设计与技术创新、高水平工作组织与审查、高质量建设落地等方面，以展示规划的精细和技术的革新。

在这一系统性的实施总控分类模式下，总规划师模式的创新规划管理得到了一系列有力的实践论证。在长三角生态绿色一体化发展示范区建设三周年之际，“沈磊总师团队”以 300 天的时间，在嘉善片区保护生态绿色的本底资源，传承千年吴根越角的历史文化，打造了生态文明背景下的世界级理想人居环境。通过高站位谋划、高起点规划、高水准设计、高标准实施、高品质呈现，形成了规划管控与治理能效的全面示范。沈磊教授 60 余次前往项目现场指导，9 人的总师团队对项目实施进行全过程把控，通过技术审查与审定、样板审查与审定、材料封样全过程综合管控，共组织技术审查会议 90 余次，高质量地呈现了“金色底板”的嘉善实践，全面示范了嘉善片区的规划、建设与治理能效。

二、实施总控的核心优势

The Core Advantages of Implementing Overall Control

（一）专班推进的工作组织模式

为了进一步提升各类项目的建设质量，强化规划设计、业态策划、招商运营、工程实施之间的衔接与磨合，确保各项工作的高效顺利推进，总师团队建立了一个线上与线下相结合的“管理平台”，以形成专班推进的工作组织模式。“线上管理平台”是一个以日常工作管理为目标的分部门共同工作平台。在这个平台上，各部门基于分工的基础，建立长效管控机制，确保信息流通和工作效率。“线下管理平台”则是一个以重点项目管控为核心的“指挥部”管理平台。在

“指挥部”平台中，多部门协同工作，实现了集中、扁平化的管理与高效的决策。在重大项目的规划建设过程中，通过“指挥部”的集中管理，明确职责范围和工作组织方法，包括统筹土地整理、拆迁与出让、协调各方利益主体、组织前期规划设计、把控工程实施建设、促进公众参与等，同时重点统合各专业专家设计团队的各专项设计成果，协调政府、市场和公众为主体的各方利益群体。通过开展各类沟通座谈、成果汇报、公众调查等工作，确保通过“线下管理平台”的精细化管理，实现重点项目的高水平决策、高效率管理与高质量建设。

（二）横向到边的专项协同编制

在深化方案的基础上，总师总控模式采取了控规统筹的方法，进行横向到边的专项协同编制。这一方法涉及城市设计、生态景观、地下空间、综合交通、市政设施、产业发展等多个专项规划内容，以确保各专项规划的专业化、精细化、精准性，极大地提高了工作效率和建设速度。通过同步进行、互相校核，这一模式为重大项目和重点地段的工作提供了有效的技术支撑。这种方法积极探索空间上的多维统筹与全面协调，充分利用互联网、大数据、人工智能等现代科技，实现资源的高效配置、紧凑建设和集约发展，促进生态要素、公共空间与城市基础设施的高效耦合。在专项协同整合的基础上，总师团队进行规划的编制组织和技术评审，落实城市品质的技术把控。总师团队除协助政府组织重点地段、重点项目的规划编制国际方案征集、技术把控、技术审核等工作外，同样也将进行全域城市设计、片区控制性详细规划、重点地段城市设计等的国际方案征集、技术把控、技术审核等工作。在相关城市设计导则的技术分析和把控方面，重点对城市重要节点、城市风貌、建筑色彩、沿街立面等进行技术指引和落地实施把控，综合构建横向到边的专项协同编制新范例。

（三）纵向到底全过程整体统筹

在重大项目的建设中，进行纵向到底的全过程整体统筹是关键。为了确保重大项目在实施落地阶段严格按照规划设计图纸建设，应对设计全面交底，做好会前初审、筛选上推、会中评审、会后指导等方面的工作。首先，进行会前初审，对设计方案进行筛选和推荐，确保方案符合规划设计的要求。在会中评审阶段，组织专家对设计方案进行评审，提出修改意见和建议。会后指导工作则是针对评审意见，对设计方案进行调整和完善，以保证设计的全面交底和实施可行性。同时，纵向到底的统筹过程也需要实时跟进现场施工和样板建设情况。在建筑设计的基础上，落实施工图的表达传导、设计传导与设计质量表现，确保施工过程与设计理念相一致。在快速城镇化背景下，规划行业“重量不重质”的倾向需要得到有效控制，在配合监理公司，保障工程安全的同时，还要确保工程效果。同时，把控建筑景观风貌、空间形态、公共空间和相关指标等，切实保障规划的实施落地，最终实现规划、设计理念“一张蓝图”的高质量呈现。

（四）多元主体协同的整体统筹

为确保规划工作的整体有序推进，必须建立一个跨部门、跨领域的沟通与合作机制，以促成多元主体协同的整体统筹。这涉及与相关部门和运维团队的对接、协调和沟通，确保项目在各个阶段都能得到充分的支持和配合。同时，还需要确认相关的立项条件和一系列待研究的问题，为规划及其方案的落地打下坚实基础。在设计过程中，将后期运维内容前置于概念方案及设计、深化阶段中，是确保规划及其方案落地可行性的关键。通过这样的方式，可以在设计初期就考虑到后期的运维需求，从而使规划方案更加全面和细致。此外，商业策划及研究也是必不可少的，有助于评估规划方案的市场潜力和经济效益，为规划的实施提供有力支持，进一步保证规划及方案的落地可行性。

三、实施总控的组织模式

Organizational Model for Implementing Overall Control

依托于城市总规划师模式，团队构建了“1+1”技术管理模式框架，旨在通过技术研究、技术咨询、技术组织、技术评审和技术审查等方式，为行政管理提供技术支持，形成全新的实施总控组织模式。在此框架下，技术组织成为规划高质量实施的重要支撑。它结合了城市总规划师的行政职能和专业技术，响应政府或开发商的委托，组织各类型项目所涉及的甲方、乙方以及第三方人员进行讨论、研究、评审和决策等，并依据本底规划总体把控项目规划、设计与建设过程，确保项目规划和建设的质量和方向，保障各类型空间规划能够高质量落地。

从项目的起始阶段到定位发展、方案设计，再到实施落地，总师团队采取了全过程的总控策略。在前期重点项目的规划编制阶段，灵活选用优秀设计团队，合理安排项目分工，从理念、技术路线、效果呈现和时间安排等多个维度进行全方位技术把控管理和方案深化。通过定期发布周报、季报和年报的形式，确保对项目板块情况的持续监控和定期总结评估，以对技术进行更加有效的管控。通过对建设用地、建设规模和空间关系的实时分析和推敲，确保项目从开始到结束的方向性、统一性、有序性和可实施性。通过设立专班专员的运行模式，明确驻场各团队人员及职责，并实施轮岗制度，以保证在特殊情况下的工作连续性。此外，每日组织交流会议汇报日常工作也是项目顺利进行的保障。

在全过程的整体统筹阶段，面对现实问题，应明确系统性实施总控的目标与作用。其中，建筑设计和景观设计的品质管理应作为重点置于首位，通过总控阶段的工作平台构建，形成工程层面的协同。对于城市级系统性项目、片区级系统性项目、组团级系统性项目、地块级系统性项目，主要涉及片区的设计总控、重大项目建设、城市品质提升、建筑设计方案的实施总控等方面，需要以全要素、全过程为目标，进行精细化管控。通过对多专业与技术进行筛选、整合、互通集成与优化，进而促进专业技术与最优技术的集成。此外，建设实施具有整体性的特点，应抓牢“横向到边、纵向到底”的管控原则，贯彻整个建设实施过程。其中，“横向到边”即总师总控过程中形成建筑、景观、交通、市政、生态等多专项、全覆盖的整合性管控，保障技术以“最优目标”进行有效选择或集成。“纵向到底”则是指实现“规、建、管、运、服”的全生命周期有效资源配置。

第六章
Chapter 6

生态文明时代梦里水乡八大系统策略

Eight Major System Strategies for Dreamy Canal Town in the Ecological Civilization Era

在人类文明的长河中，尽管发展阶段与认知不尽相同，但我们对于理想居住环境的追求始终伴随着每个时代的步伐。生态文明时代的到来，更是对这一追求提出了新的要求。嘉善以其得天独厚的生态环境和深厚的文化底蕴，成为构建生态文明时代理想人居的试验田，在这里，生态文明的理念不仅仅是口号，而是深入每一寸土地的实践。总师团队以生态基底为基石，不断稳固和改善自然环境，让清澈的河流和繁茂的绿植成为城市的“血脉”和“呼吸”；我们尊重历史、传承文脉，将传统文化与现代文明巧妙融合、兼收并蓄，让古老的城镇在现代的阳光下焕发新的生机，我们用科技的力量赋能

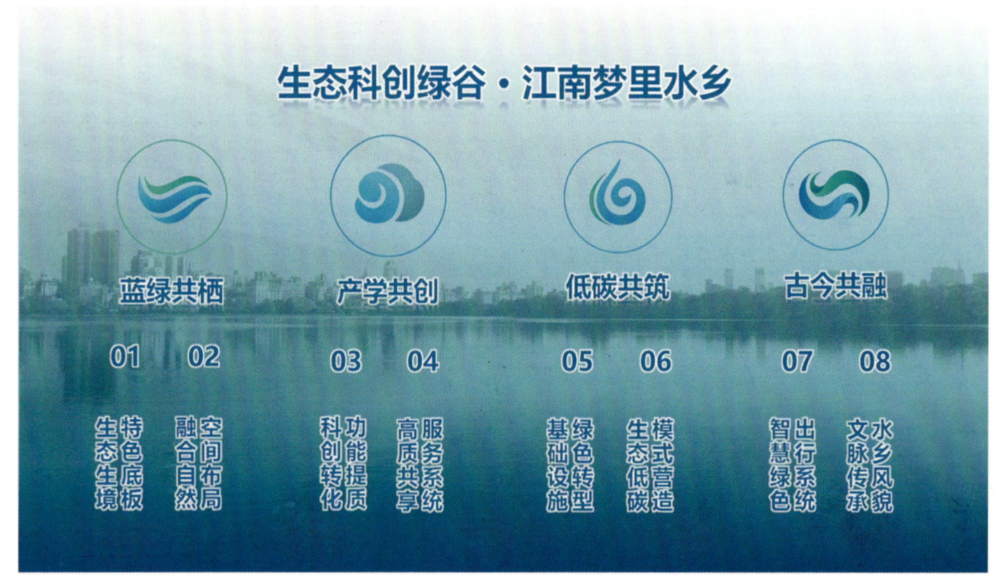

图 6-1　生态文明时代梦里水乡八大系统策略

智能化、绿色化的城市规划与管理，完成制度模式的时代创新……总师团队立足“生态科创绿谷·江南梦里水乡”的目标愿景，以蓝绿共栖、产学共创、低碳共筑、古今共融的营造策略构建了八大系统策略（图 6-1）。在这里，一个生态宜居、文化繁荣、科技先进的新城正在崛起，通过有序的场景营造，理想人居样板正在被构建（图 6-2）。

图 6-2　祥符荡片区理想人居场景效果图
图片来源：中国生态城市研究院沈磊总师团队

第一节　生态生境的特色底板

Ecological Environment's Distinctive Foundation

嘉善，这片被自然恩宠的土地，以其农田的广阔和蓝绿空间的丰饶成为生态优先发展的典范。作为先行启动区“两区一县”中生态本底最优的区域，占比 57% 的农田和 79% 的蓝绿空间（表 6–1），构成了嘉善先行启动区的蓝绿基底（图 6–3），宛如一幅生机勃勃的画卷。“全域秀美”的嘉善不仅是一句规划口号，而是实实在在被呈现出的景象。生态绿色成为嘉善的显著特征，城乡融合的理念内涵深入人心，智慧科技的赋能让这座城市焕发出了前所未有的活力。我们深知，保护生态资源就是保护嘉善的未来。以绿色为底色，以创新为动力，以人民为中心的发展之路，我们通过生态优势的巧妙转换，放大生态价值，在“金色大底板”的嘉善基底之上，将“两山理论”的完美呈现与推广实践推向了新的高度。

党的二十大报告提出：“要全方位夯实粮食安全根基，牢牢守住十八亿亩耕地红线，确保中国人的饭碗牢牢端在自己手中”。嘉善的农田集中连片度较高，高标准农田建设基础良好。这座被誉为“浙北粮仓”的鱼米之乡，正以其肥沃的土地和深厚的农业底蕴，肩负起保障国家粮食安全的重

先行启动区“两区一县”的生态本底　　**表 6–1**

	嘉善	吴江	青浦
水域面积（平方千米）	68.54	302.30	119.43
河道总数（条）	1958	2600	1946
河网密度（千米 / 平方千米）	3.25	1.86	3.62
农耕面积（平方千米）	206.07	506	123
辖区面积（平方千米）	506.9	1237.6	668.7
总人口（万人）	64.8	154.5	127.1
农耕占比（%）	41	43	18.2
蓝绿空间占比（%）	69	65.7	27.5

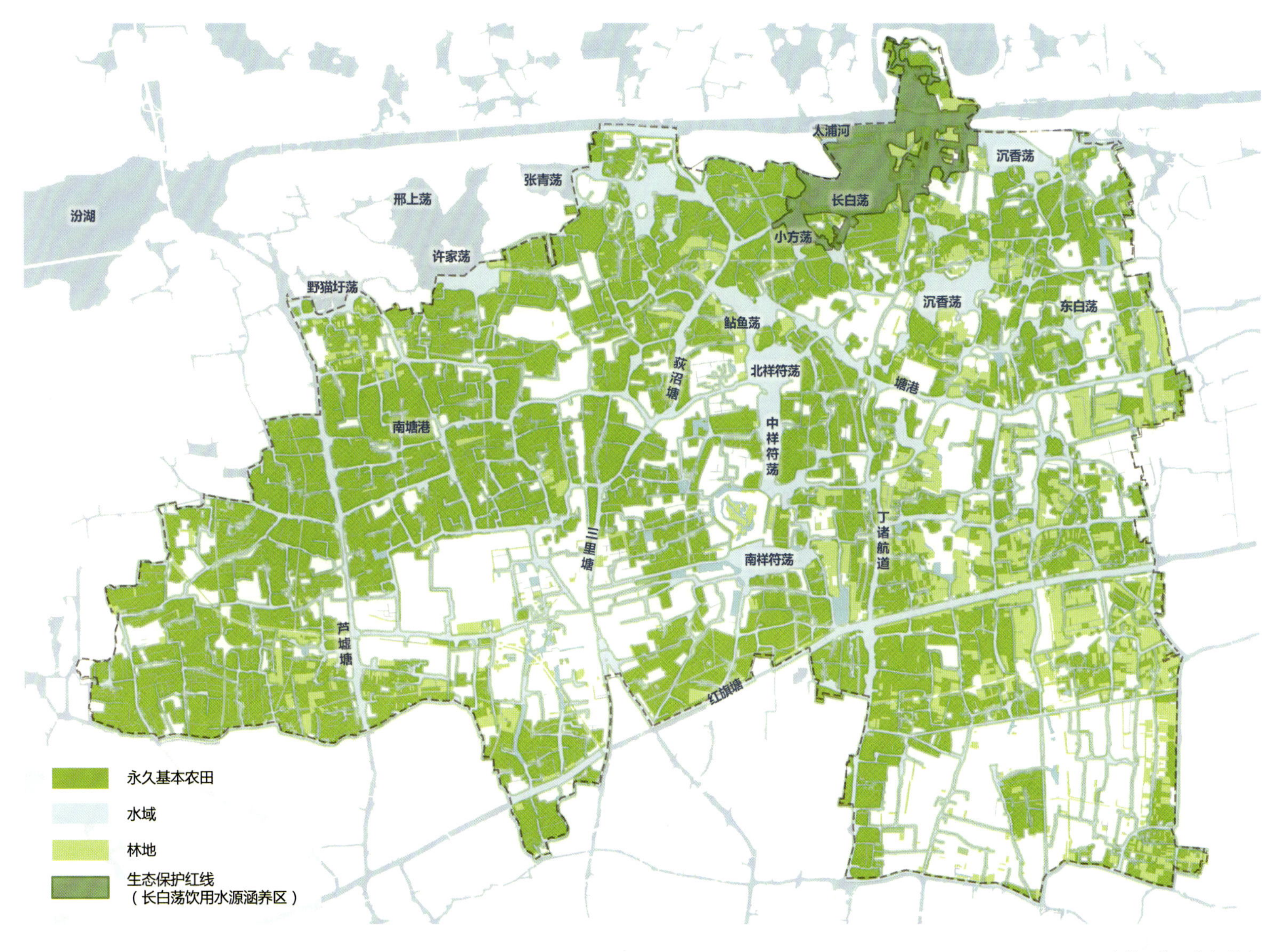

图 6-3　嘉善示范区蓝绿基底

任。在这里，农田如同一张金黄色的巨毯，铺展在大地之上，充分发挥农业品牌优势，以高品质的农田底板承接农业的高质量发展。嘉善的农田，不仅是粮食生产的基石，更是生态智慧的体现。总师团队秉承东方的生态智慧，通过保护田野原野、增加滨水林带湿地、提高生态功能、田埂点植乔木、提升碳汇能力等一系列措施，打造了独具特色的生态生境大底板（图 6-4）。通过田块整治、优化灌排、源头控污、水系联通、道路成网、田间植林、村庄整治，实现了“田、水、路、林、庄”等要素的和谐共生，构建了一个全域秀美、体现示范区特色的金色大底板生态共同体（图 6-5）。科技的力量在这里也被充分激活，数字科技的试点建设正逐

图 6-4　生态生境特色底板（一）

图 6-4　生态生境特色底板（二）

步展开，农业生态和减碳效益得到了显著提升。总师团队致力于打造嘉善的高标准农田 2.0 版——“生态田、低碳田、智慧田”样板，这是对传统农业的革命性升级、对现代农业的前瞻性探索。高标准农田 2.0 版正在向大众展示绿色、低碳发展的新理念：农业的发展不仅仅是产量的提升，更是生态的改善、碳的减少、智慧的增强。

在嘉善江南水乡的怀抱中，生态的修复或重建工作正遵循着这片土地独有的肌理与韵律。总师团队以系统性和整体性的视角，着手湖荡、河网、湿地、农田的生态修复或重建工程，旨在重构一个完整的“山水林田湖草”生态生境系统（图 6-6）。水是嘉善生命的源泉，锚固以水为脉、林田共生、蓝绿交织的空间格局，绘制一幅自然生态网络的美丽画卷。生态系统在这里得到了强化，自我调节和自我恢复水平得以提升，区域的生态活力与功能得以重塑，生态平衡得以维持。

总师团队还在植物景观细节上赋予嘉善更多的生态内涵。田间林带和行道树的种植密度被适当提高，乔木的固碳能力被充分利用，以提升区域的碳汇能力（图 6-7、图 6-8）。通过乔灌草及花境的合理配置、乡土物种的优先选取，田野和原野的自然景观被优化，这一切都旨在柔化城市与自然、生态

图 6-5　全域秀美金色底板

图片来源：中国生态城市研究院沈磊总师团队

与人居的边界，实现城市与自然的和谐共生。

除此之外，生物的栖息地场所同样在规划中得到了保护和优化。通过不同等级生态廊道断面宽度控制及生态功能指引（图6-9），有针对性地营建水域、农田、林地、湿地等生境系统，综合满足鸟类、鱼类、底栖类等不同生物的栖息需求，有效提升了嘉善片区的生物多样性（图6-10），萤火虫等重要指示物种也逐步回归。在嘉善金色底板的生动实践中，生态空间与城镇空间得到了有机融合，人与自然的关系达到了新的和谐。

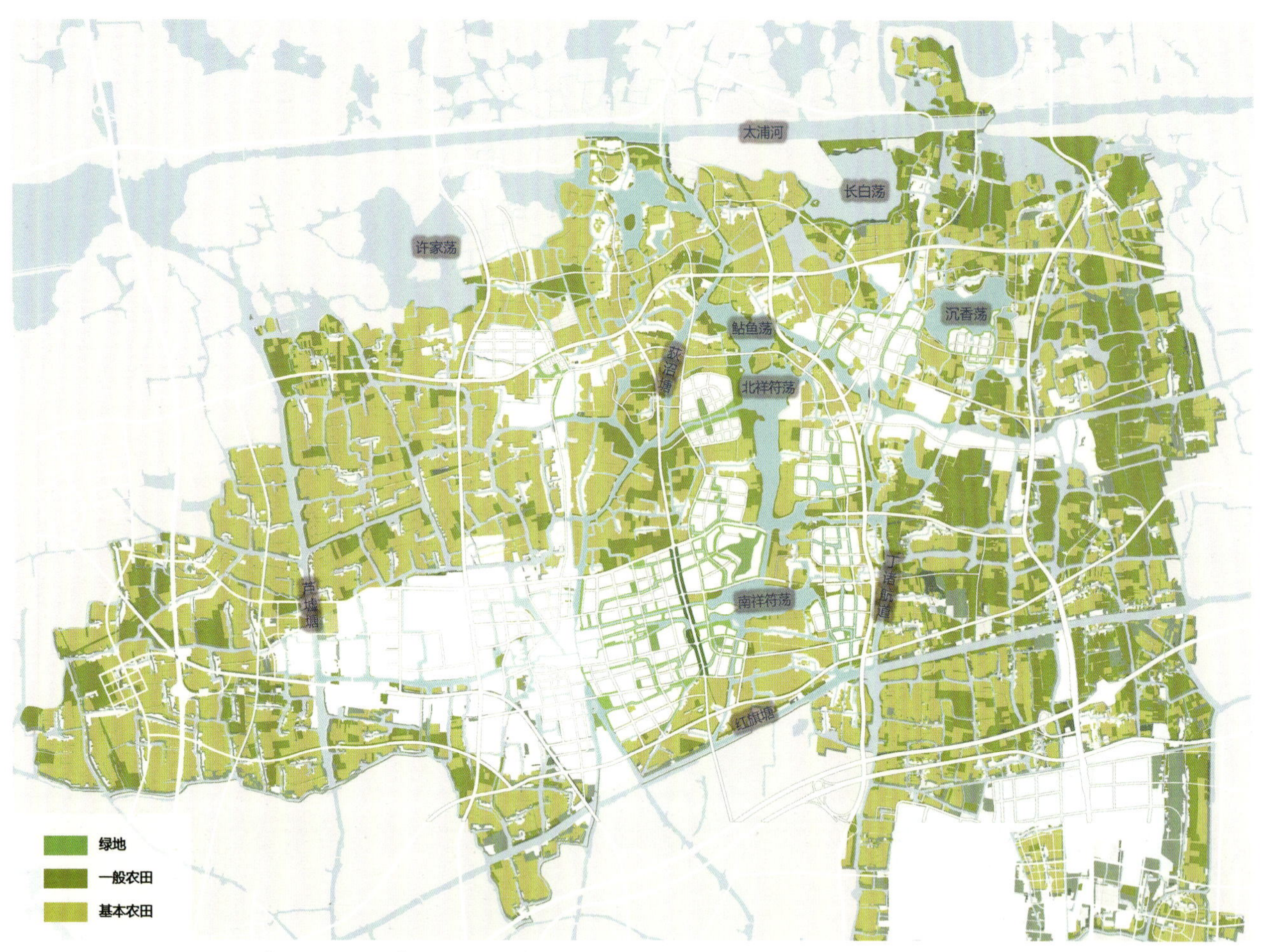

图6-6　以农田为基底的“山水林田湖草”生态生境网络

图6-7　利用一般农田补种乔木，形成农田防护林并提高农田碳汇

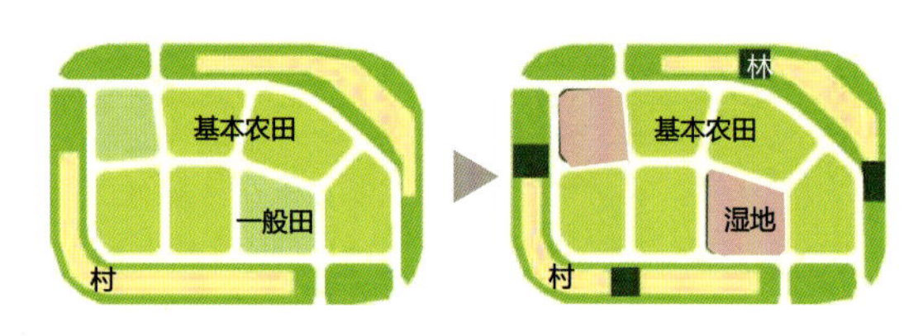

图6-8　利用一般农田、村庄，增加湿地、点植乔木，丰富农田生境系统

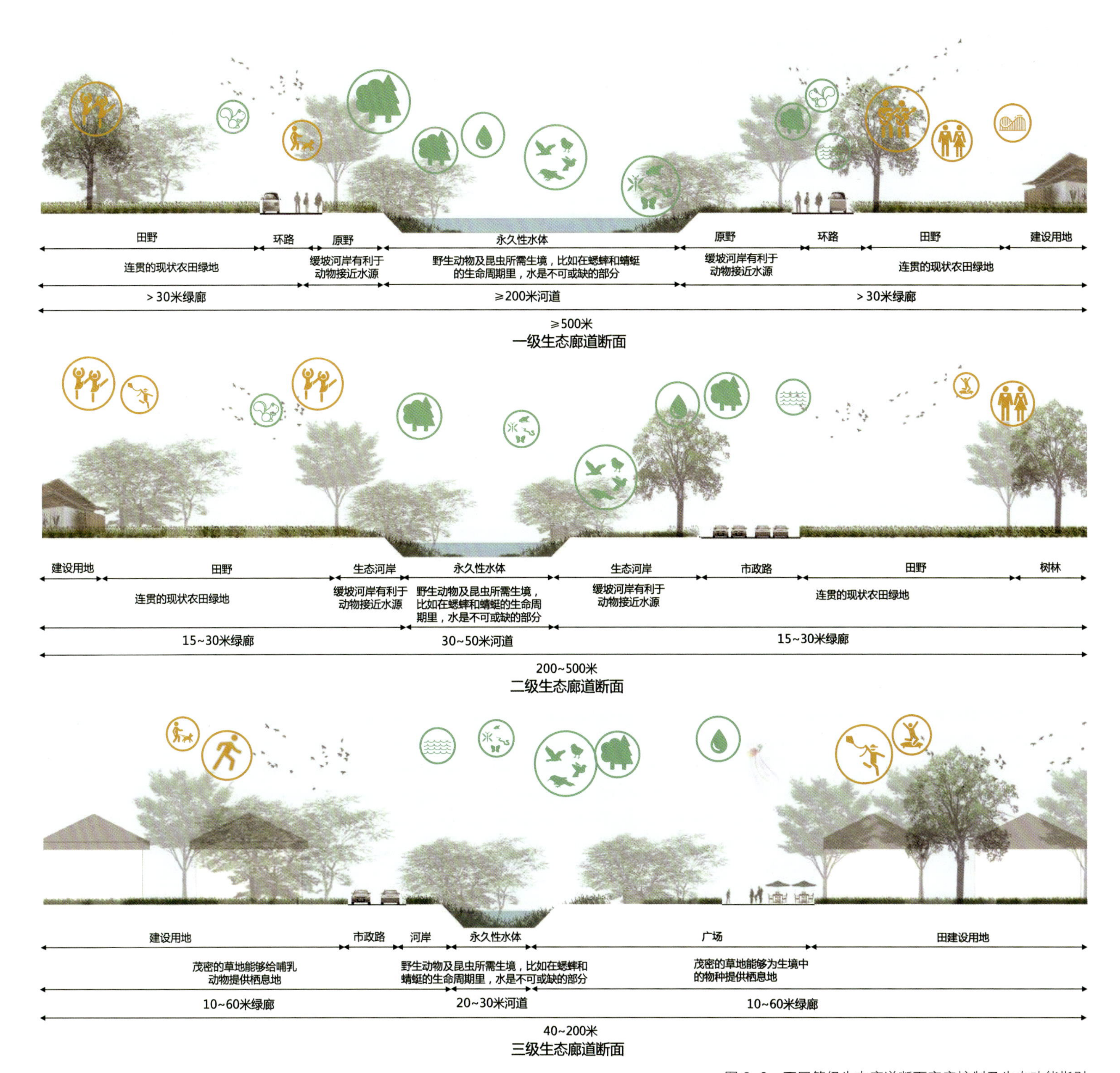

图6-9　不同等级生态廊道断面宽度控制及生态功能指引

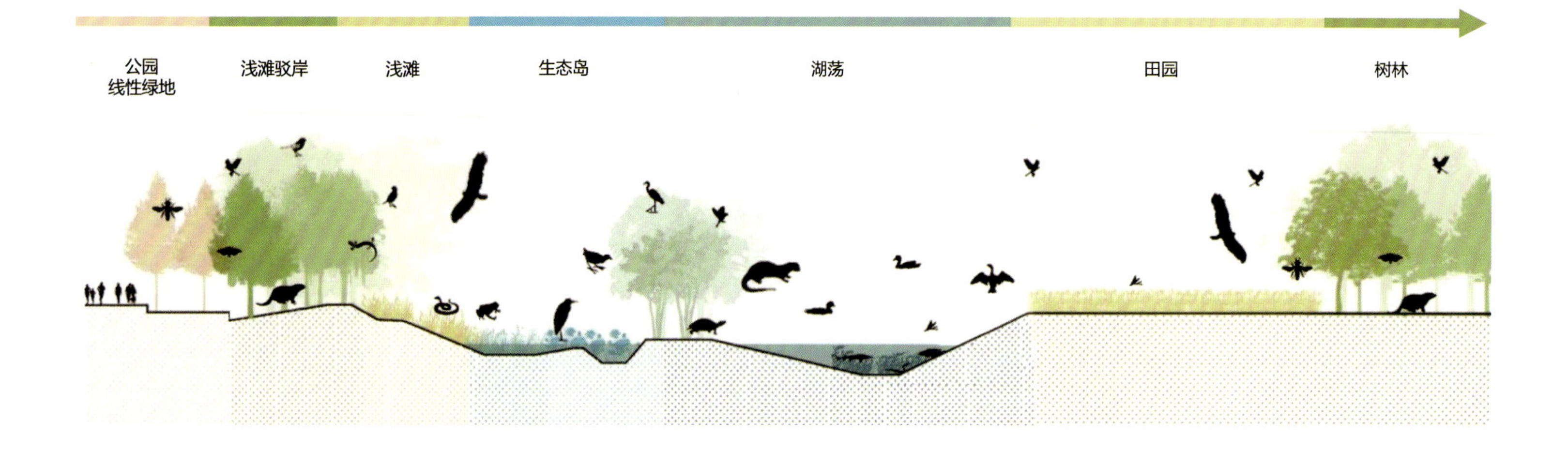

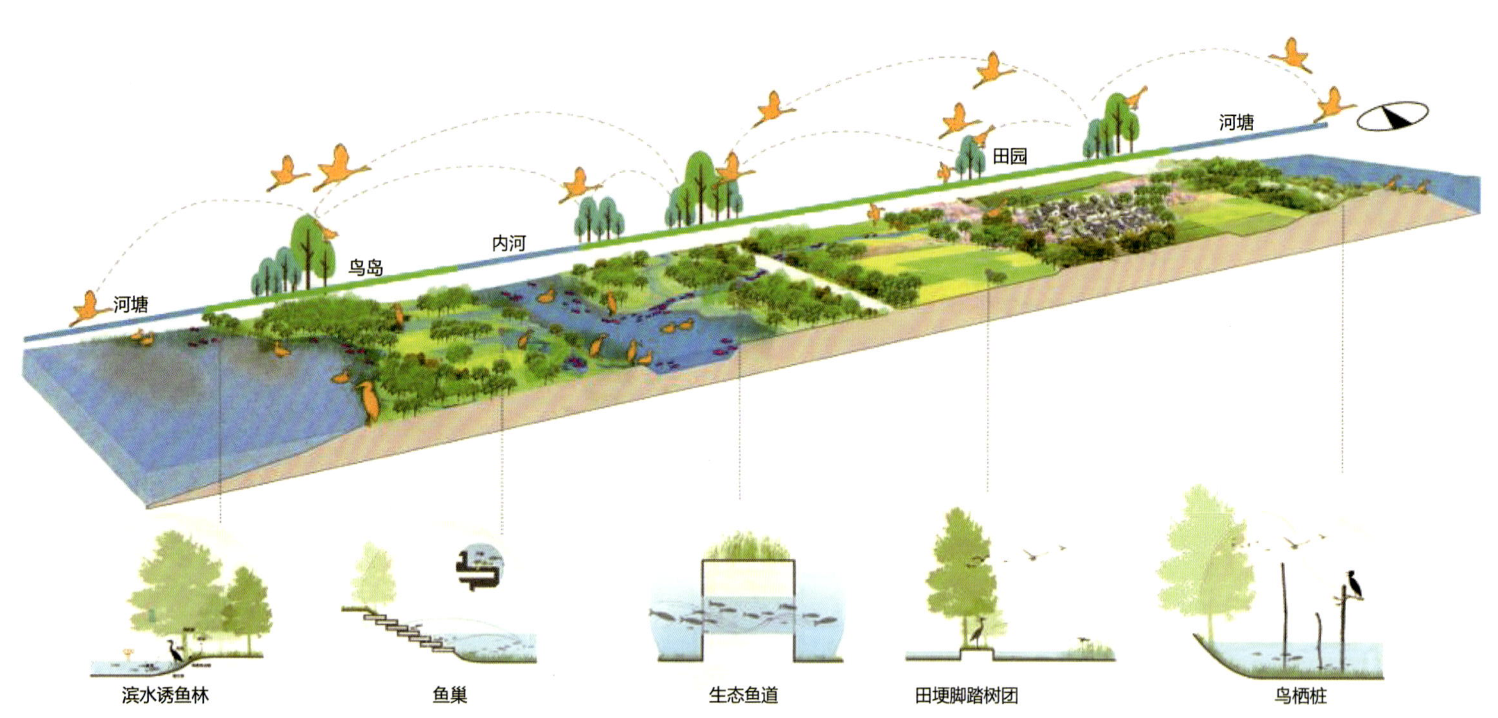

图 6-10　综合鸟类、鱼类、底栖类等不同生物需求，营建水域、农田、林地、湿地等生境系统，满足生物栖息需求

第二节　融合自然的空间布局

Natural Space Pattern Integration

蓝绿水乡嘉善，不仅在生境底板上展现了其独特的生态魅力，更在自然空间格局中体现了理想人居的智慧。在城市与乡村和谐共融的片区典型特点下，总师团队谱写了一曲“因循自然、顺势而为”的营城乐章。顺应江南水乡的地形地貌，巧妙锚固生态基底、有序布局组团空间，仿佛是将城市轻轻地“安放”在了生态的“摇篮”中（图6-11、图6-12）。

通过对空间的精心梳理，实现了“有增有减、重点重塑”的目标，将散落的村庄集聚起来，同时盘活了存量空间。在这一过程中，总师团队始终遵循着水乡布局的传统肌理，以500米为半径，用“低影响、组团式”的理念构建了一个个尺度适宜、融合自然的空间布局模式（图6-13）。这一布局模式下，对“林田湖草”这一生态格局的保护显得尤为重要。总师团队锚固了重要的生态空间，稳固了生态系统的碳汇本底，为自然生态系统留出了更多的空间。这样的规划给自然生态系统留出更多空间，减少了人类活动对生态的干扰，体现了总师团队对自然生态系统的尊重和保护。在这里，水乡的自然生态之美被凸显，未来水乡的生产、生活、生态空间将实现复合发展与融合渗透。以万亩农田为基底，南、北祥符荡如同一轮明月，被“七星伴月”般的组团化空间布局所环绕，仿佛是一座在田园中自然生长的城市。

除此之外，我们还力图放大祥符荡湖区的生态效益及景观价值，以最美的风景承载最强的“大脑”。北祥符荡修复湖荡生境，改善林田生境，形成了以湖链、圩田为核心的生态休闲中心；南祥符荡则强化产业创新，完善城市功能，彰显文化魅力，塑造了以湖区经济为引擎的创新活力中心。

回归人本主义的理念在祥符荡得到了深刻的体现。尺度适宜的组团空间形成了现代水乡的基本功能单元，蓝绿交织的生态本底锚固了开发的边界，因循自然，城市组团与自然空间有机融合，有效地应对了城市无序蔓延对自然承载力的破坏（图6-14）。七星组团单元的建设规模被综合控制在100~150公顷，道路网的营建考

虑了适宜的地块尺度，并预留了弹性以适应不同的业态需求。公共中心和开放空间布局在组团中心位置，实现了500米步行可达（图6-15），为组团内步行、骑行等低碳交通方式的推广提供可能，营造了活力、和谐的社区氛围。各组团单元间通过信息网、交通网、蓝绿网为支撑的空间网络进行高效串联（图6-16），整体打造了组团式、网络化、集约型多网融合的未来水乡空间格局。

图6-11　将城市轻轻地放在生态底板上
图片来源：中国生态城市研究院沈磊总师团队

图 6-12　祥符荡片区融合自然的空间布局实景

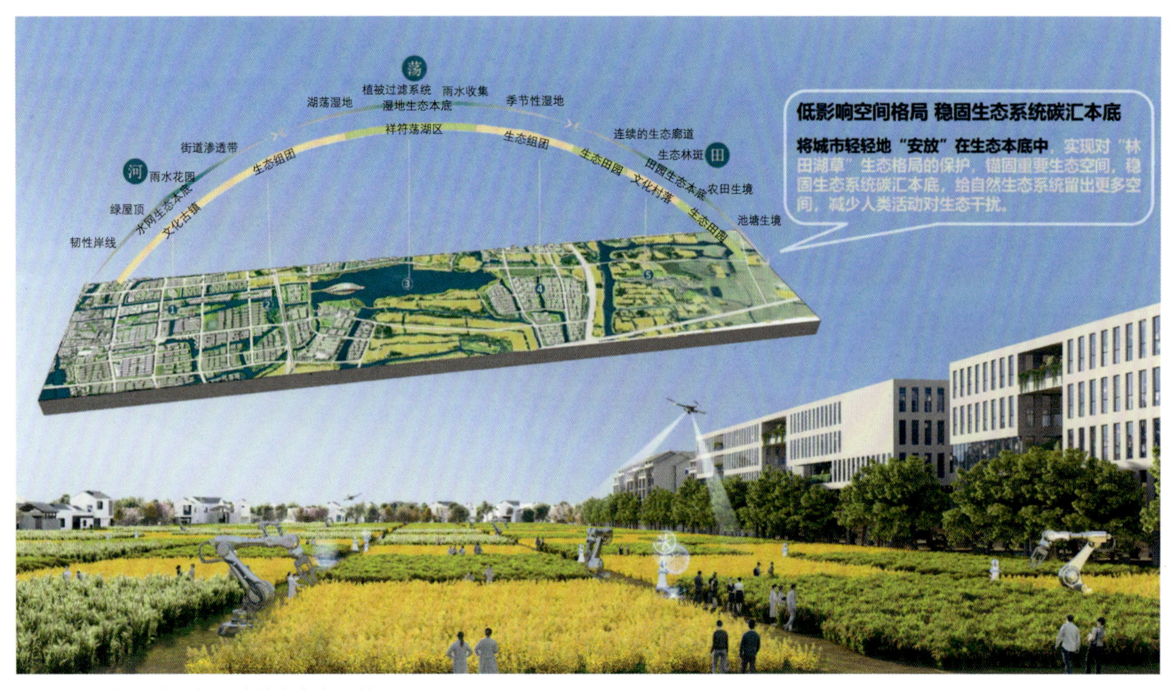

图 6-13　低影响、组团式的生态空间格局

图 6-14　因循自然，城市组团与自然空间有机融合

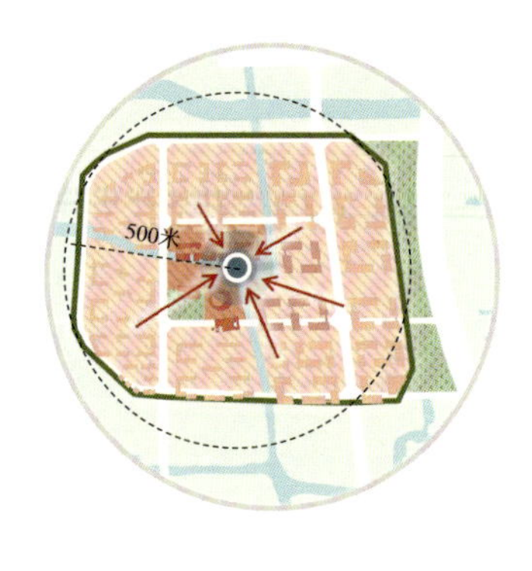

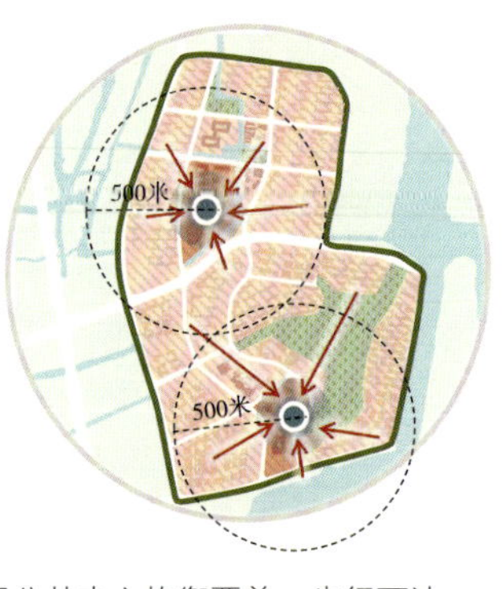

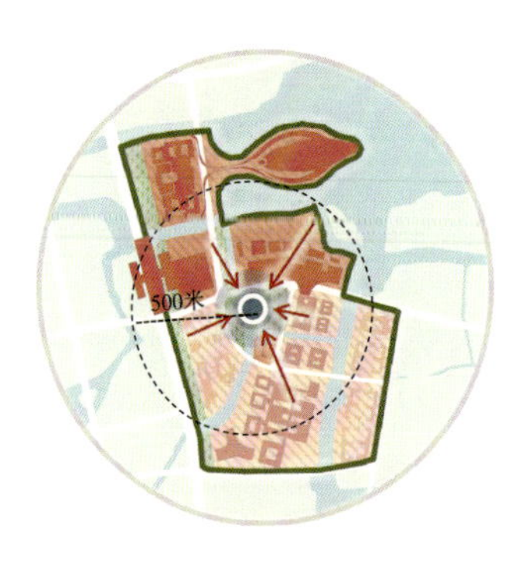

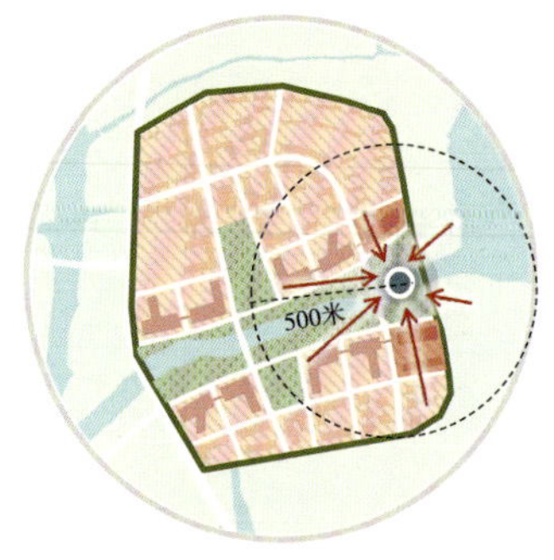

图 6-15　人性尺度的水乡单元，组团公共中心均衡覆盖、步行可达

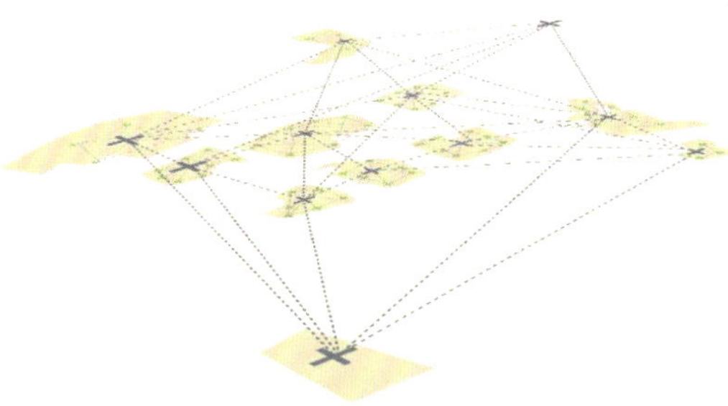

信息网　网络链接结合自然构建的快线智网总体框架，链接各个智享单元。

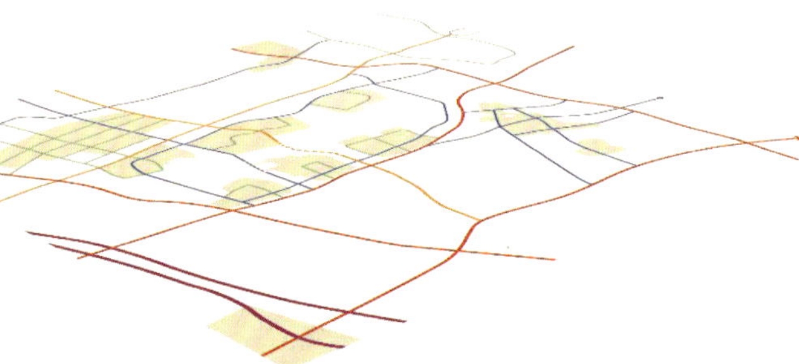

交通网　枢纽集聚，疏密有致。创新网络，多保留现状路网和肌理并营建适宜的地块尺度，为弹性混合开发创造可能。

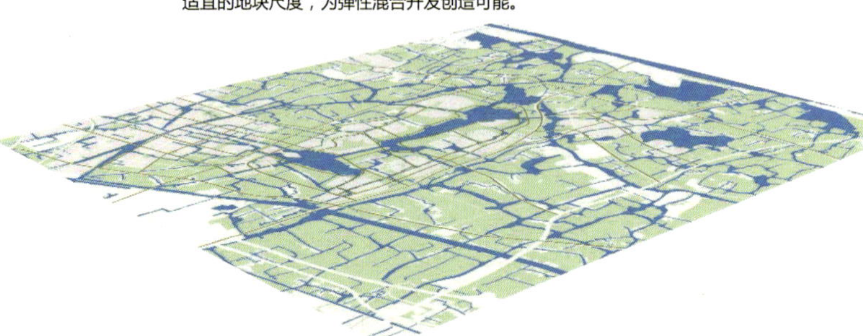

蓝绿网　水脉绿轴，弹性嵌套。世界级水脉绿轴由南向北蔓延，吸引高端行业精英和高成长企业入驻，为入驻总部企业赋能的同时，搭建多元开放的交互平台，孕育独角兽企业和高能级成长企业。

图 6-16　信息网、交通网、蓝绿网构架便捷高效的联络网

第三节　科创转化的功能提质

Enhancing the Use of Scientific and Technical Advancements, and Capacity for Transformation, to Raise the Caliber of Output

科创转化功能作为水乡的重要功能之一，以空间布局和产业发展凸显自然与现代结合的水乡创新、智慧特点，通过三级产业空间构建和生态环境提升，营造良好的人居环境，汇聚创新动能，打造世界级科创湖区典范（图 6-17）。具体而言，嘉善先行启动区的产业空间构建，以“科创大脑—产业基地—产能窗口”为核心，形成三级联动的产业网络（图 6-18），旨在推动科技创新与产业发展的深度融合。其中，祥符荡创新中心，作为这一创新产业网络的“大脑”，不仅是科技创新的引擎，也是高端制造的中心，同时还以文旅、数字、会展、共富为支撑，构建“1+4”现代化、高能级产业生态。它通过打造良好的人居环境，吸引和汇聚了创新动能，整合了“研发 + 高端制造”的“大科创”产业链。姚庄经开区、中新产业园、大舜工业园等作为产业基地，承接了科研成果的转化，成为创新成果的转化桥梁，加速了从实验室到市场的步伐。水乡客厅则扮演了产能窗口的角色，它加强了区域内的协作和招商互动，促进了资源优化配置和产业升级。

祥符荡科技创新中心在引领创新发展要素集聚的同时，也引入了国内一流院校的研发资源，布局了国家重点实验室、科研院所的总部或分支机构，共同攻关“卡脖子”的关键技术，并推动成果转化。此外，祥符荡科技创新中心还吸引了一批拥有技术创新、商业模式创新、功能创新的高成长、科技型企业落户，构建了完整的科技创新和成果转化路径，释放了科创集群的外溢效应，为片区的产业发展注入了新的活力。

在嘉善先行启动区科创转化的空间布局中，“七星”组团如明珠一般协同发展，形成了各具特色的创新细胞簇群。这些组团不仅被导入了与空间相适配的产业功能和产业配套服务，而且各组团在产业主导方向上还实现了错位互补，并通过组团间的产学研互动，形成了一个完整的“科创 + 智造”产业闭环（图 6-19）。从技术研发到产品设计，从创意孵化到小试中试，再到生产服务和高端制造，每一个关键环节都被精心统

图 6-17　世界级科创湖区典范
图片来源：中国生态城市研究院沈磊总师团队

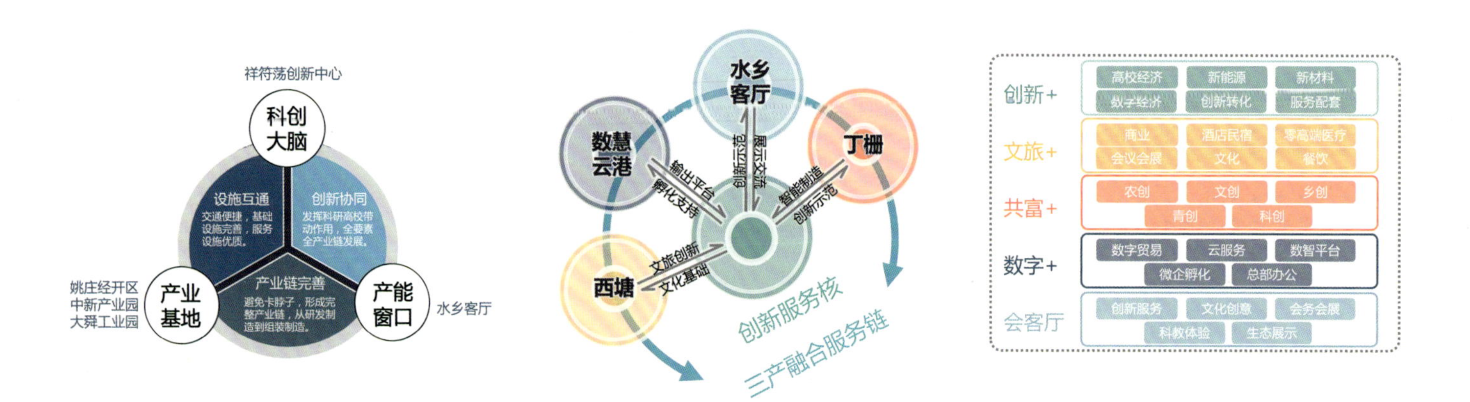

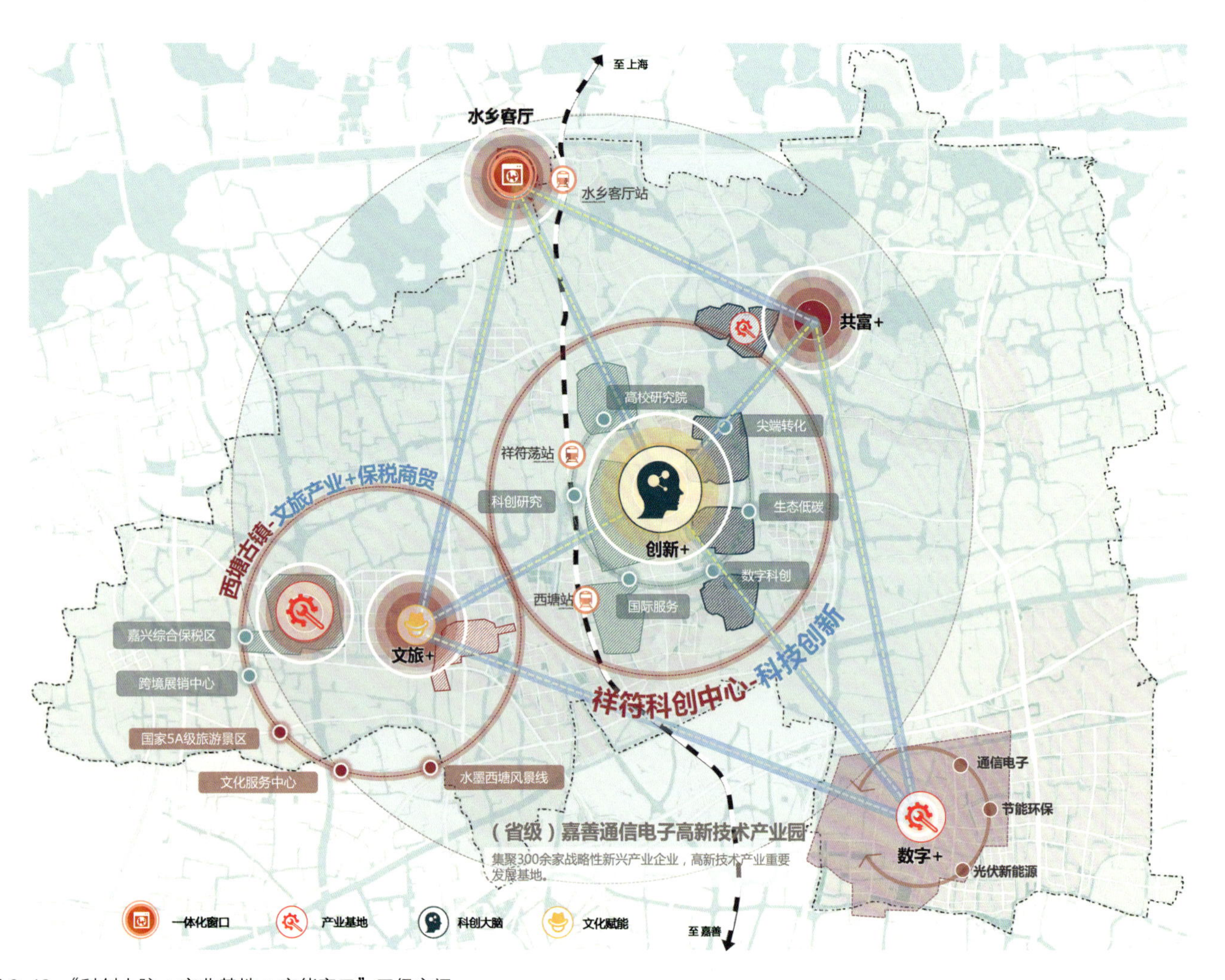

图 6-18 “科创大脑 + 产业基地 + 产能窗口”三级空间

筹，确保了产业链的完整性和高效性，推动了整个产业生态的健康发展。

同时，产业科创转化的发展目标还聚焦于健康经济、数字经济、零碳经济、智造经济等新兴领域，利用张江高科技园区的平台效应，嘉善示范区加快了招商引资，并积极培育了一批具有生态主导力的“链主型”企业。这些企业致力于交叉学科应用研究、数字赋能商业化研发、高精尖产业转化与制造，助力嘉善产业发展（图 6-20）。

与姚庄经济开发区和中新产业园的联动，进一步强化了嘉善片区建设高科技成

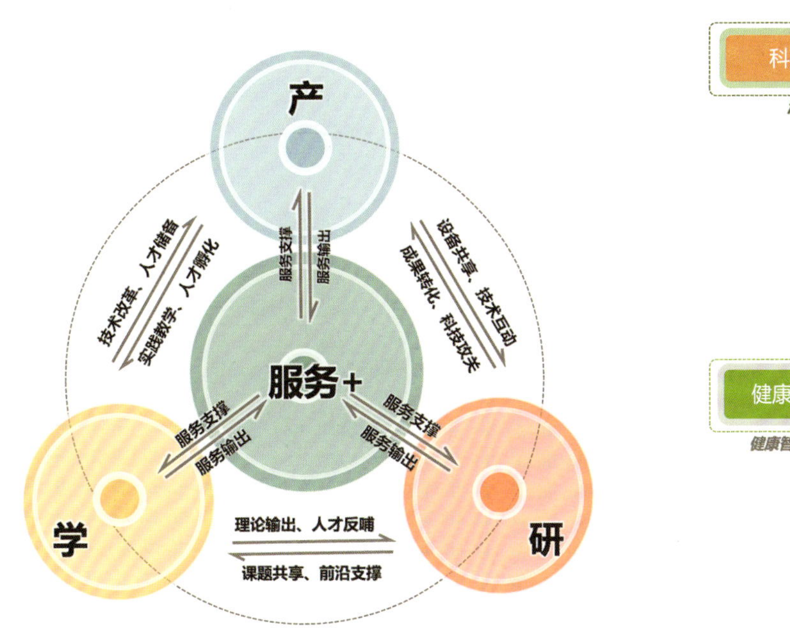

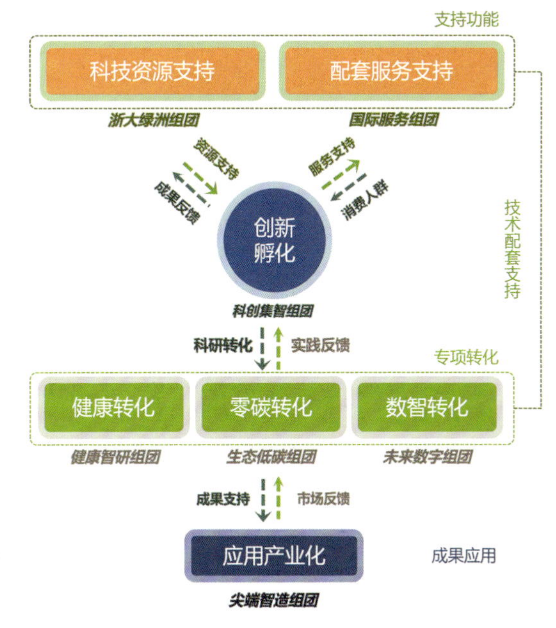

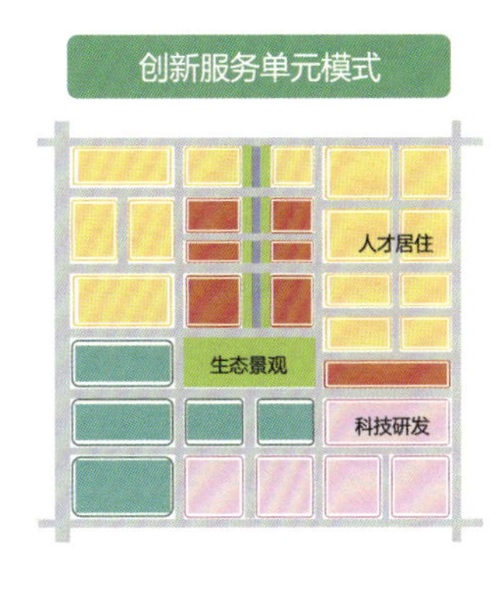

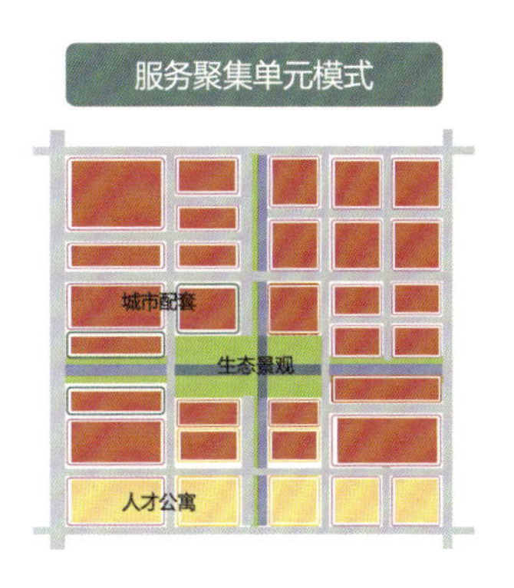

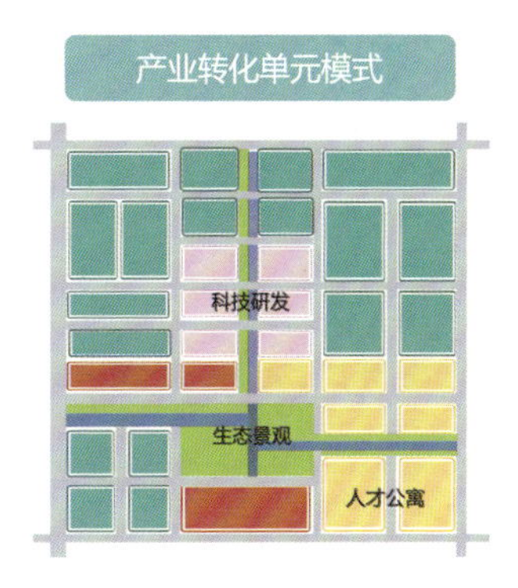

图 6-19 “七星”组团整体构建“产学研一体化”平台（一）

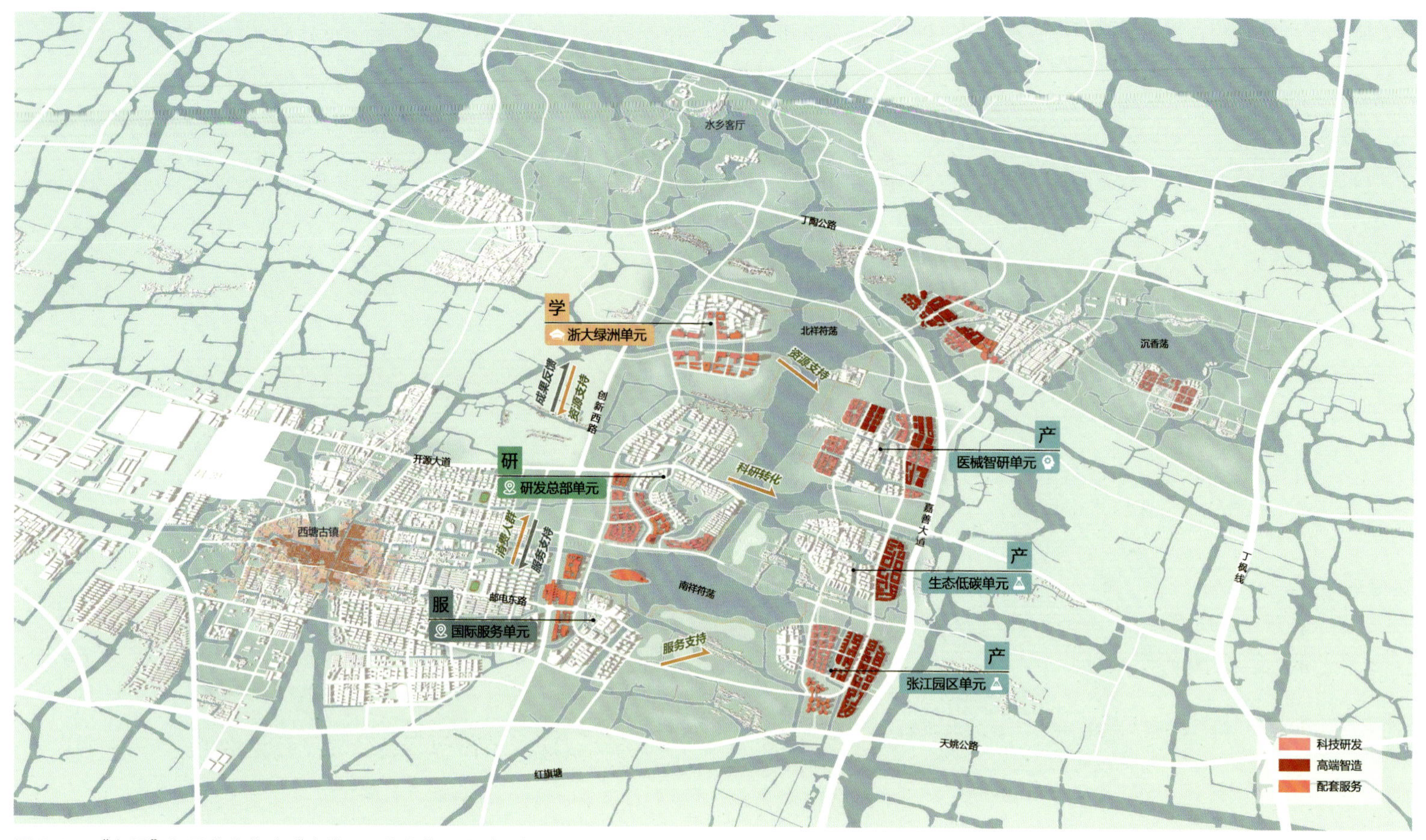

图 6-19 “七星”组团整体构建“产学研一体化”平台（二）

果转化和产业化基地的目标。通过创新驱动，嘉善示范区正推动传统制造业提档升级，迈向更加智能化、绿色化、高端化的未来。

在嘉善这片创新的热土上，创智水乡的建设不仅仅局限于科创功能的植入和成果转化，更是一次城乡发展过程中智慧高效治理的深刻体现。作为全国数字化改革的试点省份，浙江省正以统筹运用数字化技术、数字化思维、数字化认知的改革路径，推动全省经济发展和社会治理的系统变革。嘉善，作为一体化示范区的先锋，勇于先行先试，站在了数字化改革的前沿。通过融合遥感信息、多维地理信息、建筑及地上地下设施BIM 模型等数据资料，嘉善建立了全覆盖、全要素、全周期的城市信息模型（CIM）平台（图 6-21），助力城市建设“一张蓝图干到底”，实现了区域规划布局的仿真可计算、区域建设运行的全程可操控、区域管理服务要素资源的可调配等。基于 CIM 平台，数字化管理手段被融入生态、水利、农业、交通、医疗、文旅、政务、公共服务等城市建设和管理的重要领域，不仅提高了治理效率，也提升了治理质量。

图 6-20　科创转化功能的嘉善先行启动区示范

通过加强嘉善示范区平台与“云上嘉善”数据平台的衔接，不仅实现与县域其他片区的数据共享和成果推广，更是将信息化管理优势充分发挥出来。通过打破行政区划和职能部门的数据壁垒，嘉善示范区实现了数据有效对接的加强和信息整合能力的提升，真正做到了数字赋能与全要素协同联动治理。与此同时，嘉善还与青浦和吴江紧密对接，共建跨界协同、开放兼容的一体化公共数据和公共服务平台。这一平台的建设，涵盖了完备的基础设施、数据资源、应用支撑、业务应用、政策制度、标准规范、组织保障、网络安全体系，为实现公共资源的跨区共享提供了坚实基础。基于需求侧的研究，嘉善示范区同样也在不断完善应用场景的建设，确保了公共服务的质量和效率。这种跨区域、跨部门的协同合作，不仅提升了嘉善的整体竞争力，也为周边地区的可持续发展提供了强有力的支撑。

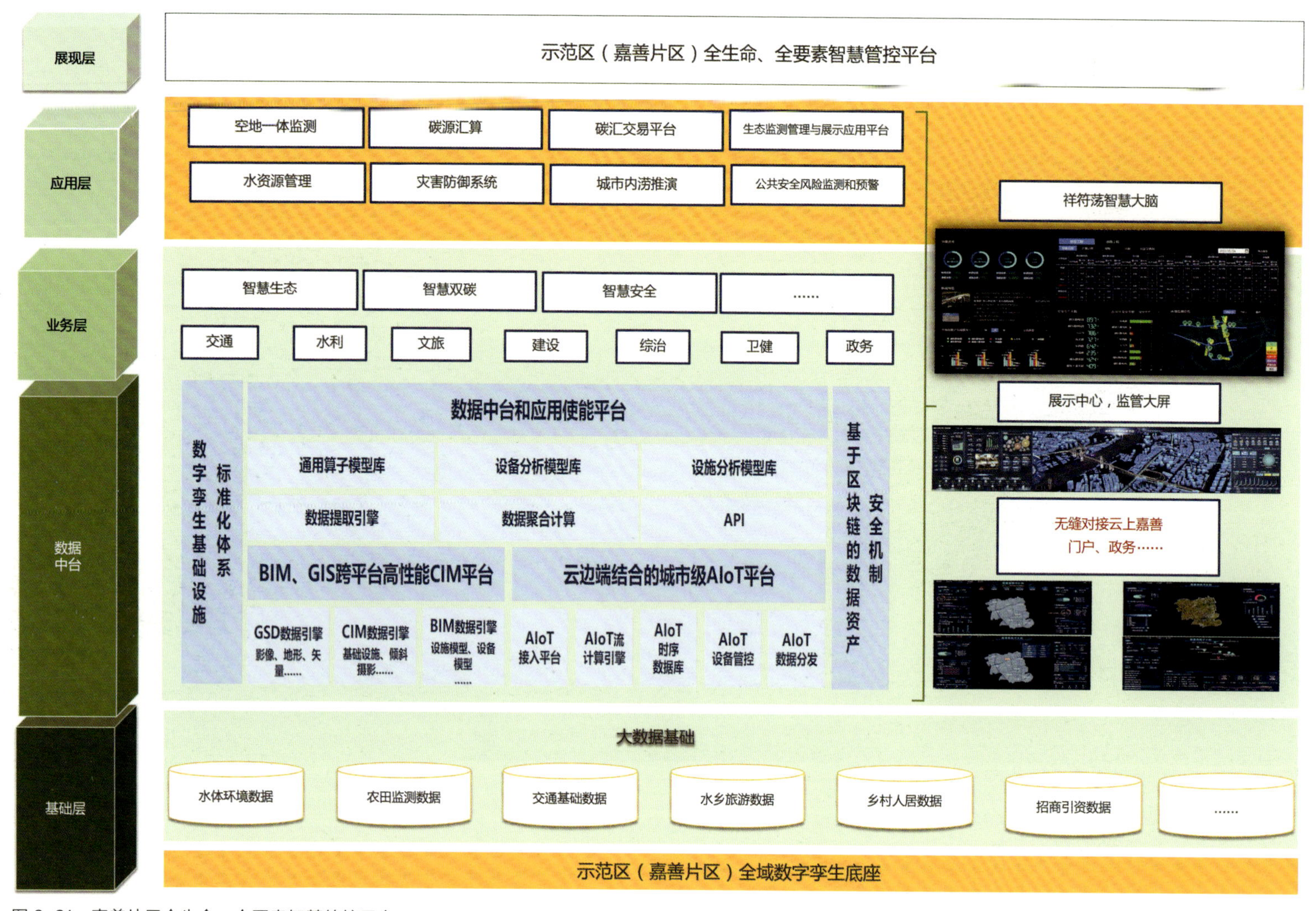

图 6-21　嘉善片区全生命、全要素智慧管控平台

第四节　高质共享的服务系统

High-quality Shared Service System

嘉善的发展脉络，从传统水乡到现代水乡，再到未来水乡，是一部历史的延续。在高质量共享服务方面，公共服务设施作为城市功能的重要组成部分，是衡量城市能级和品质的重要指标。总师团队在规划中，根据功能分区及目标人群的服务导向，打造产业、文旅、生活三个维度的高品质、共享型的服务系统。嘉善依托沪苏嘉城际铁路西塘站，采用 TOD 开发模式，布局了国际交流中心、文化中心、医学中心、金融总部等服务设施，打造了一个服务嘉善片区的国际化、高品质、高能级的公共服务中心（图 6-22）。这些设施能够有效提升区域的服务水平和能级，吸引高层次人才入驻，为嘉善片区的高质量发展注入了活力。

除了大型的公共基础设施以外，“七星”组团内部也布局了小型公共中心，与居住、就业、交通、生态等功能联动，实现了空间的统筹，促进了区域产城融合和职住平衡，例如依托沪苏嘉城际铁路西塘站打造高能级区域公共中心（图 6-23）、城市大脑运营中心（图 6-24）等。公共中心的服务半径以 500 米为宜，步行 10 分钟可达，服务类型结合组团的主导功能和服务人群设置；产业组团以展示交流、咨询服务为主，城市组团则以社区配套、生活服务为主（图 6-25）。这种综合性的公共服务布局，不仅满足了居民的生活需求，也提升了城市的文化氛围和居住品质，使得嘉善在现代化的进程中，既保留了传统水乡的文化韵味，又展现了现代城市的活力和魅力。

嘉善的人文水乡高质量共享服务发展，以生态田园本底为基础，通过河道、道路等线性空间，将田园底色向七星组团内延伸，构建出点、线、面结合的多元化绿地网络，形成“一荡一环、祥符八景、村田桥园、水乡风情”的开放空间体系（图 6-26）。这种设计实现了从水乡田园到水乡公园的无界融合，使得生态与城市和谐共生。在遵循集约用地及土地价值最大化的原则下，组团内预留了小型绿地作为社区游园，尽量放大组团外围的生态田园景观效益，满足人群休闲、娱乐、健身等需求，在增强城市生态功能的同时，也提升了居民的生活质量。

图 6-22　国际化、高品质、高能级的公共服务设施
图片来源：中国生态城市研究院沈磊总师团队

图 6-23　依托沪苏嘉城际铁路西塘站打造高能级区域公共中心

图 6-24　城市大脑运营中心

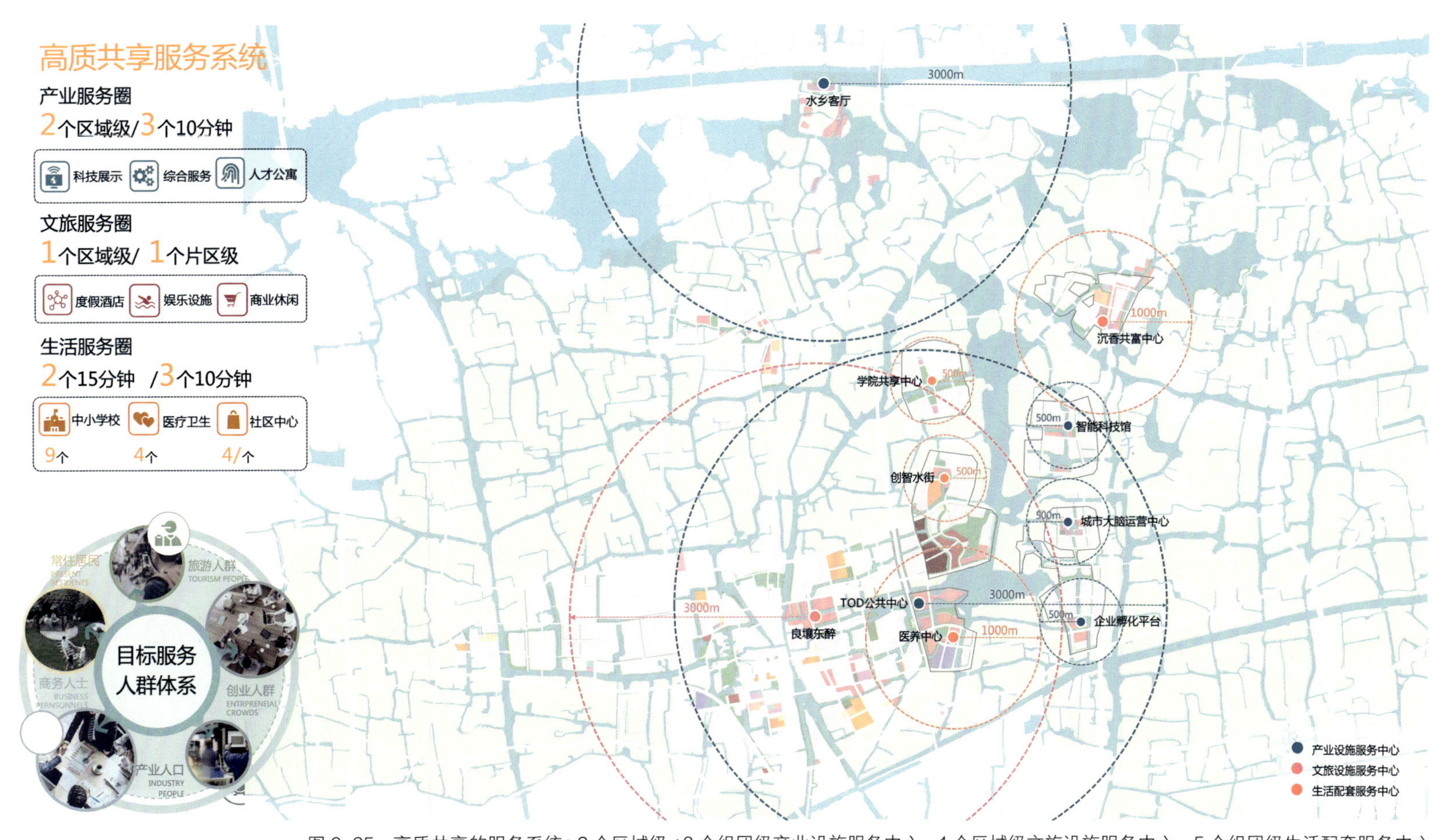

图 6-25　高质共享的服务系统：2 个区域级 +3 个组团级产业设施服务中心，1 个区域级文旅设施服务中心，5 个组团级生活配套服务中心

嘉善示范区还加强了区域内河道水环境的修复、驳岸的生态改造和植被群落的恢复，河道两侧原则上预留宽度不小于 3~5 米的滨水绿带，建设了骑行与步行分离的连续绿道系统。在主要的开放空间节点处，设置有绿道服务设施，结合园林绿化，通过多元化的水岸空间营造具有江南水乡特色的滨水活力场所（图 6-27）。

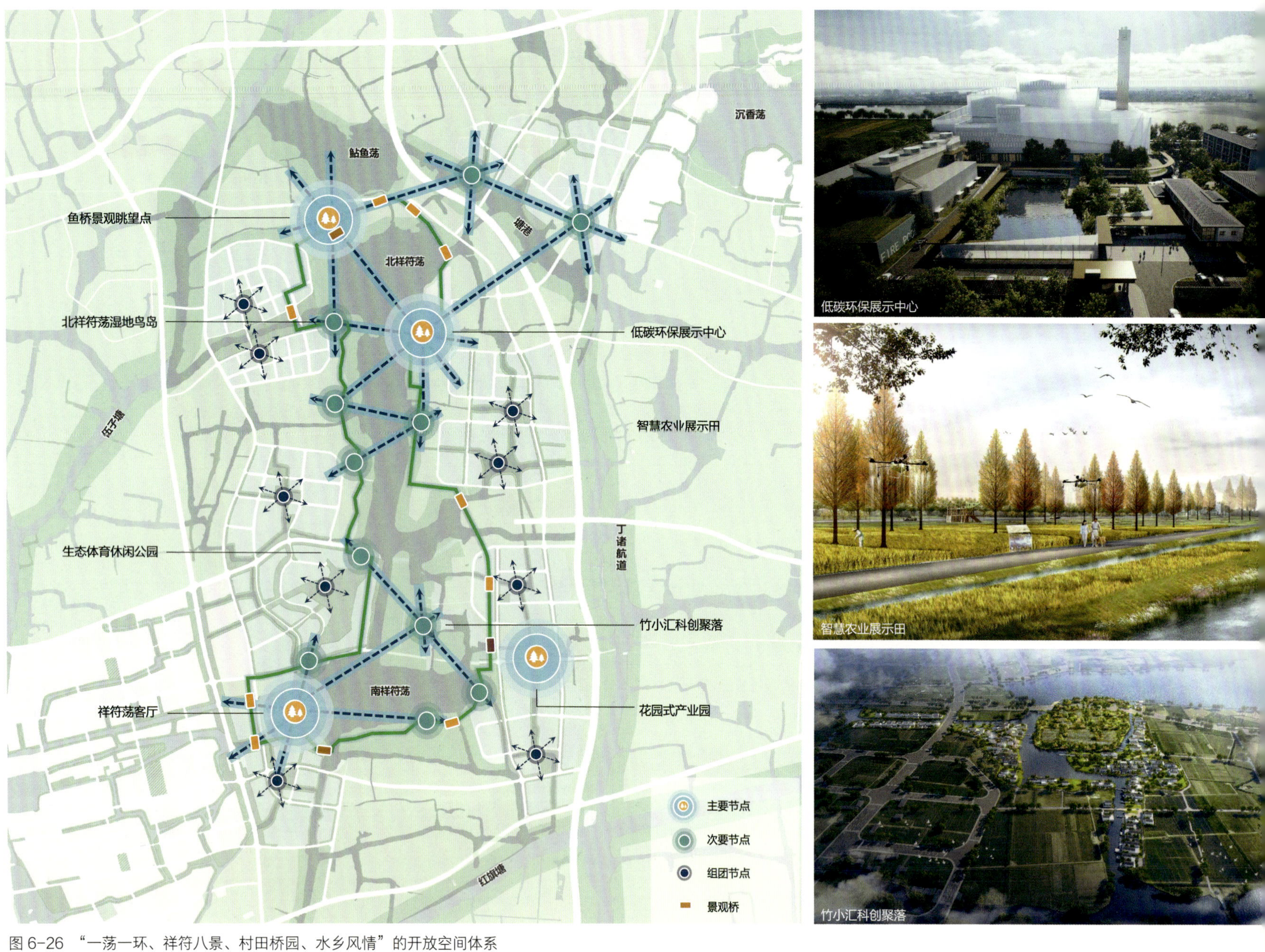

图 6-26 “一荡一环、祥符八景、村田桥园、水乡风情”的开放空间体系

生态型水岸

1. 优化河道平面形态，设计复式断面以应对不同时期水位变化。

2. 增加不同高差的步道，部分区域放大形成供人停留的亲水平台。

3. 与周边城市道路结合，打造多层级的慢行系统。

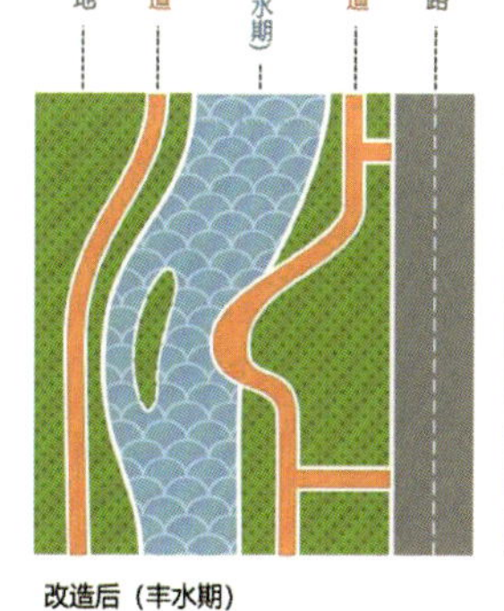

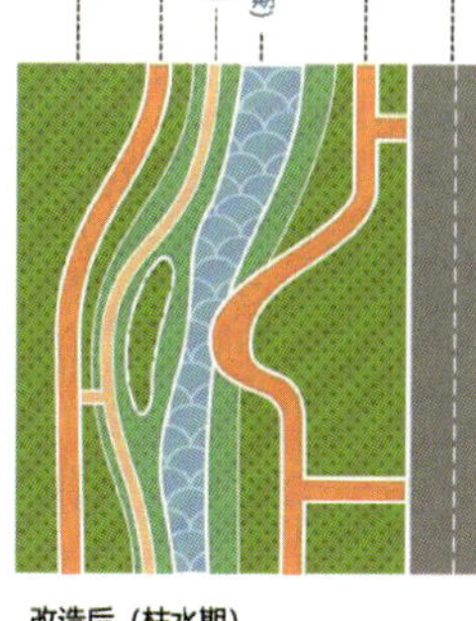

生活型水岸

1. 打破隔离，舍弃屏障式绿化，商业空间延伸至亲水平台空间。

2. 对水岸剖面进行适宜人群活动的高差变化设计。

3. 广场、商业与滨水区贯通，活化水岸，植入新的功能。

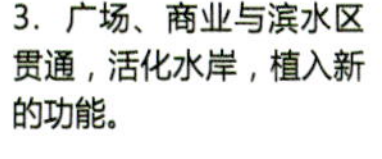

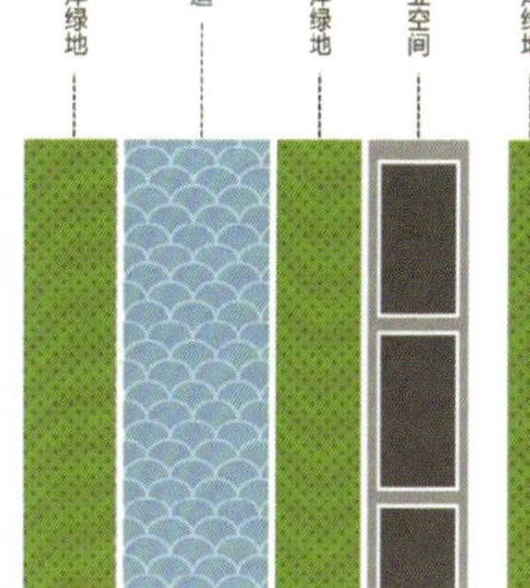

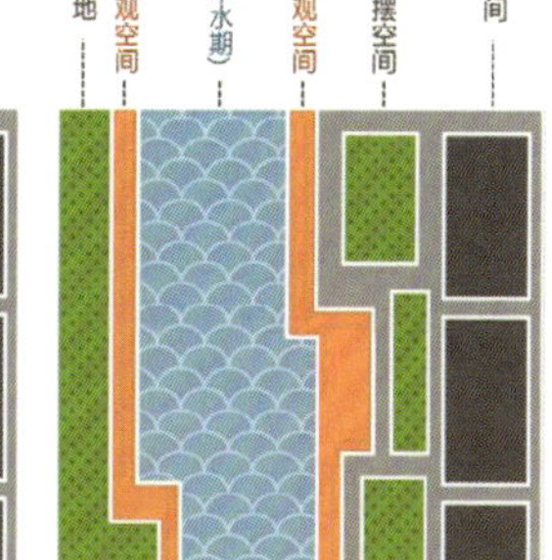

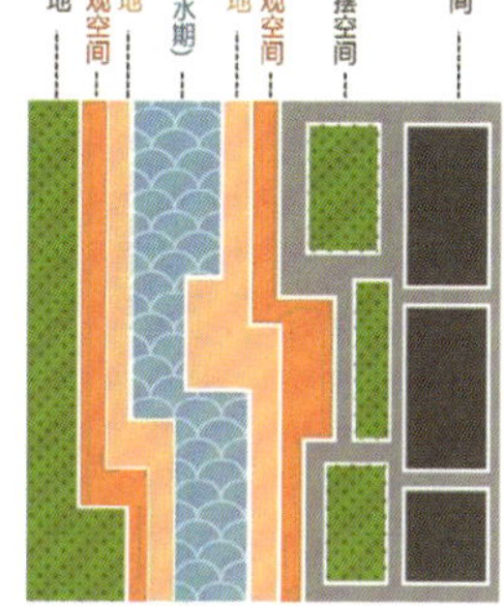

生产型水岸

1. 改造部分草坡形式，变成台地式的绿化和台阶。

2. 创造亲水的步道和平台系统，打造两岸亲水步行走廊。

3. 打造与周边共享空间、街道空间的流通和联系。

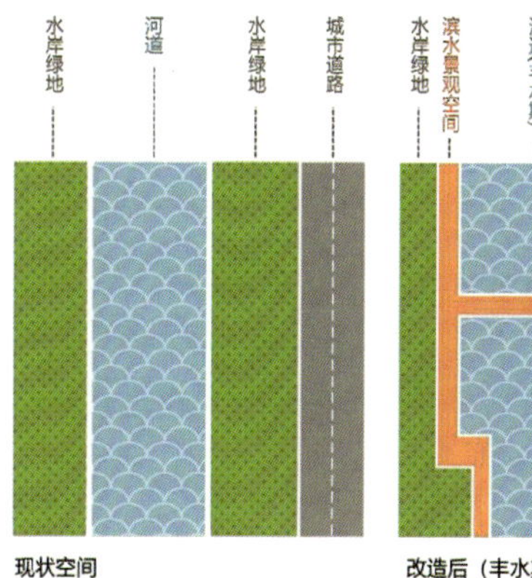

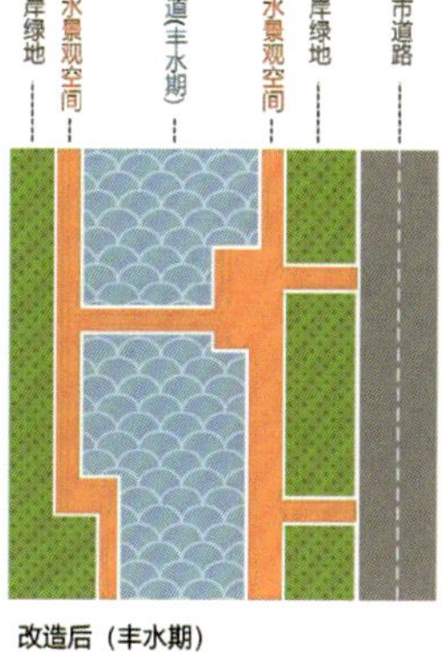

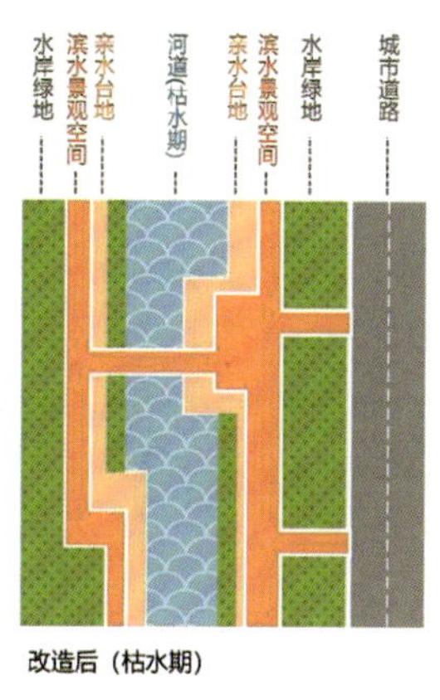

图 6-27　多元化的水岸空间营造具有江南水乡特色的滨水活力场所

第五节　基础设施的绿色转型

Green Transformation of Infrastructure

在嘉善示范区的低碳水乡建设中，发展绿色基础设施也是不可或缺的一环，而储能与能源管理的相关手段在节电减碳中起到了较为关键的作用（图 6-28）。为实现“双碳”目标，我们通过源头节电、分布式能源中心的能源管理与储能以及可再生能源的利用，实现基础设施的绿色转型。

我们致力于推广多能互补的可再生能源应用，以太阳能光伏为主导，辅以地热能、风能、氢能、生物质能等的应用，实现高比例清洁能源的自给自足。太阳能路灯、风光互补路灯的推广普及，不仅照亮了夜晚，也照亮了低碳生活的未来。能源管理和源头节电被加强，通过被动设施的合理设计，实现主动干预到被动调节的转换，减低基础设施投入及能耗；此外引导用户积极参与调峰、错峰，推广应用智能电表、储能蓄能等设备，均体现了绿色基础设施节能减排的智慧。此外，我们还因地制宜推广分布式能源供应体系（图 6-29），通过智慧化、集成化管理系统，所布设的能源管理中心集变电、发电、储能、汽车充电等多功能于一体，有效降低了长距离输送的能源损耗。而在与互联网融合方面，鼓励发展能源互联网的应用，有效融合了先进的能源技术和信息技术，为电力系统的清洁低碳转型和多元主体的灵活便捷接入提供了支撑。此外，生活垃圾焚烧热电联产技术的应用也在示范区得到了长足发展，我们还积极探索生物质能在生物天然气、生物液体燃料等领域的应用，不断探索与实践嘉善示范区的可持续能源发展路径。

低碳水乡的绿色基础设施所发挥的雨水调蓄和排涝作用十分重要。我们采取了围、疏、蓄、排等多种工程措施并与生态技术相结合（图 6-30），以提高城市自然空间对雨水的调蓄能力，并确保行洪排涝的安全；通过缩短圩堤和减少闸泵，以增强圩内防洪的能力（图 6-31）；通过设置 9 个排水分区，利用径流对洪水进行疏导，有效地减轻了洪水冲击，保证了先行启动区的水安全格局（图 6-32）。此外，人工湿地分层净化系统的建立，不仅对地表径流进行了过滤和逐级净化，也加强了水生态的保障（图 6-33）。

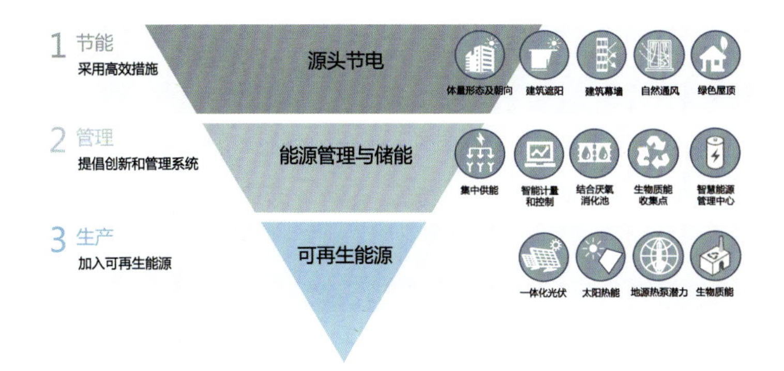

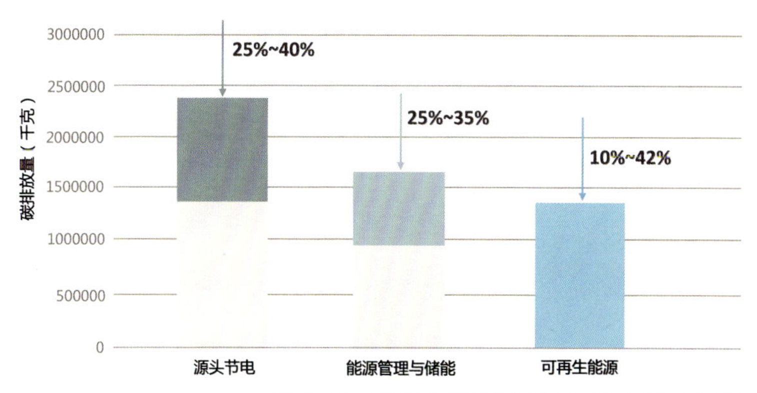

图 6-28　储能与能源管理在节电减碳中的比例分析

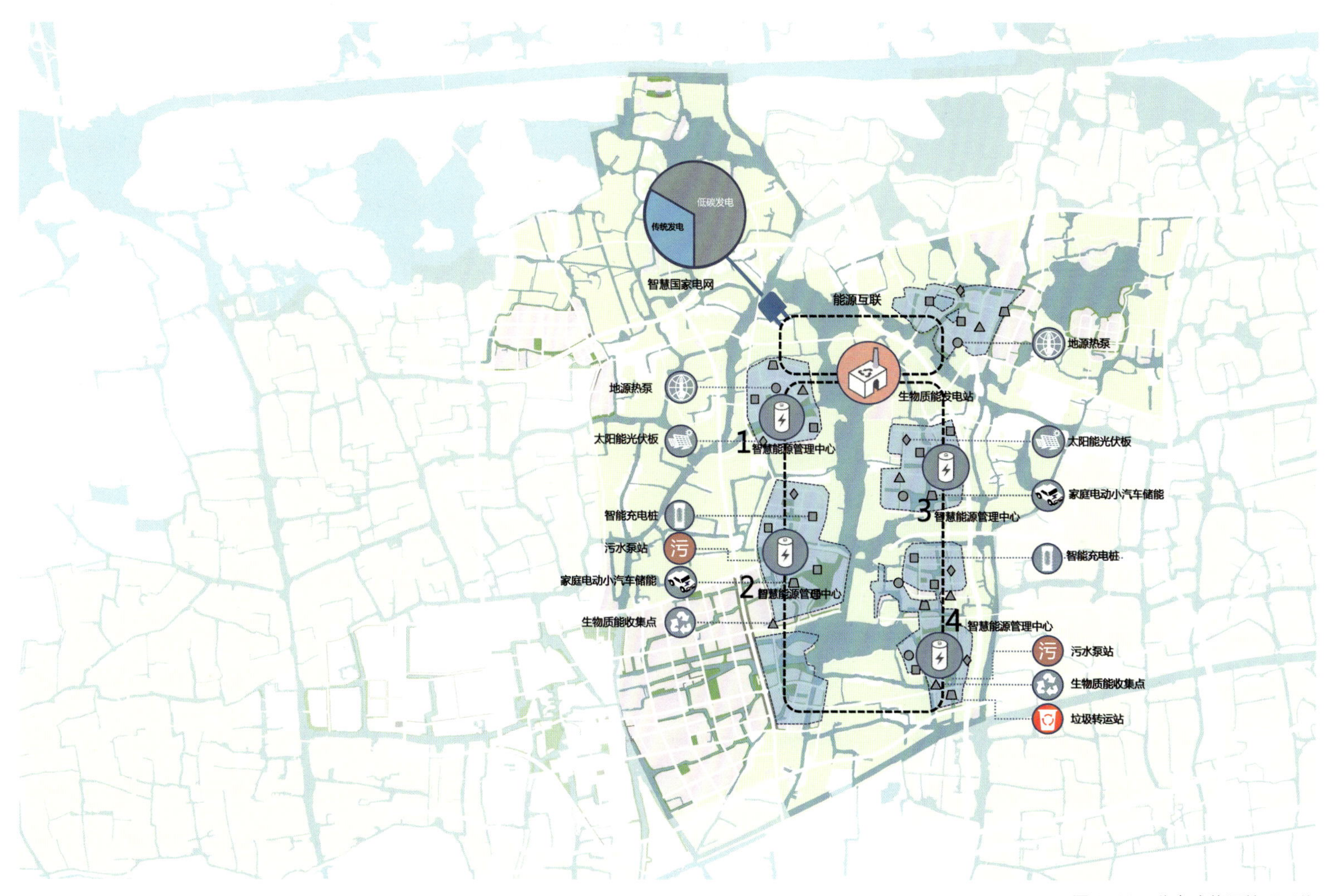

图 6-29　分布式能源管理系统

图 6-30　围、疏、蓄、排等多种工程措施与生态技术的结合

以上多种调蓄雨水和控制排涝的措施，无一不在体现嘉善示范区在构建自然调蓄、灰绿结合的生态化雨洪管控体系中所作出的努力——充分发挥城市绿色基础设施的功能，构建城市雨水径流全方位闭环路径。

综合来看，嘉善示范区的整体生态规划充分贯彻了低影响开发的海绵城市理念。除了直接对雨洪进行硬性调蓄和管理之外，还因地制宜地通过使用透水铺装、增加下沉式绿地、植草沟、雨水花园、屋顶绿化等软性透水地面的方法，综合实现地表径流的分散式绿色削减措施。通过补给地下水或结合地块设置雨水收集池等措施，综合实现多种水资源的再利用。通过水生态安全方面绿色基础设施的建设，实现了区域内不低于 75% 的地表径流就地消纳或再利用，同时减轻市政排水管网的压力，减轻城市洪涝灾害风险，提高了城市抗灾能力。

在水资源的优化配置和管理方面，总师团队还结合大数据和前沿技术方法，建立了多维水文水资源配置模型（图 6-34），旨在优化塘荡港、雨水、地下水的相互作用方式，以实现水资源的优质高效利用。这一模型结合了“智慧互联网 +”的理念，以满足未来新型城市的水资源供需问题和需求导向。通过综合建立四维智能水网监控系统，全面感知、真实分析、动态反馈，实现了对区域水资源与环境的生态闭环管控。分质供水系统在不同空间组团的逐步、分类化实施，遵循了优质优用、低质低用的原则，加强了中水、雨水等非传统水资源的梯级利用和安全利用。这些智慧化的管理举措有效提高了水资源的利用效率，减少了水资源的浪费。

嘉善示范区还推进了生活垃圾、建筑垃圾的源头减量、资源化利用及无害化处置。通过应用真空垃圾回收、餐厨垃圾降解等先进技术，构建了示范区无废城市的

图 6-31　嘉善示范区排洪圩区分界

目标。同时，我们还倡导分散式、有机化的基础设施建设模式，例如邻近负荷较高的组团布局分布式能源站、中水处理及垃圾降解设施，构建以组团为单元的自我适应的“微循环”体系等等。这种模式相比集中式、大规模的市政基础设施，不仅降低了设备及管线的初期建设成本，还减少了长距离输送过程中的损耗，充分体现了嘉善示范区在基础设施规划建设方面的创新和智慧。

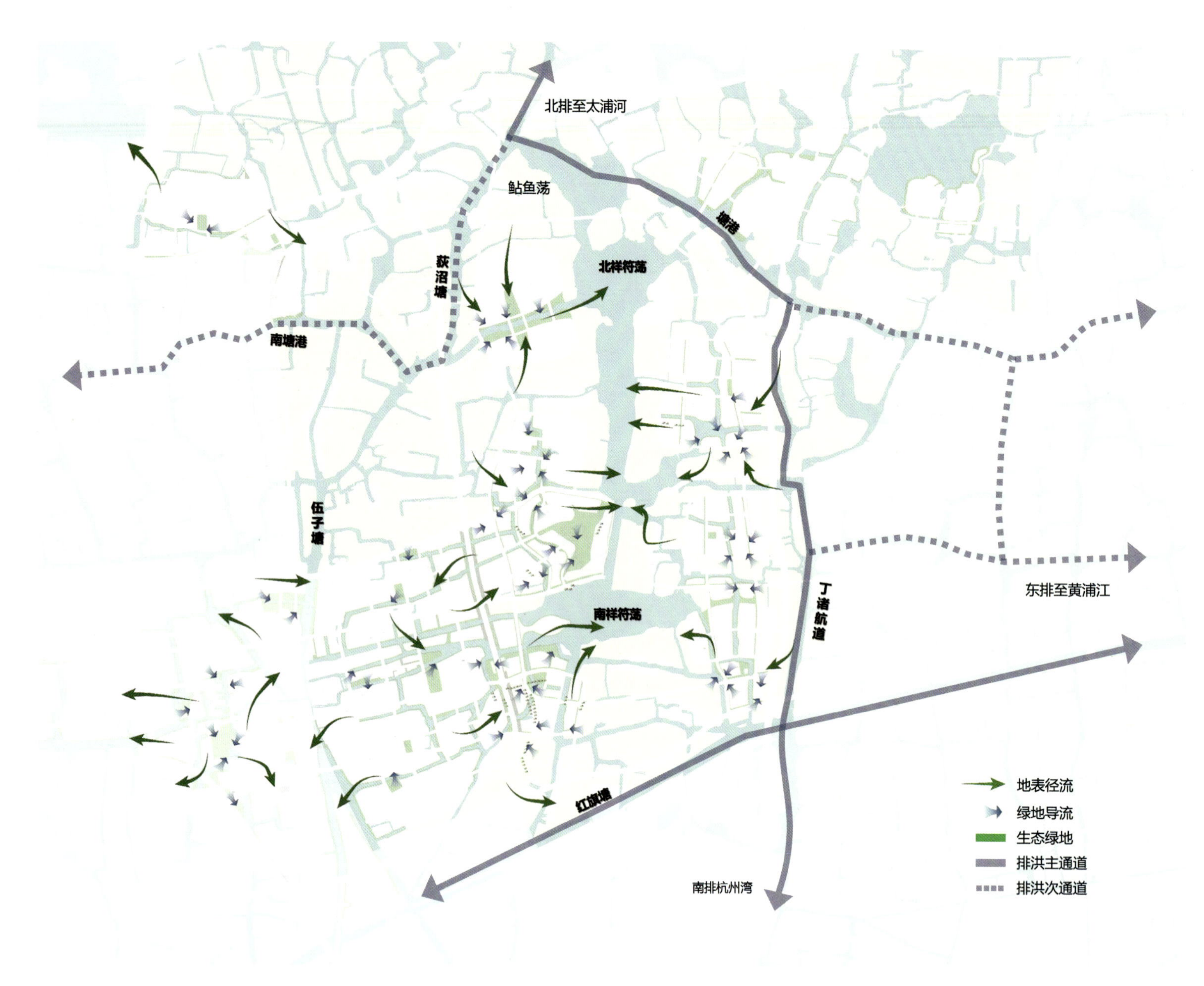

图 6-32　生态化雨水调蓄及排洪系统

图 6-33　滨水湿地景观与韧性雨洪调控的有机结合

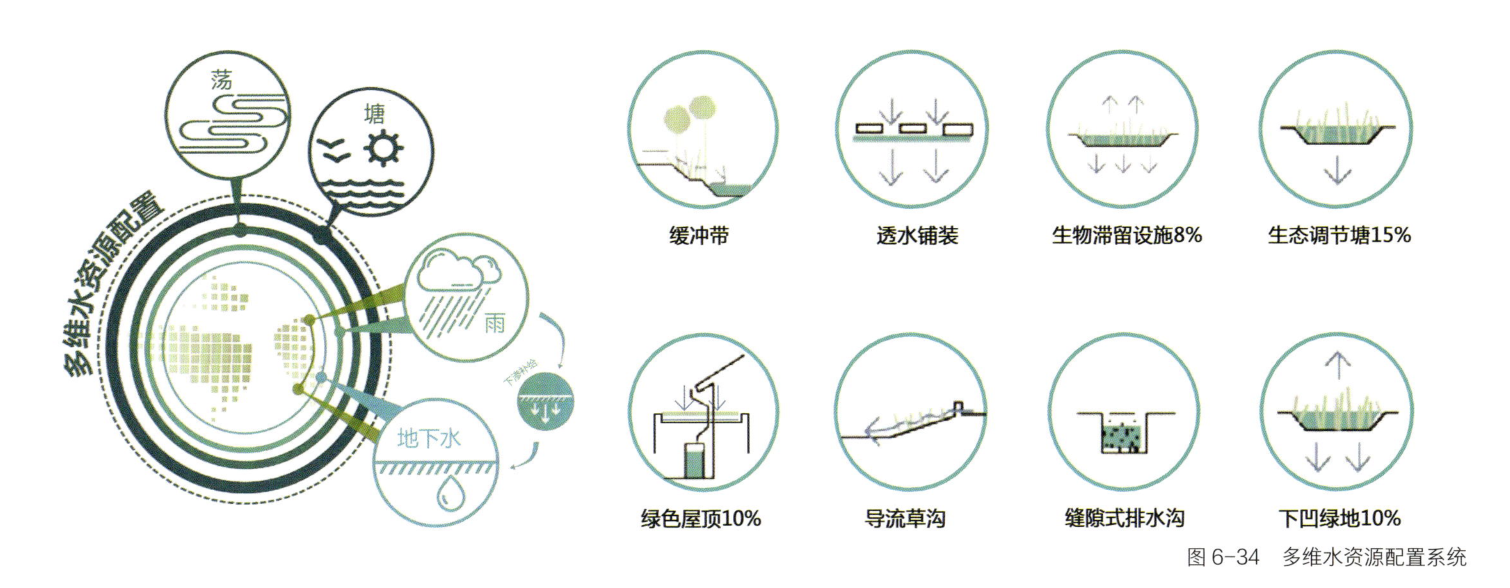

图 6-34　多维水资源配置系统

第六节　生态低碳的模式营造

Low Carbon and Energy-saving Model Creation

施行低碳的节能模式也是发展低碳特色嘉善水乡环境的必要举措。总师团队以各类生态技术创新为基础，构建三生融合、五大要素聚集生态城市技术体系框架。团队聚焦绿色能源、绿色建筑、绿色交通、绿色产业、绿色生活和绿色碳汇等措施叠加，共筑面向未来的零碳水乡空间，打造整体低耗节能模式片区。具体而言，在绿色建筑方面，采取了分时序推广高星级绿色建筑（图 6-35）、近零能耗建筑（图 6-36）、装配式建筑的方法，以控制建筑领域的总体碳排放。这一过程以能耗指标和室内环境为约束目标，并严格遵循了“被动优先，主动优化”的原则。优先采用自然通风采光、节能门窗、高性能保温材料等被动式措施，降低建筑供暖空调需求，同时辅以光伏屋顶、“光储直柔”、热泵技术、智慧照明等主动技术，提高建筑能效，实现能源的自给自足。在此基础上，公共建筑的设计标准不低于二星，而城市地标及重要节点周边的建筑则按照三星标准设计，确保了建筑的高效能和低环境影响。此外，通过采用绿色建材与新型结构体系，运用绿色施工与装配式技术，并采取提高建筑节能设计标准、回收利用废弃建材等措施，进一步降低了建筑在整个生命周期中的碳排放（图 6-37）。

城市作为碳排放的主要来源，对于实现我国的碳减排和碳达峰目标至关重要。中国城镇地区的二氧化碳排放量约占全国总排放量的 80%，因此探索和实践低碳城市的建设方法，对于中国实现“双碳”目标具有重大意义，这就要求在城市规划建设的发展过程中需要从建筑单体，到社区组团，再到城市系统，系统性、全局性地打造低碳城市。嘉善示范区以“竹小汇科创聚落”的技术探索实践为基础，以零碳专项规划为抓手，通过生态低碳的模式营造（图 6-38）、低碳水乡系统框架的构建（图6-39），探索了一条嘉善片区的零碳建设路径。这包括合理规划社区尺度，促进职住平衡；通过“自上而下”的方式构建区域能源系统；建设慢行系统，并鼓励电动汽车、生物燃料和氢能汽车的使用；推广被动式建筑、零碳建筑、超低能耗绿色建筑；建设垃圾生态化处理设施；鼓励垂直绿化，以增加城市的固碳能力等一系列措施。通过建设零碳校园、零碳住区、零碳公园等示范项目，以点带面，最终将逐步实现区域的碳达峰和碳中和目标，为我国整体的“双碳”目标实施路径作出贡献。

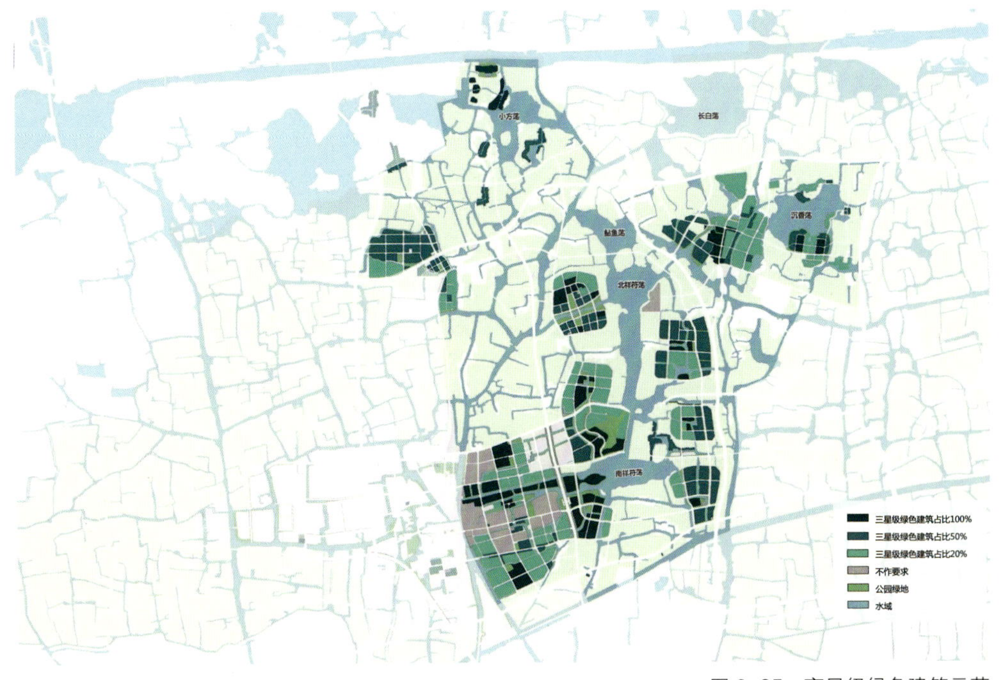

图 6-35　高星级绿色建筑示范

图 6-36　近零能耗建筑试点示范

图 6-37　低耗节能模式片区整体概念

图片来源：中国生态城市研究院沈磊总师团队

图 6-38　生态低碳的模式营造

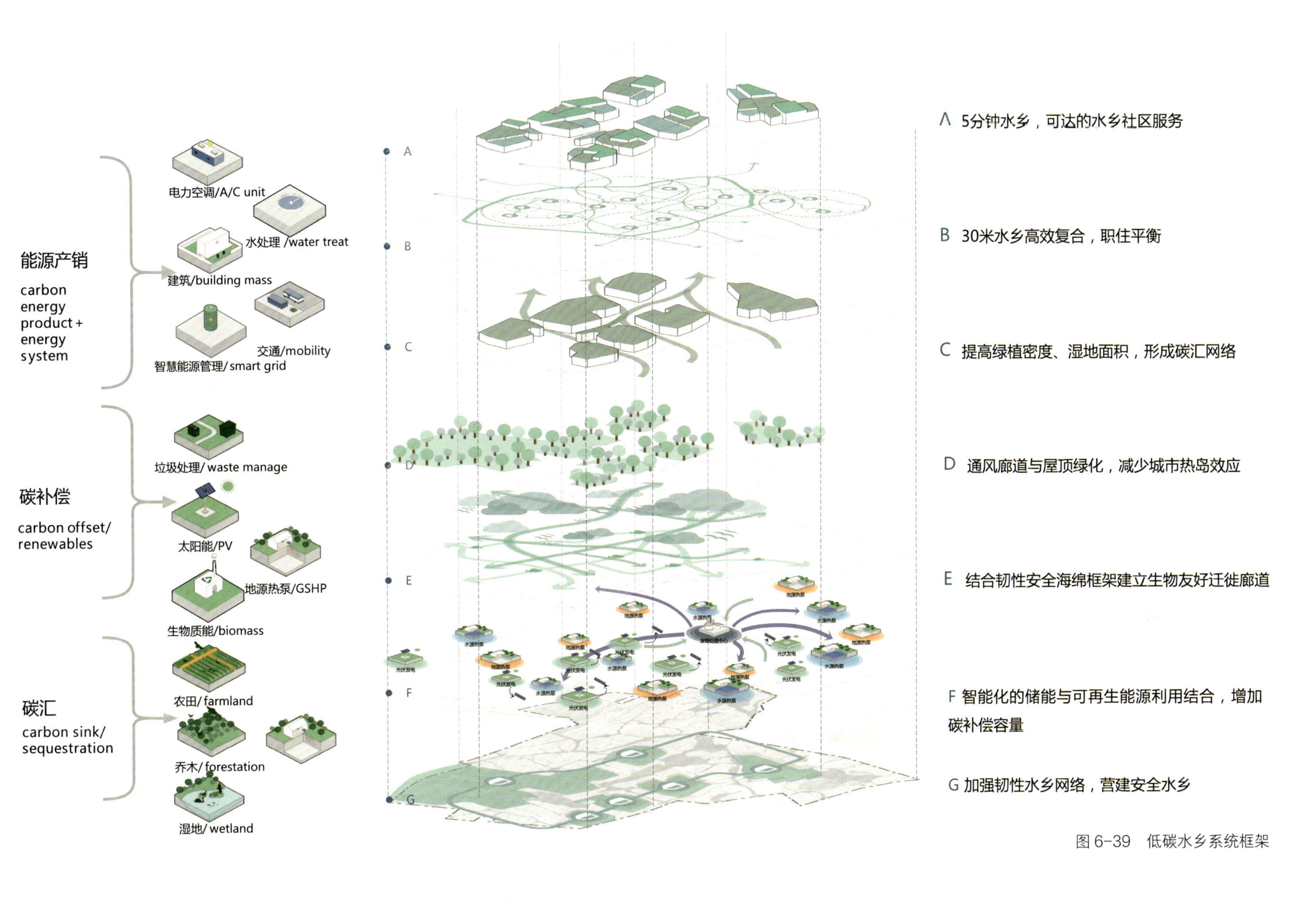

图 6-39　低碳水乡系统框架

第七节　智慧绿色的出行系统

Building an Intelligent and Green Transportation System

嘉善“低碳水乡”的建设正在逐步变为现实，绿色出行系统的构建成为打造生态人居环境与实现高效发展的关键一环。绿色出行系统所构建的高铁、城际、轨道、公路等多式联运的一体化交通网络，如同城市的“血脉”，为嘉善的发展注入活力。沪苏嘉城际铁路（嘉善至西塘市域铁路）是纵贯嘉善片区南向主要的城际铁路线，将设置祥符荡、西塘、姚庄三站，串联实现向北与水乡客厅、青浦及吴江的快速连接，以及向南与嘉善主城区及嘉兴的快速联系。它与上海轨道 17 号线、苏州轨道 10 号线向水乡客厅的延伸相配合，进一步构建起嘉善片区半小时通勤圈，极大提升区域内的交通效率，形成多式一体的对外交通联系（图 6-40）。

此外，规划建设的西塘站（图 6-41）将以市域铁路连接线直达通苏嘉甬嘉善北站，实现嘉善片区与苏南、杭州湾核心城市的无缝通勤联系，进一步拓宽嘉善交通网络，加强先行启动区“一厅三心”的快速交通联系。为进一步完善片区对外交通体系，嘉善还构建了“两横四纵”快速公路网，加强其与常嘉高速、申嘉湖高速及嘉善主城区的快速交通联系。

在嘉善示范区绿色出行系统构建中搭建现代交通网络，精心梳理主次干路体系，构建“四横四纵，一环一轨道”高效贯通的内部路网结构（图 6-42），使之成为连接祥符荡片区与外界的重要通道，并通过祥符荡环路串联主要交通路网及重要功能区。“四横”与“四纵”的路网布局，如同城市的骨架，支撑起区域的交通流动。“四横”即丁陶公路、天姚公路、开源大道、中兴路—华东线，“四纵”即兴善公路、创新西路、嘉善大道、丁新公路，是祥符荡片区对外联系的主要通道。“一环”即祥符荡环线，串联起七星组团，既是通勤环，也是景观环，以景观大道的标准打造，提升了城市的美感和居住的舒适度。“一轨道”即嘉善至西塘市域铁路，通过水乡客厅、祥符荡、西塘等主要铁路站点交通配套设施的布局（图 6-43），不仅通过轨道交通凝聚了区域的发展潜力，更通过 TOD 模式的土地开发，形成了城市综合活力的引擎。

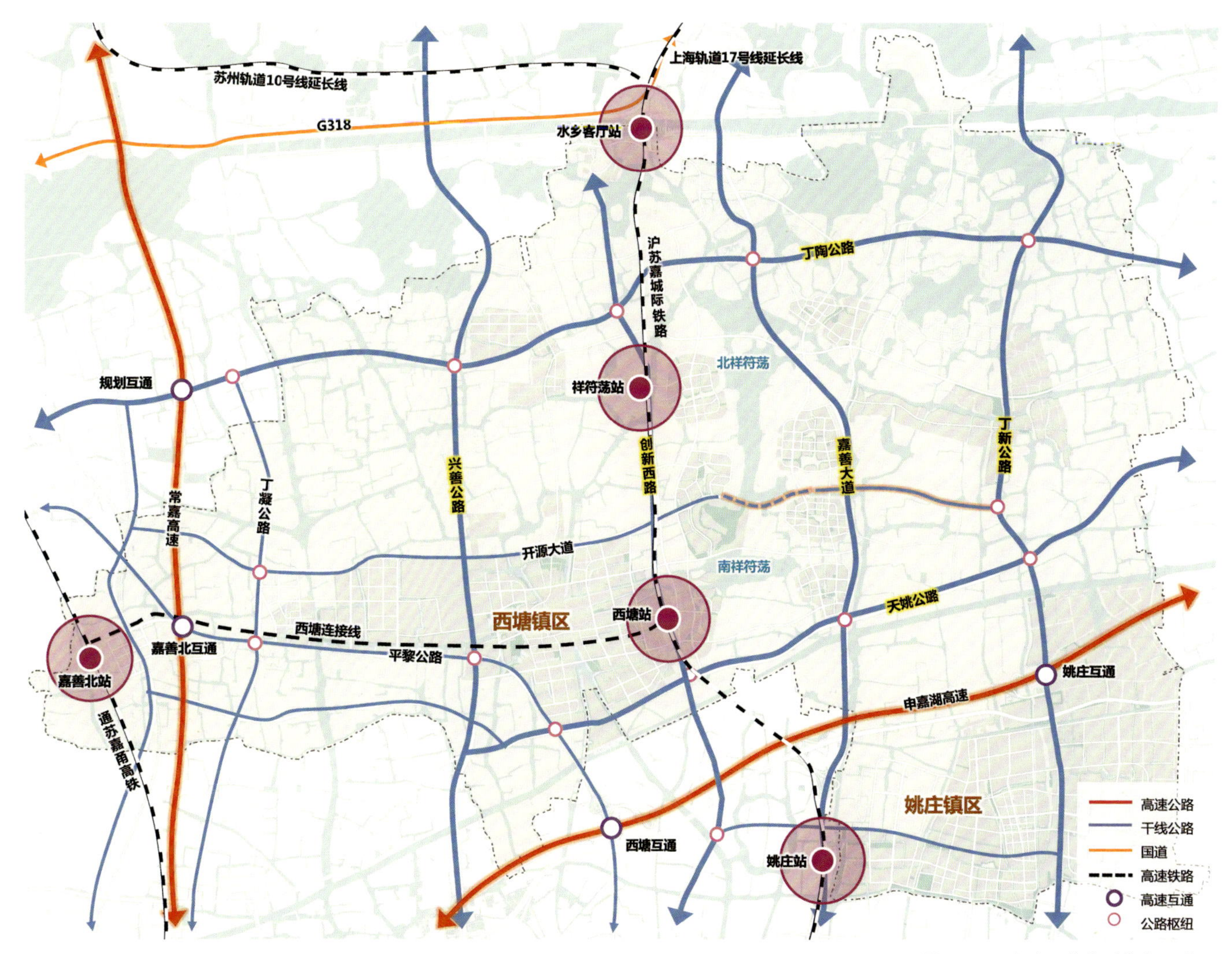

图 6-40　多式一体的对外交通联系

图 6-41　西塘站：嘉善至西塘市域铁路的开通将加强先行启动区“一厅三心”的快速交通联系

图 6-42 “四横四纵、环网相扣、聚链贯通”的道路骨架

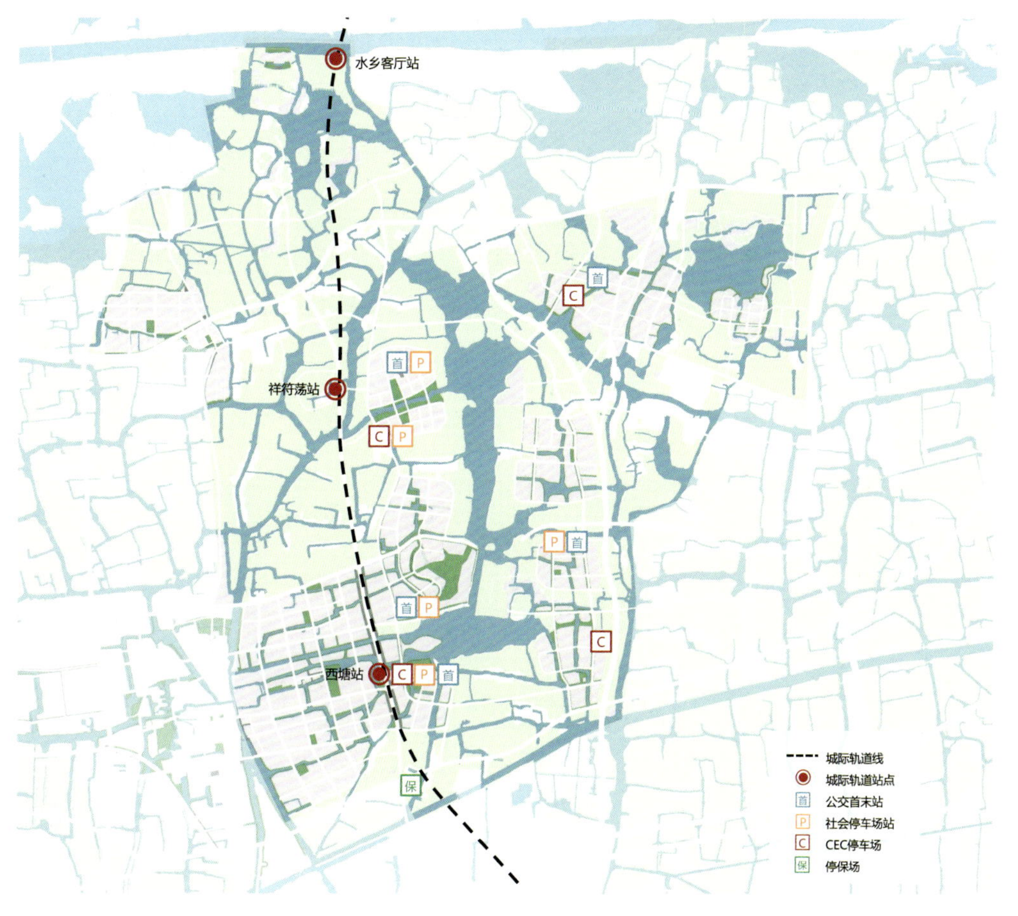

图 6-43　交通配套设施布局

通过“四横四纵，一环一轨道”的建设，有效提升了片区对外交通系统（图 6-44）和对内交通系统（图 6-45）的高效性与丰富度，如嘉善大道即为其中的典型例证，形成了高架段、交通服务型（图 6-46）、景观展示型、生活服务型等（图 6-47）多样化的道路交通网络。

在“绿色、人本、智慧”的理念指导下，嘉善先行启动区致力于打造智慧公交为骨干、绿道及慢行为补充、水上巴士为特色的多级、多层、多样化的绿色公共交通网络，旨在满足未来城市个性化、多样化的出行需求，构建“低碳、便捷、优享”的未来出行模式，围绕轨交站点，进一步凝聚区域发展潜力，形成活力激发点，通过绿色慢行系统丰富生态体验，打造面向绿色出行系统的未来水乡人居环境（图 6-48）。

通过构建智慧公交 + 绿道 + 慢行的绿色出行系统（图 6-49），实现区域绿色交通出行比例不低于 90% 的目标。智慧公交作为轨道交通的延伸和补充，承担对外中长距离的公交出行需求。在骑行方面，为保障城市道路的慢行路权，预留独立且连续的骑行及步行空间，结合线性绿带、街头公园、河网水系等蓝绿空间，构建兼具休闲与通勤功能的绿道系统，补充及丰富低碳出行方式。此外，依托现状水系构建“两级”生态蓝道，开通水乡航线，对外连接西塘古镇及水乡客厅，对内联通七星组团，打造具有水乡特色的交通场景（图 6-50）。智慧公交、骑行绿道、水上巴士，每一种交通方式都是对低碳生活的深刻理解和实践。

在城市静态交通方面，完善城市停车供给体系，采用分区差异化的供给策略，以供需统筹为原则，构建以配建停车为主体、路外公共停车为辅助、路内停车为补充的城市停车系统，以保障基本停车需求和出行停车需求。在新建停车位的规划方面，充分考虑了要为充电设施预留安装条件，同时鼓励共享停车等创新模式，以此提高停车泊位的利用率。此外，先行启动区还积极推进“车城协同”的道路交通基础设施建设，针对道路智能感知设施、视频监测设施、照明设施等开展数字化建设或改造，实现道路交通设施的智能互联、数字化采集和管理，极大地提升了居民出行服务的体验。

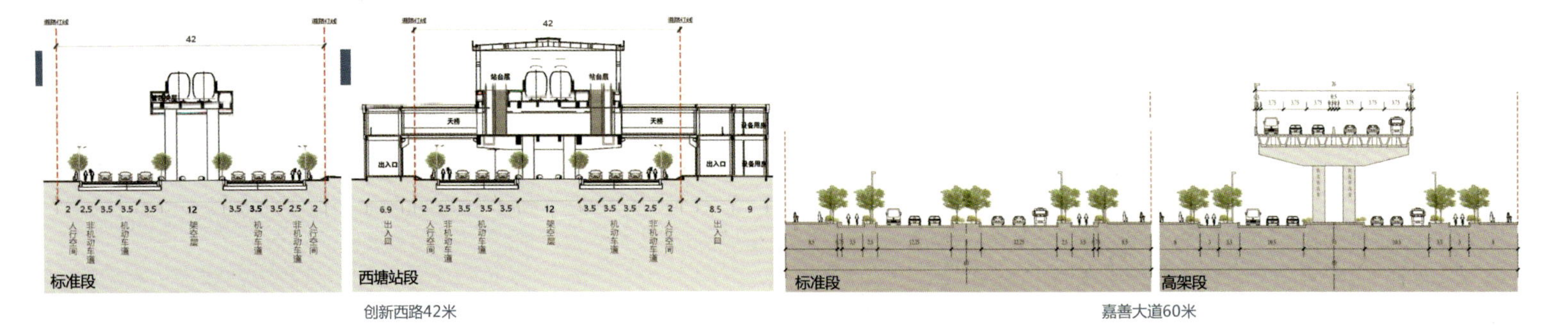

图 6-44　对外交通道路断面示意图

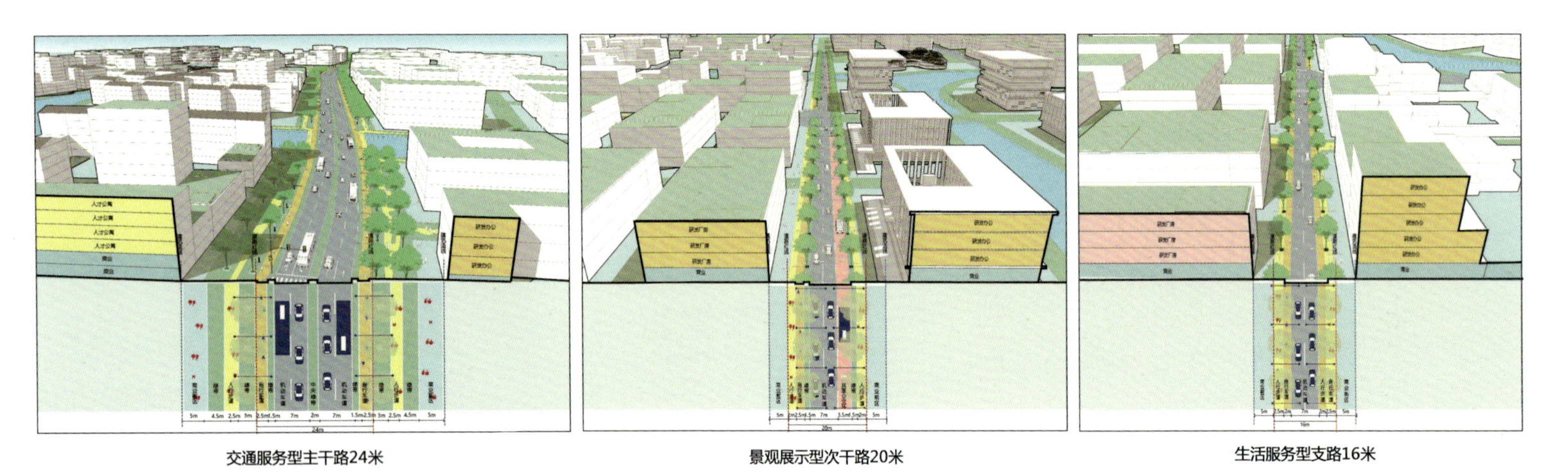

图 6-45　区域内部道路断面示意图

图 6-46　嘉善大道高架段（左）、交通服务型道路（右）效果示意

图 6-47　嘉善大道景观展示型道路（左）、生活服务型道路（右）效果示意

图 6-48　面向绿色出行系统的未来水乡人居环境

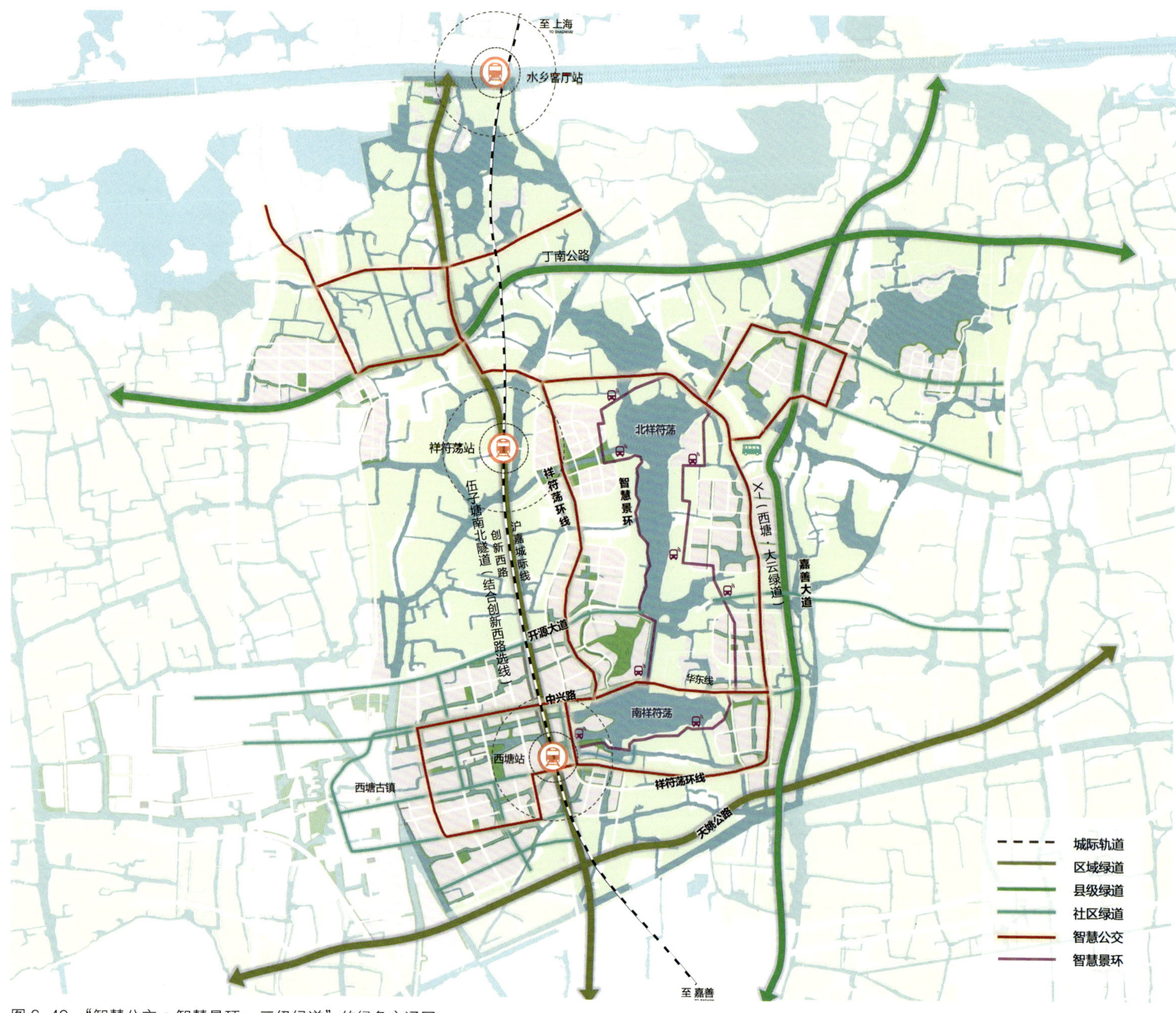

图 6-49 “智慧公交 + 智慧景环 + 三级绿道”的绿色交通网

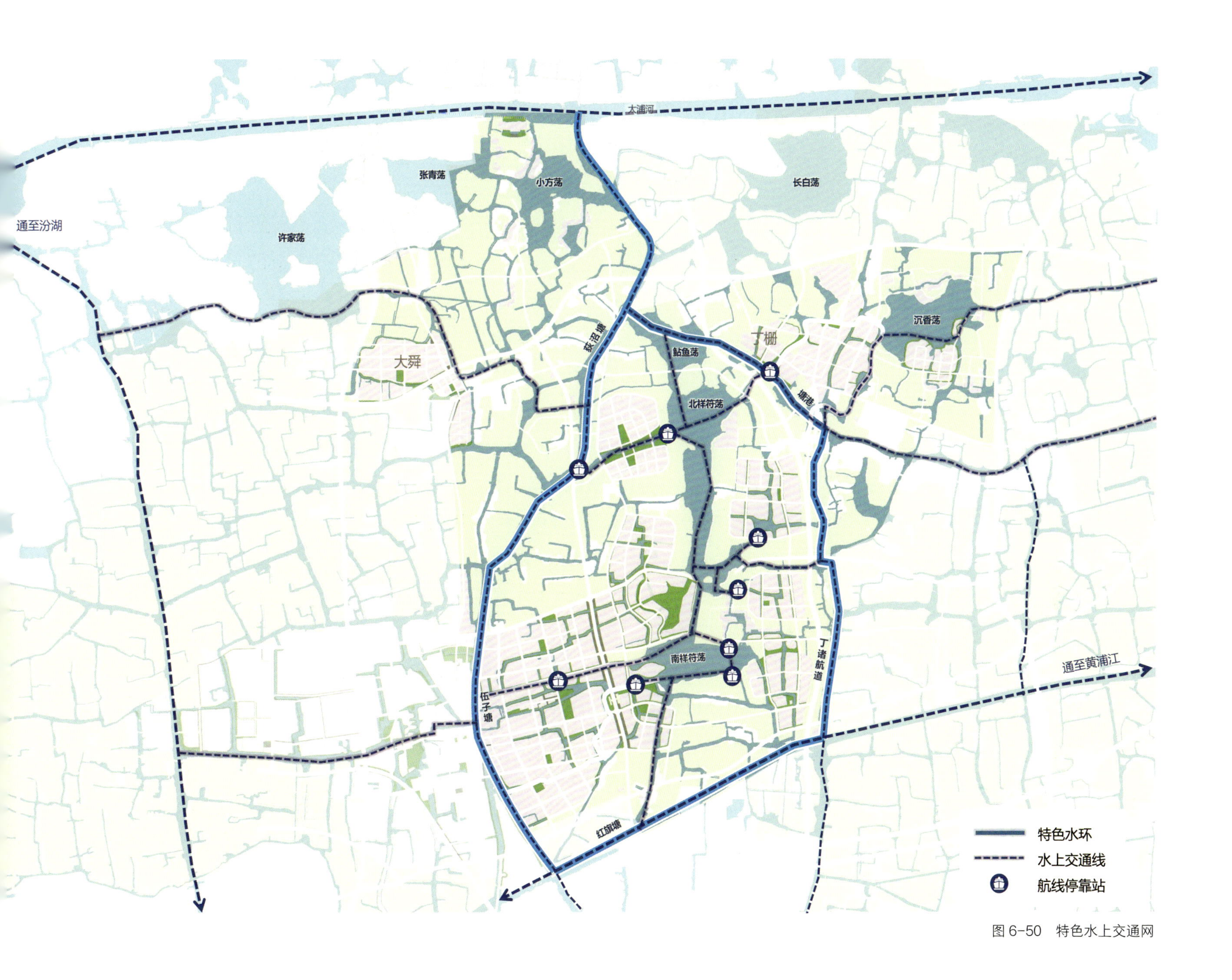

图 6-50　特色水上交通网

第八节　文脉传承的水乡风貌

Continuity of Cultural Heritage in Canal Towns

嘉善的温润水土，镶嵌在江南人文水乡的柔波之中，这里不仅是公共服务的高质量共享示范区，更承载着深厚的文脉与历史传统风貌，需要完成从传统水乡到现代水乡再到未来水乡的发展延续。城市的风貌如同一面镜子，集中映照出文明的印迹、历史文化的沉淀、地域的风俗和时代的记忆，嘉善片区水乡风貌文脉传承的保存与延续亦是如此（图6-51）。正如习近平总书记2019年11月在上海考察时所倡导的，我们应当“保留城市历史文化记忆，让人们记得住历史、记得住乡愁，坚定文化自信，增强家国情怀”。城市风貌的塑造，非一日之功，它需要时间的沉淀和文化的积累。每个时代都有其独特的文化印记，将这些印记连接起来，从而构成城市风貌历经时代洗礼、具有独特精神内涵的连续篇章，是传承城市文化的核心。在新时代的城市风貌建设中，我们要尊重城市历史，珍视城市记忆，高度重视地域特色、文化特色和时代特色的和谐统一，让城市的风貌如同一条源远流长的河流，既有其深厚的底蕴，又不失其时代的活力。

通过对嘉善片区的史境研究，这座江南水乡的缩影被精心规划设计。我们致力于打造一个既回归水乡自然，又融合现代创新的文脉传承风貌体系。这里，荡显城隐，水韵创风，古今共融，形成了一幅独特的水乡风韵画卷。根据片区独有的资源禀赋和现状特色，我们将祥符荡划分为3个风貌区：以西塘古镇为依托的古镇风貌区，古色古香，历史与现代交织，每一砖一瓦都诉说着古老的故事；以祥符荡生态资源为底色的创新风貌区，绿意盎然，生态与科技相融，每一次创新都是对自然的致敬；以江南村庄特色以及沉香荡湖荡资源为优势的田园风貌区，田庄林立，自然与人文相映，每一片田园都是对生活的赞美。

我们对“水陆双棋盘、邻塘建屋、临水成街、长街短弄”等空间要素进行提炼，并巧妙地融入现代城市肌理之中，延续、传承了江南水乡“城水相依、人水相亲、绿水相融”的镇村格局与生活模式，在空间营造上进行了城、水要素的提炼与组合（图 6-52）。在这里，我们不仅保留了场地内原有的水网结构、人文景观和历史遗迹（图 6-53），还在此基础上，与西塘古镇相协调，打造出“小尺度、低高度、中密度”的空间感受，让每一位走进嘉善的人都能感受到独有的宁静与和谐。

同时，嘉善的城市规划建设也不忘与时俱进，结合现代材质和未来技术，打造出既保留传统形意，又兼具国际品质的未来水乡空间（图 6-54）。在建筑风格上，我们融合现代构建技术，塑造出一种兼具传统韵味和现代审美的新江南水乡建筑风格。这些建筑不仅融于自然，更融于环境，它们仿佛是从这片土地上生长出来的一般，与周围的景观和谐共存，形成了一道道美丽的风景线。在这里，滨水空间被塑造得各具形态特色且尺度多变，在保证水安全和水生态的基础上，通过小尺度公共建筑的临水巧妙布局、结合丁字水口增加街头绿地与广场等开放空间，再现了“依水而居、傍水而戏”的生动生活场景。

在嘉善的文化沃土上，延续着西塘古镇的古典韵味，良壤东醉片区缓缓展开。片区不仅是综合公共服务中心和文化中心，更是旅游服务、休闲、创意集市和交往中心的汇聚地。每一砖一瓦，都透露着精致与典雅，每一个角落，都彰显着宜居宜业的生活理念，共同打造“回归自然、荡显城隐、水韵创风”的水乡风貌体系（图 6-55）。沉香荡和丁栅镇区是对江南传统自然村落的深情保留与更新，在这里，自然镇区的特色被完好保存，并以其原始风貌作为地区的独特标志，建设体现地域特色及村落生活风貌与灵魂的新村社区。祥符荡创新中心则延续了生态和谐、特色水乡地区风貌，在这里，尺度适宜、风格协调的七星组团，如同七颗璀璨的星辰，点缀在科创湖区的画卷之上，呈现出江南韵味与科技感完美融合的风貌。地标建筑在这里被鼓励追求个性与特色，提倡将中国元素进行现代化转译，让每一个建筑都成为讲述中国故事的窗口。在这里，公共建筑强调江南文化元素的表达，新中式建筑风貌得到了最好的彰显。而滨水建筑，则被鼓励设置退台式的屋顶花园，以近人尺度采用格窗、连廊、片墙等江南符号，展现出水乡的灵秀气质。嘉善人文水乡“西镇、东乡、北厅、中创”（图 6-56）的规划与建设，不仅是对历史的传承，更是对未来的展望，生态和谐、特色鲜明、宜居宜业、充满活力，嘉善，正以其独特的城市风貌呼应着新时代梦里水乡的理想人居环境（图 6-57）。

图 6-51　文脉传承的水乡风貌
图片来源：中国生态城市研究院沈磊总师团队

传统水乡

春秋的水
唐宋的镇
明清的建筑
现代的人

现代水乡

历史文韵
木构手法
水乡尺度
临泽选址

舟过祥符荡

清·吕屏

万顷祥符荡，今朝载酒过。
日薰人易醉，风静水无波。
客路争摇桨，渔舟漫晒蓑。
到家明月上，鼻袖正婆娑。

未来水乡

传统形意
未来技术
梦里水乡
国际品质

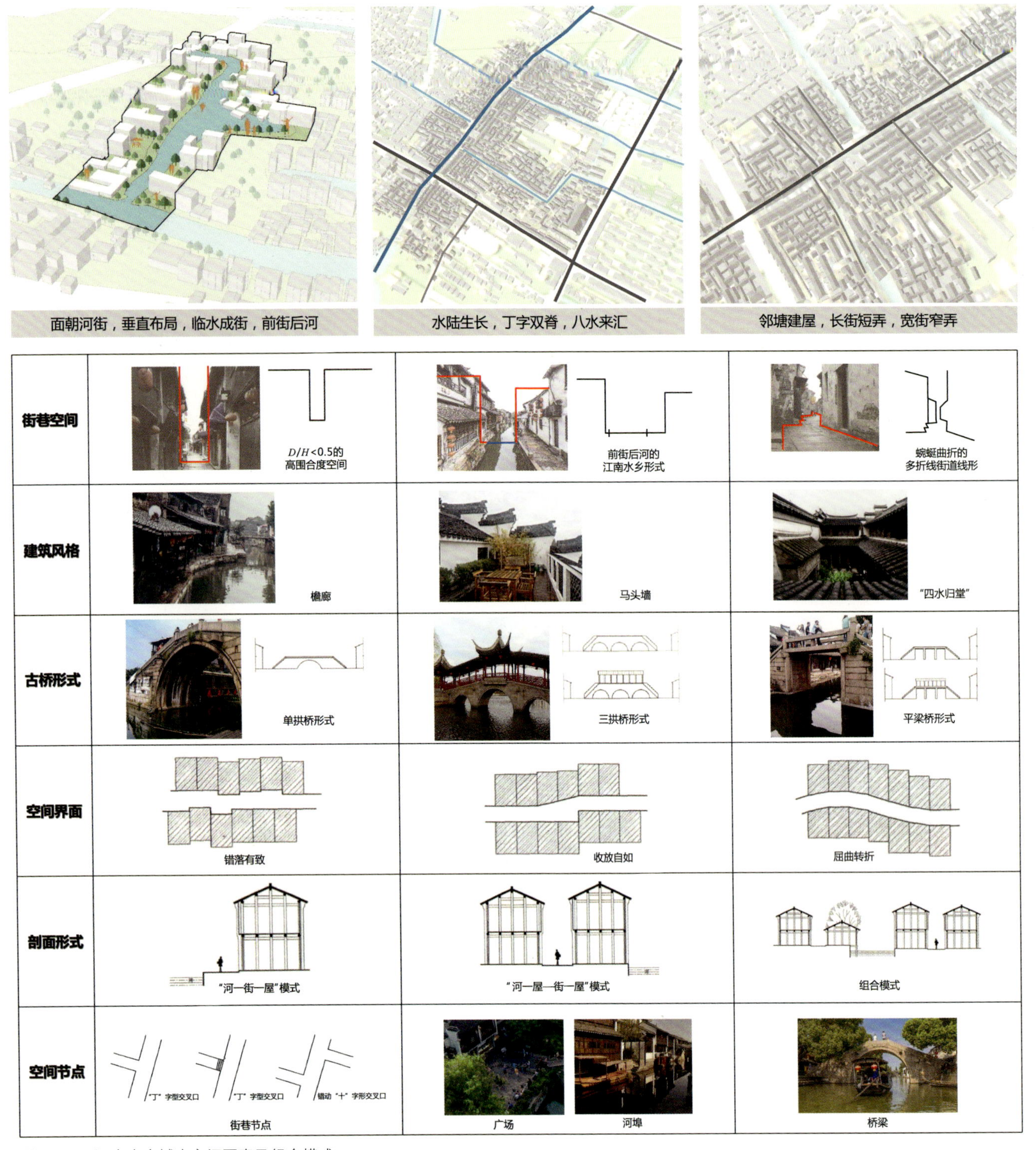

图 6-52 江南水乡城水空间要素及组合模式

图 6-53 水网结构、人文景观和历史遗迹的保留示意

图 6-54　传统形意与国际品质融合的未来水乡

图 6-55 “回归自然、荡显城隐、水韵创风”的水乡风貌体系

图 6-56　嘉善示范区“西镇、东乡、北厅、中创”的融合发展格局

图 6-57　嘉善示范区新时代梦里水乡的理想人居环境
图片来源：中国生态城市研究院沈磊总师团队

第七章 生态文明时代梦里水乡四大重点板块

Chapter 7 Four Key Areas of Dreamy Canal Town in the Ecological Civilization Era

第一节 金色底板

Fertile Farmland Landscape

在新时代梦里水乡的规划蓝图中，总师团队采取了综合全域全要素的营城策略，旨在打造一个充满生机的生态城市。我们特别注重“田、湖、集、镇”四大重点板块的发展，这 4 个板块相互依存，共同构成了新时代梦里水乡的绿色生态骨架（图 7-1）。

作为浙北粮仓的嘉善片区拥有丰富的农业资源。在示范区建设三周年重点集中呈现之际，总师团队谋划打造了一块展现嘉善全面践行“两山”理论的金色底板（图 7-2）。在嘉善，我们展现了中国江南特有的稻田风光，让人们不再羡慕于欣赏欧洲的麦田，而是在中国欣赏到稻田的壮美景象，真正实现“在欧洲看麦田，在中国看稻田”。

嘉善作为典型的江南鱼米之乡，需要努力探索农业生产发展与生态保护的平衡。总师团队充分发挥制度模式优势，创新性地提出打造金色底板的“金十字”系统框架（图 7-3），横向进行田、水、路、林、庄等要素的营建，纵向融合文化、生态、智慧、产业等多维度谋求发展。在金色底板“金十字”的优势下，通过田成方、零排放、提产能，实现科技丰田、金色大美；通过控源头、活水流、绿岸线，实现水清岸绿、鱼翔浅底；通过路成网、优设施、塑景带，实现路不断头、景不断链；通过留绿树、植乡土、塑生境，实现林茂草盛、鸟语花香；通过优环境、提产业、美人文，实现生态共富、水韵嘉乡。在这里，我们

图 7-1　全域秀美的金色底板

图 7-2　践行“两山”理论的“金色底板”

图 7-3　金色底板的系统框架

积极践行了田丰、水清、路畅、林美和村富的目标。

同时，结合高标准农田的建设，我们打造了“生态田、低碳田、智慧田”，这些措施不仅提升了农业生态的整体水平，还实现了环境保护和可持续发展双重效益。这些措施预计能够减少稻田甲烷排放 10%~15%，减少间接碳排放在 8%~15%，减少水资源消耗 30%，减少肥料使用 10%，减少氮、磷排放 30%，减少亩均劳动力投入 100 元左右。这些数字背后，是我们对生态农业的深刻理解和不懈追求；促进农业生态整体提升，也是我们对绿色发展的坚定承诺。

金色底板的“金十字”，不仅是对现有资源的合理利用，更是对未来发展的深远布局。在嘉善，每一块田地都是绿色的，每一条水道都是清澈的，每一片森林都是茂盛的，每一个村庄都是富裕的。新时代梦里水乡正在成为生态文明建设的典范，也成为我们对美好生活的向往和追求。

第二节　祥符科创

Xiangfu Science and Technology Innovation

在长三角生态绿色一体化协同发展的大背景下，祥符荡以其独特的地理位置和生态资源，成为绿色创新升级的领航启动区，深度融入一体化协同发展。围绕祥符荡及周边区域，总师团队精心规划了“七星伴月·祥符科创”的整体空间格局与规划目标定位（图 7-4），旨在打造一个世界级的生态创新湖区。

具体而言，这个湖区的空间格局被巧妙地设计为“一轴双环，七星伴月”，我们用匠心独具的空间布局彰显了自然与科技的和谐共生。一个金色大底板，象征着嘉善的农业根基和生态底色；水乡线、环湖线、示范线 3 条魅力动线，串联起嘉善的过去、现在与未来；8 大核心组团和 20 大重点项目，这些都是嘉善发展的重要支撑和展示窗口。

在这里，“东强生产、西优服务”的发展策略被深刻地贯彻。东部地区以其强大的生产和科技创新实力，成为区域发展的产业动力引擎；而西部地区则以其优质的服务业，为整个区域提供强有力的支撑和保障，二者相辅相成，为祥符科创助力。

在这里，“活力南荡、生态北荡”的空间特征与功能被有效锚固。在南荡，我们看到了充满活力的城市脉动，这里是创新的热土，是创业的乐园；而在北荡，我们感受到了生态的宁静，这里是自然的庇护所，是生态的“绿肺”。南荡与北荡，一动一静，一温暖一凉爽，共同构成了“祥符科创”的片区空间特征——一片既充满活力又生态宜居的新天地。

“祥符科创”，不仅是对片区空间格局重点板块的规划设计，更是一种规划发展理念，是对未来城市发展的深刻理解和积极探索。在这里，我们力图将科技与生态完美融合，让人们看到生产与服务的和谐共进，看到城市与自然的和谐共生。祥符科创，正在以其独特的魅力，引领着长三角生态绿色一体化发展的新潮流。

图 7-4 “七星伴月 · 祥符如意”
图片来源：中国生态城市研究院沈磊总师团队

第三节 共富聚落

Common Prosperity Settlement

嘉善是浙江省高质量创建共同富裕示范区的重要窗口，承载着先行先试的重要使命。除了对示范区风貌空间特征以及绿色生态创新的探索，我们更应该关注重大项目呈现中的共同富裕与高质量发展。沉香荡区域作为其中典型的示范，即是对共同富裕先行先试重要使命的精彩回应——以创新产业动能、新水乡发展模型为周边集镇与村落的转型做出示范。

在沉香荡这片充满潜力的土地上，总师团队以“科创、农创、青创、文创、乡创”五大理念为引领，旨在打造一个共富共美的集镇。规划以“三轴多片四节点”的总体结构为基础，旨在实现产业、城市、乡村的联动发展，形成一种新型的产城乡融合发展模式，构建沉香荡区域的“共富共美 · 五创聚落”（图 7-5）。

在这一模式中，尖端产业的转化功能被赋予了核心地位，它们是推动区域经济发展的引擎，是创新活力的源泉。同时，社区生活功能也被精心规划，不仅注重片区经济产业的发展，还致力于人居环境的重点改善，为居民提供一个宜居、宜业的良好环境，让每个人都能在这里找到属于自己的幸福感和归属感，实现真正意义上的共同富裕。

乡村聚落提质升级，则是我们对乡村振兴战略的深刻理解和实践。总师团队注重挖掘和利用乡村的独有资源，通过多种途径的聚落共创，激发乡村的内生活力，形成产城乡联动发展的新模式，让乡村成为人们向往的地方，让乡村居民共享发展的成果。

在共富聚落的重点板块中，总师团队精心规划了多个功能区域，每个区域都以聚落创新、共富共美为引领，形成了各自独特的产业生态。首先是“科创 +”尖端转化板块，这里汇集了总部办公、新型产业、智能研发、智能制造、生产服务、环保制造等五大核心内容，成为推动区域经济发展的强大引擎。接着是“乡创 +”丁栅老集镇，这里以总部办公、综合服务、商业休闲、文旅休闲、企业孵化、创新服务六大内容为主，既保留了古镇的历史韵味，又注入了时代的创新活力，成为乡村振兴的一个典范。

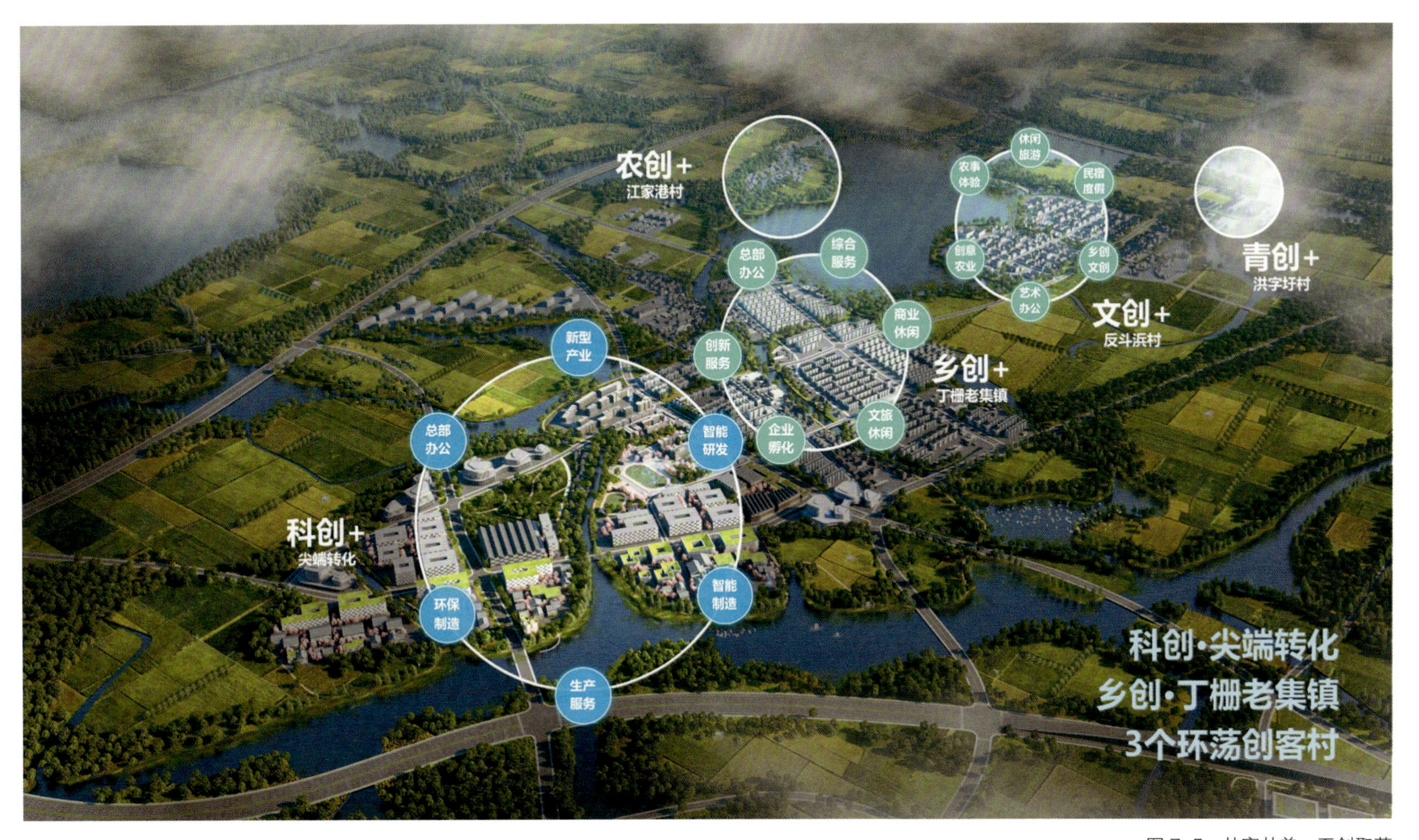

图 7-5　共富共美 · 五创聚落

在“文创 +”反斗浜村，我们注重农事体验、创意农业、休闲旅游、艺术办公、民宿度假、乡创文创六大内容的发展，使这里不仅是一个休闲度假的好去处，也是一个文化创意的新天地。此外，还有“农创 +”江家港村和“青创 +”洪字圩村等，每个区域都有其独特的定位和发展方向，共同构成了沉香荡区域的“共富共美 · 五创聚落”。在这里，科创的尖端转化、乡创的老集镇魅力以及 3 个环荡创客村的活力，相互交织、相互促进，形成了一个充满活力、富有创新精神的共富聚落。

共富聚落，不是项目和板块的简单堆砌，而是我们对未来城市发展、乡村振兴、产业升级的积极探索，是对共同富裕先行先试重要使命的积极回应，是一种对未来美好生活的追求和实践。这里见证了城市、乡村、产业的互动融合，见证了经济发展与生态保护的和谐共生，见证了历史文化与现代创新的完美融合，见证了经济发展与社会进步的携手共进，见证了人民群众对美好生活的向往和追求。共富聚落，正在以其独特的魅力，吸引着越来越多的人前来探索、生活和实现梦想。

第四节　古镇新坊

The New Neighborhood of the Ancient Town

在古镇新坊重点板块的规划中，我们以西塘良壤东醉片区为基础，结合其现状建设基础、功能布局和未来发展空间，秉持有机更新和有序开发的理念，构筑了包含“1个创新服务带”“1个古镇旅游板块”和“6个复合活力社区”的总体布局。我们的目标是打造一个生态文旅新镇示范区，一个创新服务协同发展区。

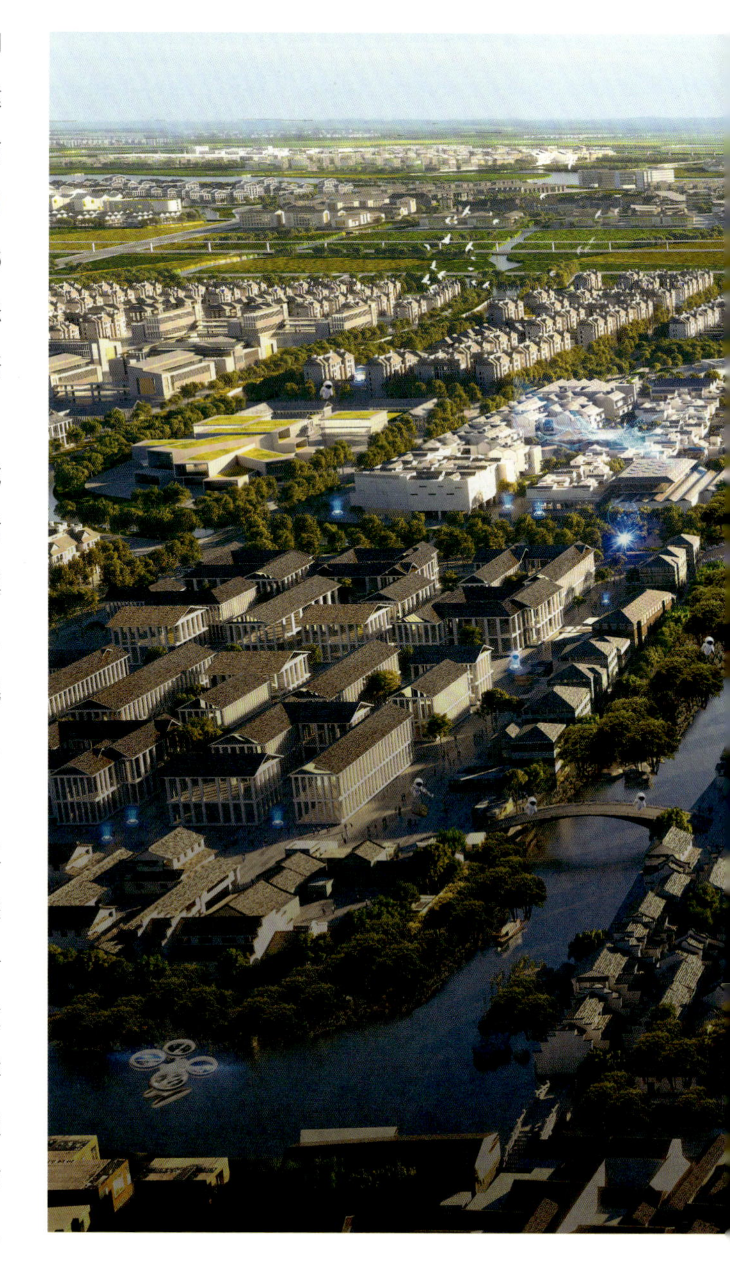

在这个总体布局中，创新服务带将成为推动区域经济发展的引擎，为古镇注入时代的活力。古镇旅游板块将保留和展示古镇的历史文化底蕴，同时注入新的旅游元素，提升旅游体验。6个复合活力社区将以居民的需求为中心，提供完善的生活配套设施，营造宜居宜业的良好环境。

良壤东醉文旅商业综合体，沿着里仁港、十里港等水系布局，融合多种业态，展示水乡风貌的多元性和与整体江南风韵统一性。这里的业态定位面向年轻群体，包括文创、展览、艺术、餐饮、酒店等，旨在为祥符荡未来高端人才提供相匹配的公共配套服务。在这里，白墙黛瓦的明清建筑风貌与现代化的功能完美融合，历史与现代交融，文化与创新相得益彰，充满了活力和创新精神。

总师团队致力于提升良壤东醉周边区域的景观风貌和滨水空间品质营造，使其成为年轻人热衷的潮流聚集地，成为连接西塘古镇与现代科创绿谷的桥梁，为片区整体江南水乡风貌的打造增添一抹亮丽的色彩。通过规划设计，总师团队旨在打造一个“当代水乡·宜居轻镇”的古镇新坊（图7-6），充分实现“生态文旅新镇示范区、创新服务协同发展区”的发展功能定位。在这里，通过生态、文旅、创新的协同发展，不仅保留了古镇的韵味，还充满了现代的活力，为居民和游客提供了一个宜居、宜业、宜游的美好家园。

图7-6　当代水乡·宜居轻镇
图片来源：中国生态城市研究院沈磊总师团队

GOLDEN BASE PLATE

Jiashan District Urban Planning
and Construction Chief Planner Practice
in Demonstration
Zone of Green and Integrated
Ecological Development of the Yangtze River Delta

Next article

HIGHLIGHT PRESENTATION

亮点呈现

下篇

第八章

Chapter 8

“13820 战略密码”

“13820 Strategy Code”

第一节 战略密码

Strategic Password

自 2020 年起，青浦区、吴江区、嘉善县携手共进，轮流担当东道主，举办“长三角生态绿色一体化发展示范区”建设工作的现场会议。会议的主题不仅是简单交流会晤，更是制度创新与示范区建设阶段性成果的集中亮相，为“两区一县”更好的合作交流提供一个平台。2022 年是“长三角生态绿色一体化发展示范区”成立三周年。嘉善接过“接力棒”，成为三周年现场会的主办地，作为东道主，嘉善迎来了“三年大变样”的“期终大考”，国家、省、市层面高度关注，社会各界也充满期待，这既是机遇，也是挑战。如何把握时机超前启动、系统提前谋划、精全面心部署；如何集中展示制度创新与示范区建设阶段性成果，为“两区一县”更好地合作交流提供一个平台；如何在这场盛会上，向全国呈交一份体现嘉善实力、代表嘉善水平、具有嘉善特色的高分答卷——是摆在县委、县政府以及全县人民面前的首要问题。

2021 年 12 月，沈磊教授肩负重任，出任“长三角生态绿色一体化发展示范区”嘉善片区的总工程师，带领由规划、景观、建筑、市政等不同专业人员组成的 20 余人团队入驻嘉善，与示范区开发建设管理委员会、示范区重大项目建设攻坚指挥部联合办公、并肩作战。沈磊教授带领的总师团队以行政管理与技术管理“1+1”的模式，对嘉善片区的规划编制、建筑设计、工程实施进行严格的技术把关，为嘉善片区的高质量建设提供了全方位覆盖的指导。

总师团队在历经半个多月的深入调研、走访及座谈的基础上，全面解读和分析了国家赋予长三角一体化、赋予嘉善示范区的使命和任务。充分挖掘了嘉善示范区的本底特征，以打造最具嘉善辨识度的示范区建设硬核成果为目标，起草编制了《长三角生态绿色一体化发展示范区（嘉善片区）行动规划》（以下简称“13820 行动规划”）。“13820 行动规划”紧扣“生态绿色低碳、高质量发展、一体化示范、城乡共同富裕”等关键词，凸显嘉善片区的特色与亮点。以“1 个全域美丽金色底板、3 条集中展示魅力路线、8 个特色鲜明示范组团、20 大标志性重点项目”系统框架为核心抓手（图 8-1、图 8-2），总师团队为嘉善片区的高品质建设及特色化打造提供了整体谋划及上位指导。

“1”所指的是“1 个全域美丽金色底板”。在嘉善生态、绿色发展的画卷上，金色稻田铺就了华美底色。先行启动区嘉善片区的西塘、姚庄的全域秀美建设正酣，“水乡特色、绿色低碳、智慧管控、全域秀美、共同富裕”等五大建设场景，不断在这样一个全域美丽的金色底板上，交织出一幅“田沃粮丰、水清岸绿、粉墙黛瓦、林秀花繁、萤火映月”的大美画卷。

“3”意味着“3 条集中展示魅力路线”。3 条独具匠心的路线，如同丝线串起嘉善的“珍珠”。一条“通古达今”的水乡路线，将西塘古镇、良壤东醉、南北祥符荡至水乡客厅一线串联，江南之韵味、现代之风采、未来之风范徐徐展现、渐次拉开。一条“生态低碳”的环湖路线，环绕南北祥符荡，用现代的绿色发展视角，展示了绿色交通、绿色建筑、资源循环、能源利用等生态技术的鲜活应用场景，助力绿色发展与降碳减排目标。一条“综合展示”的示范路线，独具特色地承上启下，串联起 8 个示范组团，凸显出江南水乡的特色风貌、绿色低碳高质量发展以及世界级水乡人居典范。

“8”的含义代表了“8 个特色鲜明示范组团”。依托嘉善本底现有的生态肌理、城乡融合和产业创新发展，8 个特色鲜明的示范组团以高起点的规划为引领，完善城市功能配套设施建设，同时加快优质业态和高端资源的导入，打造西塘良壤、国际服务、东汇“双碳”、科创集智、浙大绿洲、水乡客厅、沉香富裕、双高产业 8 个组团，整体统筹 8 个组团的规划建设，全面推进“生产、生活、生态”融合及“科创、绿色、品质、低碳、智慧”发展。

“20”则集中概括了不同组团中的“20 大标志性重点项目”。围绕“生态绿色低碳、高质量发展、一体化示范、共同富裕”等主题，20 大标志性重点项目正在嘉善示范区紧锣密鼓地推进。在生态环保方面，实施祥符荡生态环境提升工程、伍子塘文化绿廊（祥符荡段）工程、省级绿道嘉善段工程等 3 个项目，构建“以水为脉、以绿为底、以田为景”的“最江南”生态图景。在互联互通方面，实施嘉善大道快速路、兴善大道快速路、沪苏嘉城际嘉善段、科创绿谷环线道路等 4 个重点工程，加快轨道连接、道路联通、蓝道绿道风景道复合等设施建设，构建“绿色、智慧、便捷、安全、互通”的“最现代”城市图景。在产业创新方面，实施中新嘉善产业园、国开区产业创新项目、浙大长三角智慧绿洲、祥符荡科创绿谷、竹小汇零碳聚落等 5 个项目，通过集聚全球高端创新要素，布局战略性新兴产业与未来产业，构建产业创新生态链国际一流的“最活力”创新图景。在公共服务方面，实施嘉善国际会议中心、示范区企业交流服务基地、良壤东醉品质提升、沉香文艺青年部落、稻香未来乡村、荷池未来社区、浙大二院长三角国际园区、先行启动区全域秀美建设等 8 个重点项目，构建“服务均等化、环境生态化、生活智慧化”的“最幸福”共富图景。嘉善，正以“13820 战略密码”独特的魅力和活力，向示范区乃至全国展示着城市发展的创新与活力。

图 8-1　1 个全域美丽金色底板、3 条集中展示魅力路线、8 个特色鲜明示范组团

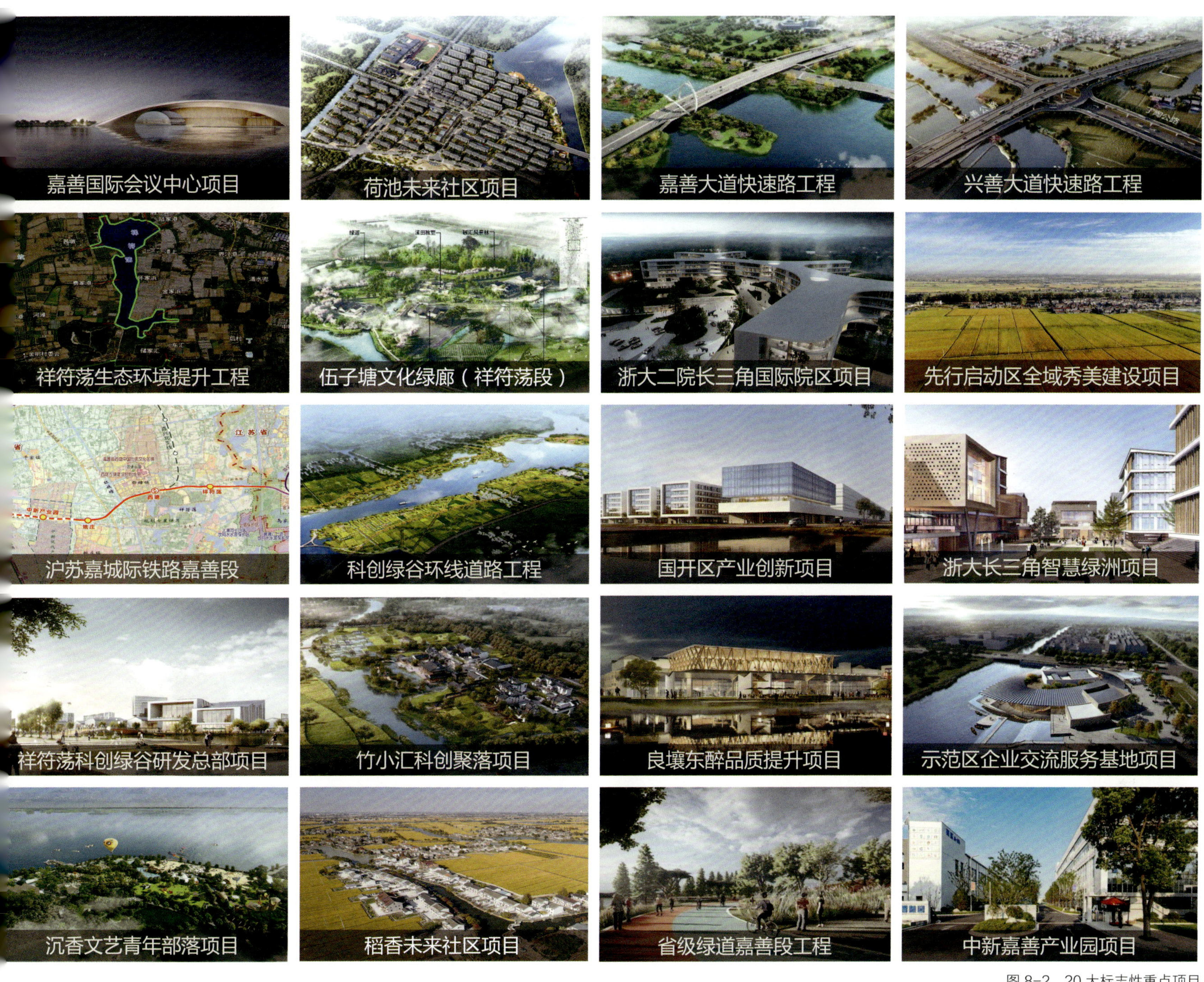

图 8-2　20 大标志性重点项目

第二节 实施导控系统

Implementation of Guidance and Control

在“13820 行动规划”的指引下，沈磊教授领衔的总师团队巧妙地协调着嘉善发展的每一个“音符”。积极管控与落实相关规划与项目建设，充分履行全过程“实施导控”的目标，确保每一项三周年重大项目的“高起点谋划、全过程把控、高品质呈现”。针对这些建设要求，为了兼顾项目谋划的前瞻性与项目落地的可操作性，总师团队以项目设计理念、设计细节的高质量落地为目标，精心梳理形成了“如意水杉道、祥符荡绿道、街道家具、原野与田野、新江南园林、建（构）筑物、夜景照明、展陈、数字化、艺术装置”10 大系统。同时，还提出各系统在设计与实施过程中须严格把控的关键要素及实施要点，以此实现对三周年展示效果的整体把控，保障了“所见即所得”的展示效果，同时也为嘉善片区后续项目的规划与实施把控提供了有效参考和系统准则。这一过程中，总师团队的工作不仅仅是技术性的，更是一种整体性和艺术性的创作，通过精心雕琢嘉善的每一个细节，确保每一项工程、系统都经得起时间的考验。总师团队致力于让嘉善在长三角生态绿色一体化发展示范区中脱颖而出，成为一个生态、绿色、智慧、美丽的城乡共融规划实践典范。

一、如意水杉道系统

Ruyi Metasequoia Road System

如意水杉道系统（图 8-3），如同一串项链，镶嵌、环绕在南、中、北祥符荡的湖畔，以其如意状的线形布局和两侧挺拔的水杉林带而得名。这条水杉道，不仅是祥符荡片区一处胜美风景，更是连接嘉善与自然的纽带。水杉道的近期实施段，为南祥符荡环线及中祥符荡西岸，而在远期规划中，将形成一条贯穿南北的大环线。大小环线如同一条绿丝带，轻轻环绕着湖水。同时，如意水杉道系统规划以观光电瓶车和骑行交通为主，重要出入口设置升降柱，原则上限制机动车通行，为人们回避了机动化交通的打扰，让人们在享受自然之美的同时，也能体验绿色出行的乐趣。

（一）设计原则

在设计上，如意水杉道系统采取了“融路于景、绿色出行、设施有序”的原则。首先，遵循“融路于景”的原则，将道路与周边的田野及原野景观巧妙结合，采用自然材料的简约设计，实现路景相融的美学效果；其次，提倡“绿色出行”，充分考虑道路线形及路幅设计，以满足骑行需求，限制机动车交通，提倡低碳的出行方式，让人们更加亲近自然；同时它在设计上还注重“设施有序”，秉持以人为本的整体设计原则，提供完善的基础服务设施，包括公共驿站、临时停车点等，让出行更加便捷、舒适。

（二）实施要点

1. 路面

在路面的设计细节上，路幅宽度被定为 4 米，面层采用 4 厘米厚的细沥青铺设，双侧以 15 厘米的花岗岩石材收边，既保证了道路的实用性，又增添了几分自然的韵味。

2. 绿化

在道路绿化的设计要点方面，道路两侧种植的水杉，规格尽量统一，以形成自然的天际线。水杉树高宜为 12~13 米，胸径 18~20 厘米，分叉点高度 2~2.5 米，种植间距 2.5~3 米，以此保证如意水杉道系统中水杉植物界面的连续性。此外，地被植物选用不同品种的狼尾草间隔种植，并根据植物的生长时节特点安排工期，确保其成活率。通过以上对水杉规格及种植间距设计要求的现场把控，形成如意水杉道系统自然而丰富的天际线，让如意水杉道成为祥符荡片区一道亮丽的风景线（图 8-4）。

图 8-3 如意水杉道系统

图 8-4　环祥符荡如意水杉道

二、祥符荡绿道系统

Greenway System in Xiang Fu Dang

绿道，作为城乡之间的线性开敞空间，可以将自然与人文巧妙融合。绿道的营建既需要对自然环境的顺应与尊重，实现对自然的最小干预，也需要深刻理解与符合人类活动的规律，保障安全，满足便捷和舒适的使用需求。在嘉善，祥符荡绿道系统（图 8-5）以其生态化和人性化的设计理念，成为连接人与自然的“桥梁”。以生态田野及自然原野为基底，环绕南、中、北祥符荡湖畔打造的这条“醉美”绿道，如丝带般蜿蜒，全线长度约 15 千米，其中近期实施段落总长度约 8 千米，包括了十里港北岸、南祥符荡环线及中祥符荡西岸，其中水上栈道约 850 米。

（一）设计原则

祥符荡绿道系统采用了“最小干预、生态材质、导览清晰”的设计原则。首先，绿道系统秉持“最小干预”的设计原则，精心挑选线路，尽量沿生态敏感度较低的区域选线，以降低人为活动所带来的对自然环境的干扰。这种设计理念体现了对自然的尊重和保护，确保了绿道的建设与周围环境的和谐共存。其次，为了进一步减少对自然的影响，绿道的面层采用了可“呼吸”的生态透水材质。这种材质允许水分渗透，减少了地表径流，有助于维持土壤的水分平衡，同时也有利于降低城市热岛效应。此外，在跨水域的部分采用了下层架空的设计，这样既保证了绿道的连贯性，又减少了绿道对水体的压迫和影响。再次，“导览清晰”的绿道系统充分提升了使用者的体验，标识标牌不仅提供了必要的方向指引和信息，还与周围的野趣景观融为一体，并结合了 AR 和 VR 导览系统，增加了互动性和体验感，让使用者在享受自然美景的同时也能体验到科技带来的乐趣。

（二）实施要点

1. 路面

在路面设计方面，绿道的路幅宽度为 2 米，面层采用 8 厘米厚的透水混凝土铺设，这种材料不仅美观，而且具有透水性，有助于减少地表水径流，保持地面的自然状态。道路双侧采用 8 毫米厚的不锈钢条进行收边，既保证了路面的整洁，也增加了安全性。在亲水平台和步行桥等重要节点，采用 1 厘米厚的陶粒混凝土，这种材料更加柔软，适合靠近水体的区域，同时使用 8 毫米厚的不锈钢条进行收边。跨湖面的路

图 8-5　祥符荡绿道路线

段则采用了木栈道过渡，使用菠萝格防腐木进行铺设，并进行做旧处理，以融入自然环境。不同区段的栏杆在符合设计规范的前提下，高度设计为 22 厘米、70 厘米和 110 厘米，以满足不同使用者的需求，同时兼顾亲水性和安全性。

2. 绿化

在绿化设计方面，绿道临祥符荡的内侧，选择了 300 余种不同类型的草花、灌木及矮乔，旨在打造一幅“虽由人作、宛自天开”的新江南原野景观。这些植物的选择充分考虑了当地的生态环境和季节变化，以确保绿道的四季景色各异，生机盎然（图 8-6）。绿道远离祥符荡的外侧则主要以向日葵田为主，向日葵的开阔视野和明亮的色彩，为绿道增添了一抹生动的色彩，行走在绿道上，犹如“在原野上漫步，在田野中穿行”，体验怡然自得。

图 8-6　环祥符荡绿道

三、街道家具系统

Street Furniture System

街道家具系统的设计展现了对细节的精细打磨、对城市美学的理解以及对地域文化的尊重。街道家具系统主要包括交通设施、信息设施、服务设施 3 类，不仅仅是城市生活的实用工具，更是城市风貌的有机组成部分。它们如同一串串珍珠，被巧妙地镶嵌在祥符荡片区的各个部分，既满足了居民和游客的基本需求，又增添了示范区的独特魅力。在设计过程中，我们认为街道家具的设计不仅要有其实用性，更要有其艺术性。在满足使用功能的基础上，我们所追求的是简约而不简单、美观而不张扬的设计风格。每一处街道家具的摆放，每一寸空间的使用，都经过了精心的考量，力求在保证功能性的同时充分体现出嘉善的地域特色，实现与整体湖荡片区环境的相辅相成。

（一）设计原则

街道家具系统秉承着“以人为本、简约集约、美观协调”的设计原则。首先，“以人为本”的理念深入人心，每一个角落的设计都充满了对人的关怀和尊重。街道家具不仅仅是为了满足人们的基本需求，更是为了创造一个温馨、便捷、安全的环境。街道家具的每一处细节都经过人性化、规范化的设置考量，确保设施功能完善、运行顺畅。其次，“简约集约”的设计理念，在这里同样得到诠释。设计以简约主义为准则，鼓励各类家具整合设置，不仅节约了宝贵的用地空间资源，更提升了公共空间的环境品质。这种尊重空间使用的集约化设计，不再是单调的摆放，而是一种更高层次的美学追求。最后，“美观协调”是嘉善街道家具系统的另一大特色。家具系统的设计充分考虑了与街道景观、建筑风貌等周边环境的和谐统一。这些家具不仅体现了嘉善的文化特色，更展现了一种对和谐、美观的追求和对秩序的尊重，与城市环境相互辉映。

（二）实施要点

1. 交通设施

在交通设施方面，各类相关设施沿着中兴路、华东线等市政道路布设，主要包括公交亭、路名牌、智慧灯杆、自行车服务点等。交通设施以银色和灰色系为主色调，映衬出一种冷静而前卫的现代科技风格，也正是这一气质的具体呈现，表现出对城市家具设计细节的追求。其既是城市道路的指引，更是城市智慧与美学的载体。

（1）公交亭，主要结合中兴路—华东线无人驾驶公交线设置（图 8-7）。作为城市交通的重要节点，其设计不仅追求现代简约的外形，更注重实用性和耐用性。不锈钢材质的选择确保了公交亭能够经受住时间的考验，提高耐久性，而公交亭内部的智能信息屏则集成了一个小型信息枢纽，为乘客提供到站时间提醒、公交路线查询、景点信息查询等一站式服务。公交亭内设置座椅、靠椅、垃圾桶等配套设施，各类设施应坚固耐用，既考虑了乘客的舒适度，也避免影响乘客集散和行人通行。公交亭顶部铺设的光伏板，更是体现了绿色能源的应用，可为信息屏和售卖机提供清洁能源。而在较为重要的站点，团队则建议采取港湾式公交亭的设计方法，为乘客预留更多的等候空间，体现了人性化的设计理念。

（2）路名牌，作为道路的指示，被精心安置在市政道路交叉口路缘线附近的显眼位置，并与行车方向平行，确保司机和行人能够一目了然。它们可以与照明灯杆、导向牌等设施合并设置，不仅可节约空间，也能够保持街道的整洁和有序。每一块路名牌的

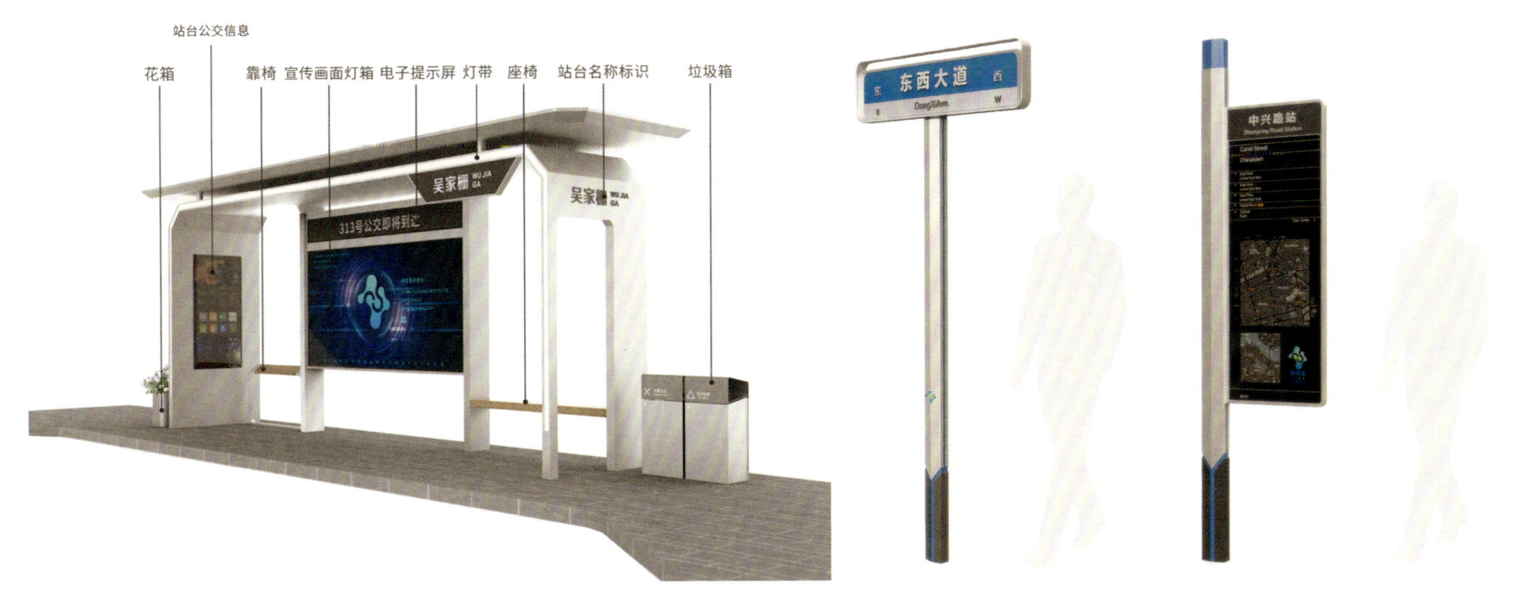

图 8-7　中兴路公交亭标准模块、路名牌（2300 毫米 ×1200mm 毫米）、信息牌（2300 毫米 ×700 毫米）

下边缘距地面高度不小于 2.5 米，确保其可见性和安全性，而其样式和色彩则与其他街道家具风格协调统一，形成了一道和谐的城市风景线。

（3）智慧灯杆，则是现代科技与城市管理的完美结合。沿着中兴路、华东线等市政道路，这些智慧灯杆将交通标志牌、摄像头、视频监控、指示路牌等多种设施功能集于一身（图 8-8）。如此合杆的设计，不仅节约了空间、提高了设施的利用效率，也增强了城市的安全管理水平。智慧灯杆预留的槽口，则为未来的设备升级和其他道路应用场景的技术拓展提供了可能，体现了设施设计的前瞻性和灵活性。

（4）自行车服务点（图 8-9），作为城市绿色出行的重要组成部分，不仅提供了公共自行车的租借和归还服务，还通过信息牌上的 App 程序扫码和使用说明，让信息查询与使用变得更加方便快捷。在当前设置锁车桩位和信息牌的基础上，将逐步推广无桩服务点。自行车服务点的服务半径建议为 300~500 米，选址宜靠近公交站、公共建筑、公园广场等人流密集区域，以进一步提升公共服务的可达性和效率，织就一张便于居民和游客出行与探索的便捷网络。

2. 信息设施

沿着环祥符荡的水杉道、绿道布设的信息设施，以其生态自然的乡野风格，与周围环境和谐相融。信息设施以褐色为主色调，融入动植物元素，让它们不仅是实用的导向工具，更是祥符荡片区一道靓丽的风景线。主要设施包括景点导览牌、方向和功能指引牌、科普介绍牌、温馨提示牌、地面标识等。精心设计的导览细节旨在提供全面而贴心的信息服务。

景点导览牌提供景点位置浏览，“总导览”设置于主出入口，“局部导览”设置于重要景点（图 8-10）。无论是“总导览”还是“局部导览”的设置，都旨在帮助游客更好地了解和探索祥符荡片区的自然与文化宝藏。方向和功能指引牌（图 8-11）则通过提供重要景点、服务设施的方向、距离，呈现清晰的路线指引，让来访者能够轻松找到停车场、公共卫生

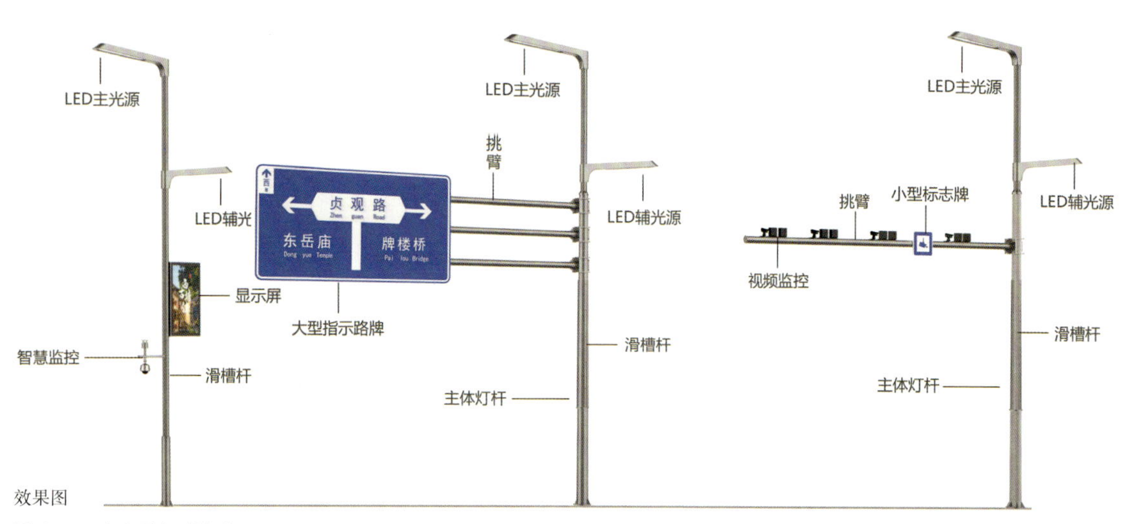

图 8-8　中兴路智慧灯杆

问、游客中心等重要服务设施。科普介绍牌（图 8-11）主要起到自然知识宣传普及的作用，其以图文并茂的方式，生动活泼地介绍乡土植物及动物信息，既丰富了游客的知识，也增强了生态保护意识。温馨提示牌（图 8-11）则主要起到安全警示的作用，具体内容包括急弯慢行、当心落水、小心台阶、禁止游泳等，以其温馨的安全警示，提醒着人们在享受自然的同时也不要忽视安全。地面标识（图 8-12）的设计分骑行和步行标识，通过喷绘的方式，结合方向指引和距离提醒等信息，为慢行体验增添更多便捷与乐趣。

图 8-9　竹小汇公共自行车服务点

3. 服务设施

服务设施的设计体现了对舒适游览的深刻理解和细节打磨，包括有座椅、垃圾箱、音箱、售卖机等设施的设计，不仅仅是城市生活的实用工具，更是城市风貌的有机组成部分。

座椅的设置，根据不同区域的特点进行了精心规划。在中兴路、华东线等市政道路沿线，座椅结合公交站的位置进行布设，材质上选择了金属与木材的结合，既体现了

图 8-10　总导览牌（2100 毫米 ×820 毫米）与局部导览牌（2100 毫米 ×450 毫米）

图 8-11　方向和功能指引牌（2100 毫米 ×380 毫米）、功能指引牌（2100 毫米 ×300 毫米）、科普介绍牌（1450 毫米 ×380 毫米）、温馨提示牌（1250 毫米 ×300 毫米）

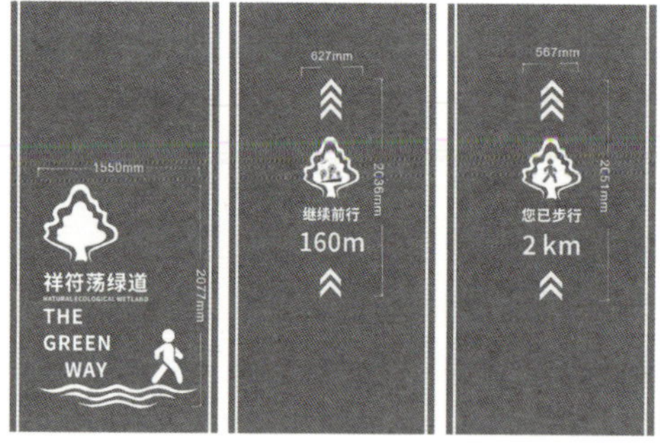

图 8-12　起点与终点标识、方向指引标识、行走距离标识

售卖机的分布，则根据市政道路沿线和祥符荡绿道沿线的不同特点进行设置。市政道路沿线结合公交站设置，祥符荡绿道沿线结合重要景观节点、人流集中停留点设置。此外，还对室外售卖机提出了加设顶棚的建议，以保护设备免受日晒雨淋，延长其使用寿命。

现代感，又不失自然韵味。而在祥符荡绿道沿线，座椅则采用条石或枕木等自然材料，单侧交错设置，间距 50- 100 米，与周围的自然环境和谐相融，为行人提供休息的空间（图 8-13）。

垃圾箱的设计同样体现了分区域、人性化和环保的理念。在市政道路沿线，垃圾箱采用金属材质，以提高耐久性，并采取单侧交错设置，间距 100~200 米，与其他街道家具风格统一。而在祥符荡绿道沿线，垃圾箱箱体则采用木质材料，间距 50~100 米，与周边原野花境有机融合；同时，垃圾箱还设置可回收和不可回收箱体，并且箱体采用封闭式设计，减少气味扩散，既美观又实用（图 8-13）。

音箱的设置，沿如意水杉道、环荡绿道进行，结合低矮灌木或花境草丛，为市民和游客提供背景音乐和信息播报服务，增强城市空间的活力和互动性。

图 8-13　祥符荡绿道座椅、中兴路垃圾箱、祥符荡绿道垃圾箱

四、原野与田野系统

Wilderness and Farmland System

原野与田野系统（图 8-14）的设计展现了对自然、生态与农业的尊重与发展。以环祥符荡绿道为边界，这一系统的设计既考虑了生态保护，也兼顾了农业生产和景观美学。绿道内侧，即绿道与紧邻湖荡之间的区域，被精心打造为一片主题化的生态原野。这里，自然花境的种植不仅增添了色彩的多样性，也为野生动物提供了栖息地，营造出一种近自然的生态环境，为到访的游人打造出城市绿洲般的自然、宁静和美丽。绿道外侧则是高标准农田的“金色底板”。农田的轮种通过精心设计，向日葵、油菜、水稻等农作物交替种植，不仅保证了农业生产的多样性和可持续性，也在不同的季节呈现出不同的景观效果。橙黄的向日葵海洋、鲜黄的油菜花

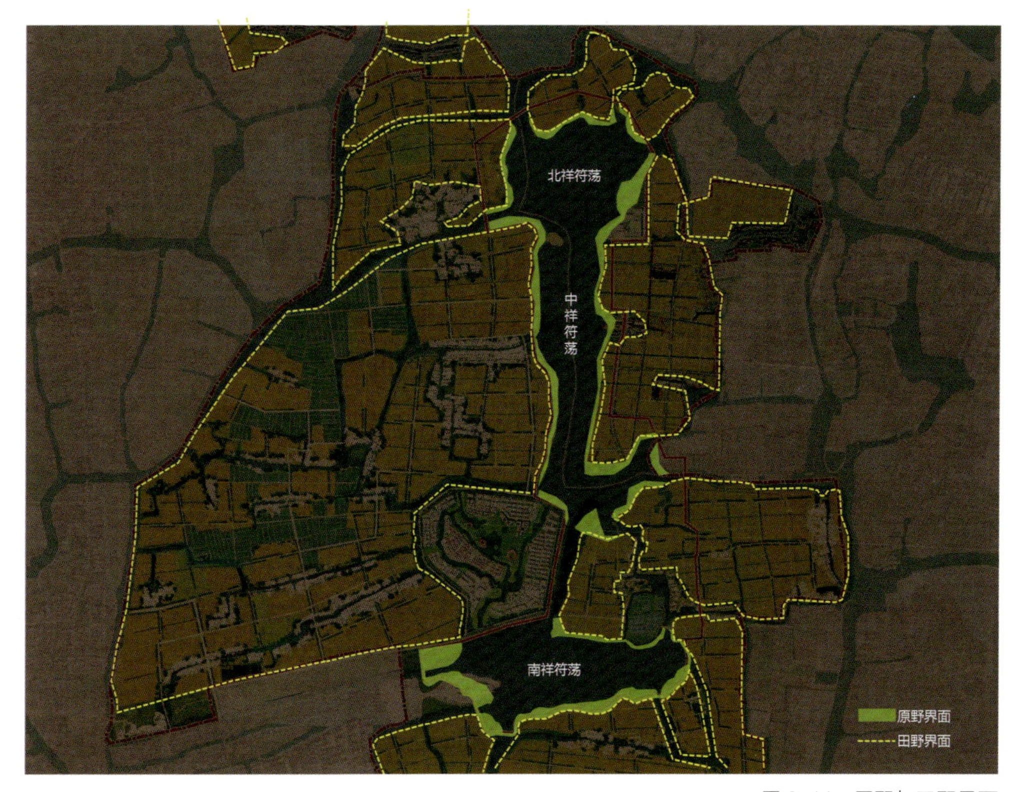

图 8-14　原野与田野界面

地毯、翠绿的水稻波浪，原野与田野系统的农田不仅是农业生产的重要基地，更体现了嘉善对生态保护和农业发展的双重重视。高产量的金色田野的打造，展现出了一边是原野、一边是田野的大美画卷，展现出了一种动态的、生机勃勃的原田风光，也展现出了城市与自然和谐共生的理念。

（一）设计原则

原野与田野以“地域性、生态性、融入性”的设计原则，体现了对嘉善自然本底和生态、绿色发展理念的理解和遵循，并转化为了具体的设计指南。“地域性”原则强调了保持自然景观完整和多样的重要性。总师团队充分利用多种设计形式，提升原野与田野界面的人文品位，丰富湖荡空间，增强地域特色。“生态性”原则是嘉善生态城市规划的核心理念之一。设计遵循生态设计手法，保护原始的自然生态环境，构建了一个动物友好的原野及田野生境系统，既为野生动植物提供了栖息地，也增强了生态系统的稳定性，助力生物多样性保护。“融入性”原则体现了对现有地形、地貌的尊重。在原野与田野中，因地制宜地设计人工景观，尽量选用乡土物种，以保持自然野趣。这种融入性的设计手法让人工景观与自然景观和谐相融，既展现了自然之美，也体现了人文之智，书写着祥符荡片区传统与现代、自然与人文交相辉映之美。

（二）实施要点

1. 原野花镜

原野花境不仅有景观美化的作用，还是生态系统的重要组成部分，其设计要点体现了对自然美学和生态功能的重视。原野花境的营造遵循自然野趣的原生态风格，沿着 2 米宽的绿道单侧种植，种植密度控制在 9~12 棵 / 平方米，这样的设计既保证了花境的自然感，又避免了过度拥挤。在植物的选择上，项目秉承生态性和乡土性原则，选择既美观又具有食用性和经济性的乡土蔬菜与乡土灌草结合，不仅丰富了生物多样性，也为市民提供了亲近自然的机会。近水区域的设计则更加注重生态功能，种植了芦苇、野茭白、黄菖蒲等挺水植物，在良好的观赏价值的基础上，还能有效地重塑水生生物栖息地，对水体具有一定的净化作用。而近路侧则种植了墨西哥羽毛草、小兔子狼尾草、细叶芒、斑叶芒等草本植物，这些地被点缀以芝樱、松果菊、绣球等开花植物，营造出“四时之景不同”的景致，为市民和游客提供视觉上的享受（图 8-15）。花境的布局体现了“疏密有致、开合有序”的设计理念。沿绿道间隔一定距离设置一个花境节点，节点段花境植物双侧种植（图 8-16），密度适当提高到 12~16 棵 / 平方米，这样的设计打造出了具有视觉冲击力的景观效果，让每一个节点都成为一个小小的景观亮点，呈现出一边是原野、一边是田野的大美景象（图 8-17）。

2. 高标准农田

高标准农田的设计（图 8-18）展现了对农业生产和景观美学的双重重视。这些农田不仅仅是嘉善重要的粮食生产区，也以“金色底板”为意向，为嘉善增添了一种田野的美丽和宁静。具体而言，高标准农田的设计以“金色底板”为基底，以灌区为单元，确保单元内田向一致，田块规模控制在长 200~300 米、宽 100~150 米，充分保证农业生产的效率，同时兼顾农田景观的可观赏性。内部田埂的设置，间距为 30~40 米，宽40厘米，采用两侧放坡的夯土做法，以保证农田耕作的稳定性，维持自然式的地形地貌。作物种植采用水稻、小麦轮种的方式，既保证了土地的可持续利用，也提供了丰富的景观效果。在如意水杉道与祥符荡湖体之间的旱田，团队还选择了向日葵、油菜、玉米、包菜等具有一定观赏性的作物进行种植，提供了原野与田野系统不同季节的多样性农业景观。

3. 机耕路

机耕路的设计体现了对农业生产和生态保护的全面考虑。这些道路不仅是农作物

白芒草 *Miscanthus sinensis*

细叶芒 *Miscanthus sinensis* 'Gracillimus'

松果菊 *Echinacea purpurea*

芝樱 *Phlox subulate*

绣球 *Hydrangea macrophylla*

图 8-15　原野植物类型示意

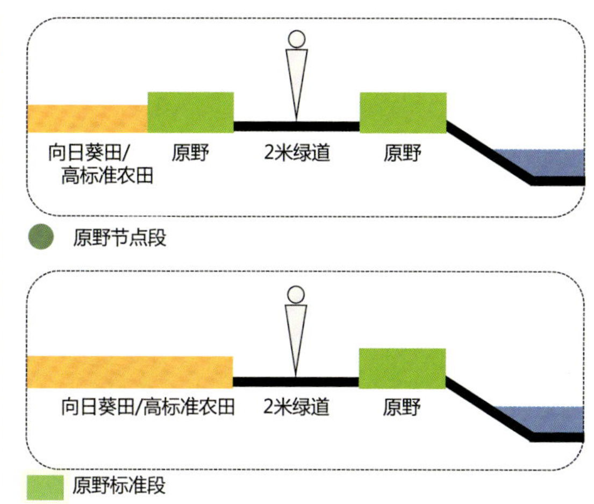

图 8-16　原野节点段、标准段不同的种植策略示意

的运输通道，也是连接农田与城市的生态走廊。我们以连通成网为原则，对现状机耕路进行修整改造。新建的机耕主路宽 5 米，路面采用沥青做法，既保证了农机车辆的高效通行，也提升了道路的使用寿命。机耕支路宽 3 米，采用浆土做法，既满足农机车辆承载需求，又可以降低成本，同时保持材料使用的天然环保。考虑到生态保护的需求，于机耕主路（图 8-19）两侧预留 1 米宽的防护带，采用“乔灌木 + 地被”的种植结构。乔木的选择注重速生丰产和抗性强的树种，种植点位距农田 3~5 米，这样既能避免影响农作物的采光，又能起到降低风速、防止农作物倒伏、减少农田水分蒸发等防风林的作用。而机耕支路（图 8-20）两侧预留 0.5 米宽的防护带，以种植地被为主，宜选择可以抑制杂草生长、利于益虫生长的植物，为农田提供生态化的防虫措施。

4. 尾水净化

尾水净化的设计要点体现了原野与田野系统中对环境保护和资源循环利用的考量。通过构建“生态沟渠 + 生态净化塘”的农田尾水双级净化、循环利用系统，不仅确保了农田尾水的有效处理，还以原田为基

图 8-17　一边是原野、一边是田野的大美景象

图 8-18　高标准农田模块化整理

础提升了片区生态系统的健康和可持续性。农田田块四周设置的生态沟渠（图 8-21），起到了收集和初步净化尾水的作用，同时具有一定的景观效果，并满足了小动物迁徙的生态要求。在祥符荡周边重点区域，生态沟渠采用了“木桩 + 玻璃钢”的形式（图 8-21），而外围区域则采用了连锁块形式（图 8-22）。沟底铺设卵石，沟内种植苦草、金鱼藻、灯芯草、水芹等对氮、磷具有较强吸附力的水生植物，这些植物有助于对尾水实现初级净化。沟渠内每间隔 500 米，设置一处蛙道和生态浮床走廊，以满足小动物迁徙的需求。沟渠收集的尾水随后汇集到生态净化塘进行深度净化。临近祥符荡的净化塘采用了草坡自然入水形式（图 8-23），而远离祥符荡的区域则采用了连锁块形式（图 8-22）。净化塘的进水口设置了物理格栅，塘内设置了生态浮岛，与太阳能光伏净化泵结合，对尾水实施生态及化学净化双重处理。此外，进水口和出水口处均设置了水质监测仪，确保出水质量的实时监控，并对净化塘的处理效果进行评估和优化，确保尾水处理的高效性和安全性。

针对农田尾水中氮、磷等富营养化元素含量的高低差异，环荡区域采取了 3 种类型的净化模式，以实现对不同程度污染的精准治理（图 8-24）。对于氮、磷含量较高的尾水，采用了生态净化塘和生态净化湿

图 8-19　机耕主路防护带做法

图 8-20　机耕支路防护带做法

图 8-21　生态沟渠收集、净化农田尾水

地双重处理模式。这种双重处理确保了排入水体的水质能够达到标准，可以有效减少水体富营养化风险。生态净化塘结合物理、化学和生物净化过程，通过生态浮岛、太阳能光伏净化泵等设施，对尾水进行深度净化。而生态净化湿地则利用湿地植物和微生物的作用，进一步去除水中的氮、磷等污染物。对于氮、磷含量中等的尾水，利用生态净化塘进行处理后排入水体。这种处理方式能够有效去除尾水中的氮、磷元素，使其达到排放标准，同时也有助于维护水体的健康。而对于氮、磷含量微少的尾水，则允许其直接通过生态沟渠进行收集和初级处理后排入水体。生态沟渠的水生植物可以实现对尾水的初级净化，同时在入河口处同步设置植物净化带，以进一步确保排入水体的水质。

这种分级的净化模式体现了总师团队对农田尾水处理和环境保护的细致考虑。通过净化措施与尾水污染程度的精确匹配，祥符荡片区的原野田野系统不仅有效保护了水体环境，也实现了资源的循环利用，以多样化的水体保护策略建设高标准农田，夯实“浙北粮仓”农业基底，展示了生态城市规划与发展的前瞻性和可持续性（图 8-25）。

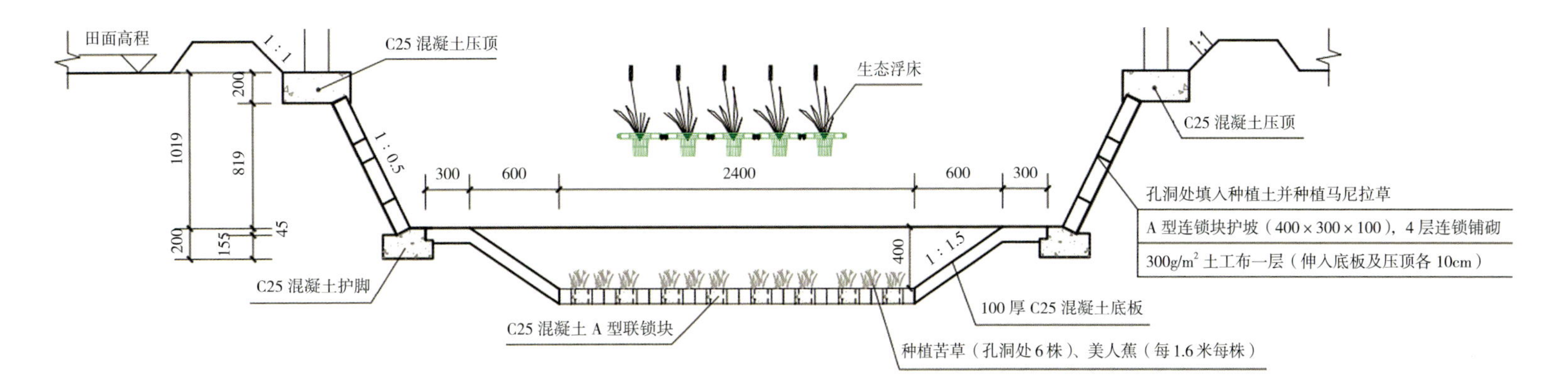

图 8-22　连锁块式生态净化塘

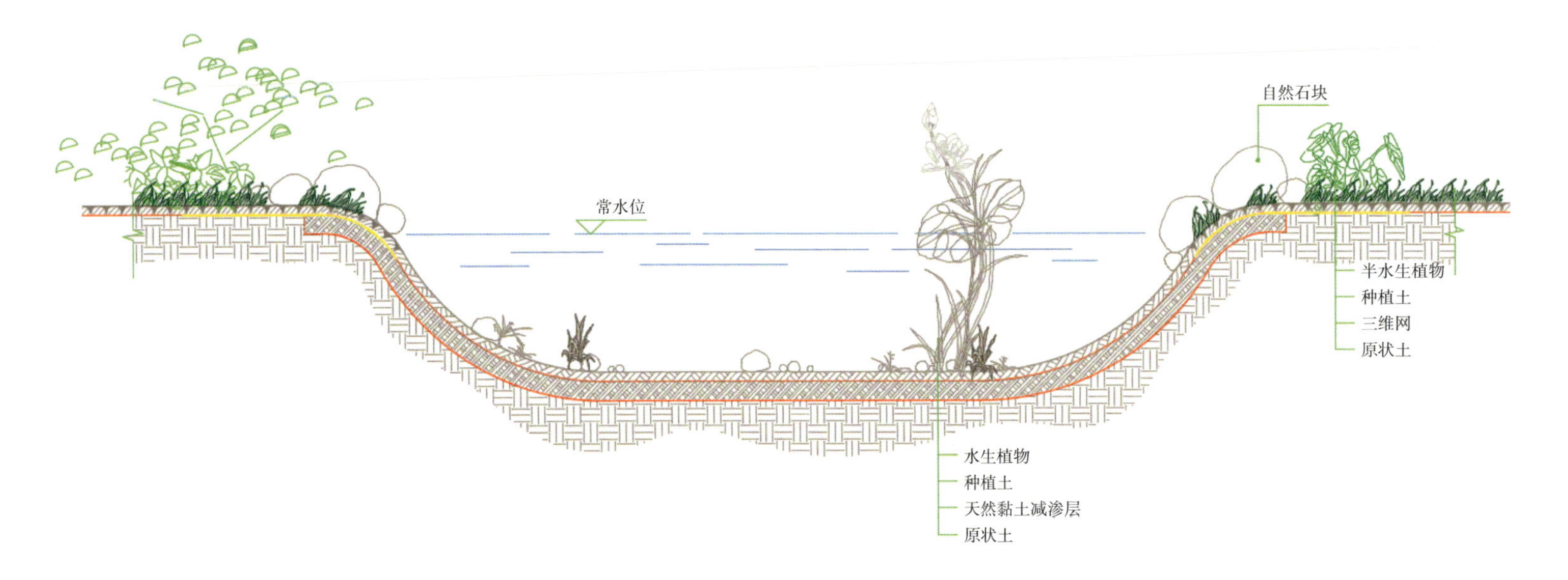

图 8-23　自然草坡式净化塘

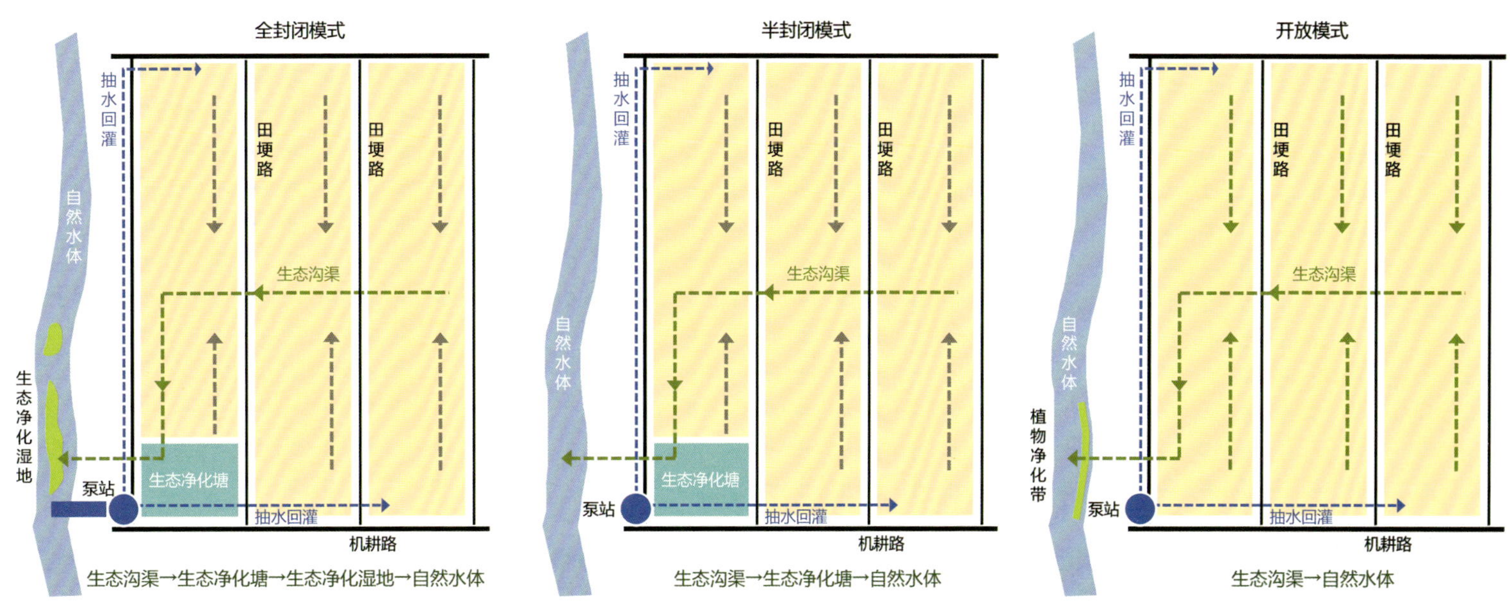

图 8-24　农田尾水差异化处理模式

图 8-25　高标准农田夯实“浙北粮仓”农业基底

五、新江南园林系统

New Jiangnan Garden System

新江南园林系统的设计体现了对“13820 行动规划”中对文脉与史境的关注，表现为对传统江南园林文化的传承和创新。这一系统主要分为新江南庭院、新江南公园和新江南原野 3 类（图 8-26），同时还融入现代生态和科技元素，使之成为展示嘉善生态城市理念的重要窗口。具体到祥符荡片区的各个组团，新江南庭院的代表项目包括竹小汇科创聚落、科创绿谷研发总部、示范区企业交流服务基地、良壤东醉片区等，在自然景观中融入绿色、低碳发展理念，实现对传统江南园林元素的现代诠释。新江南公园的代表项目包括南祥符荡北岸公园、科创绿谷生态休闲公园等，通过休闲娱乐的空间功能、生态保护和生物多样性的价值导向，诠释了现代城市公园的典范。新江

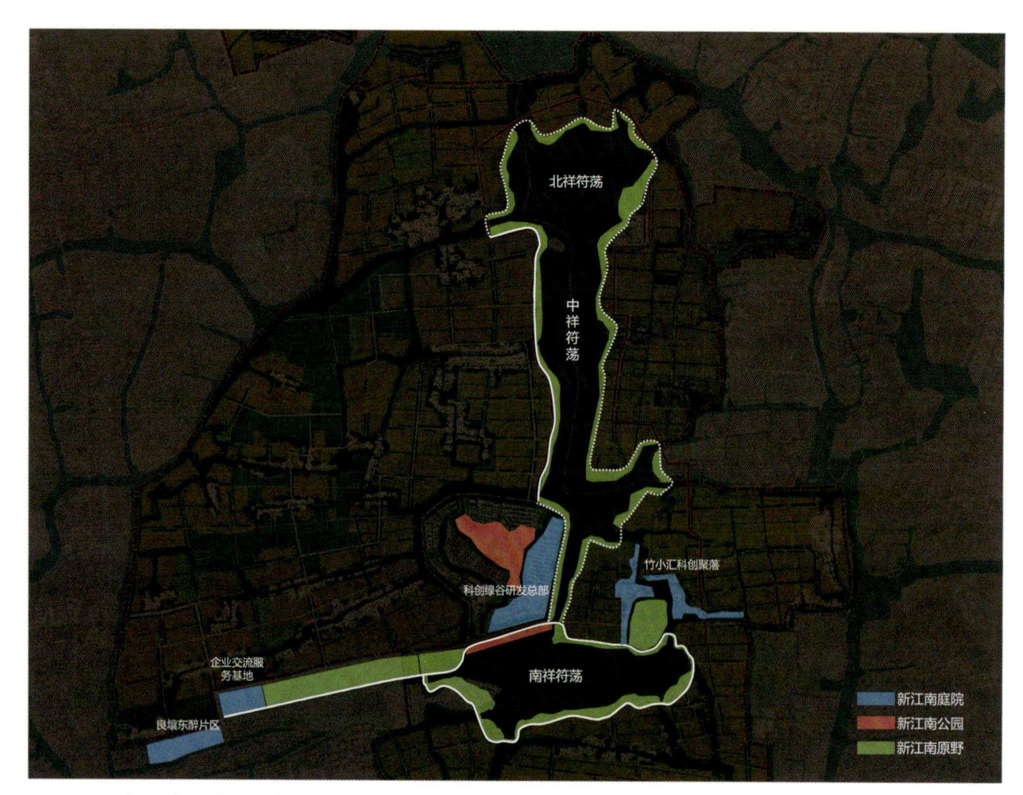

图 8-26　新江南园林系统布局

南原野的代表项目，包括环祥符荡绿道沿线的自然花境、生态岛等，则是自然生态净化与保护的体现，以丰富的自然景观为片区增添了一抹生态的亮色。

（一）设计原则

新江南园林系统的设计原则包含了“古为今用、浑然天成、顺应自然”三大方面，体现出对传统与现代、人与自然和谐共生的探索，不仅指导了园林系统的设计，也反映了祥符荡片区发展的哲学和价值观。“古为今用”的设计原则强调了对地域特点的体现和对江南风格的传承。在园林的设计中，我们运用现代工艺和手法，巧妙地表达了传统园林的立意和空间序列。这种设计既保留了江南园林的韵味，又融入了现代元素，使之成为连接过去与未来的桥梁。“浑然天成”的设计原则强调了园林景观与周边建筑空间的有效融合和渗透。园林景观风格与周边环境的协调统一，不仅美化了城市空间，也满足了不同人群的使用需求，宛若自成一体。“顺应自然”的设计原则要求在园林设计中，优先使用本土材料和乡土植物，通过优化组合展现出具有江南特色、人与自然和谐的大地景观，充分体现了生态可持续的设计理念。

（二）实施要点

1. 新江南庭院系统

新江南庭院的设计要点体现了对传统江南园林元素的现代创新和应用。以竹小汇科创聚落新江南庭院（图 8-27）为例，项目将江南地区民居及园林中惯用的设计要素，如窄巷、宽院、连廊、围田、枕水、望淀等（图 8-28），演绎到聚落的景观系统中。在此基础上，将各个区域的景观特色、设计手法与使用功能相协调。例如，办公建筑之间的内庭，选用了 8~10 米高的竹子，每丛 3~8 枝进行密植，配合镂空的景墙，增加了空间的围合感，营造出静谧、私密的空间氛围。而南、北两个展示广场，作为人群集中活动的区域，则采用了青石板铺装，并选用了冠幅 5~6 米、高约 7 米的香樟、乌桕等高大乔木，采用点植的方式，避免视线遮挡，确保祥符荡及田野风光一览无余。此外，聚落的整体铺装以石材为主，通过石材规格、拼接方式的差异来划分空间。结合土石混铺、石缝绿化等方式，充分增加铺装的透水性，并兼具美观性与实用功能。

2. 新江南公园系统

新江南公园的设计理念充分体现了与周边环境的和谐共生以及生态优先的规划设计理念。以南祥符荡北岸公园（图 8-29）为例，整体景观特色强调与原野、田野景观的融合，同时兼顾与科创绿谷功能业态的匹配。公园的主要活动空间，以人群可进入的生态草坪代替硬质铺装，打造出一个开敞、公共、生态的开放空间，为研发总部的高知人群提供一个理想的休闲场所。

休憩座椅选用长条石设计，并镶嵌于草坪中，既保持了草坪空间的整体性，又满足了人群的使用需求。沿水岸修筑的木栈道或平台（图 8-30）与祥符荡绿道连接，铺设菠萝格防腐木进行做旧处理，同时将亲水栈道栏杆的高度降低到 22 厘米，并通过河底土层垫高及栽种高杆水生植物的方法，确保临水区域的安全性。

此外，设计还对祥符亭、祥符石坝等现状景观小品进行了翻新或修缮，使其与整体景观风格相协调。设计中充分利用了镶嵌于木栈道上的玻璃铺装及地雕石刻（图 8-31），一方面保护了石坝遗迹并可以直观展示，另一方面介绍及宣传了石坝的“前世今生”，丰富了游览体验。

图 8-27　竹小汇聚落新江南庭院

图 8-28　新江南庭院要素的演绎（一）

图 8-28　新江南庭院要素的演绎（二）

图 8-29　祥符荡北岸公园

图 8-30　祥符荡沿岸亲水木栈道与平台

图 8-31　祥符荡亲水木栈道

六、建（构）筑物系统

Building Construction Systems

建构筑物系统（图 8-32）的设计充分考虑了建筑与环境的和谐共生，以及建（构）筑物功能的多样性和实用性。这一系统主要包括建筑体系和构筑体系两类。建筑体系可分为标志性建筑物和背景性建筑物，各有其独特的角色。标志性建筑物，如文化、办公、会展等公共类建筑，不仅是片区的地标，也是片区文化与经济活动的中心。它们的设计注重创新与美观，旨在提升片区整体形象和实用功能。而背景性建筑物，如科创、文教及服务组团等，则更注重与环境的融合以及使用的舒适性。构筑体系则包括了驿站、亭廊、桥梁等兼具一定景观功能的小型构筑物。虽然规模不大，但这些构筑物却起着画龙点睛的作用，不仅丰富了湖区的空间层次，也为使用者提供了便利的公共服务和休闲场所。

（一）设计原则

在设计原则上，建（构）筑物系统遵循了“环境友好、经济适用、低碳环保”等要点，体现了对环境、经济和可持续发展的追求。其中，“环境友好”的设计原则强调建筑与周边自然和人文环境的有机融合。在建筑材料及建筑风格设计上注重体现地域特色，让建筑成为展示片区文化的窗口。“经济适用”的设计原则要求建筑设计要满足使用者的功能需求，通过合理的室内外空间设计，有效提高用地集约性和经济性，确保建（构）筑物的实用与经济价值。“低碳环保”的设计原则倡导采用合理的技术措施及构造方案，以确保建筑坚固耐久、资源节约、健康舒适且成本可控，有助于减少建筑对环境的影响，也可为使用者提供一个健康、舒适的良好游览环境。

（二）实施要点

1. 标志性建筑物

标志性建筑物的设计要点体现了对个性与特色、传统与现代、国际化与本土化的多元理解。其设计强调了在与周边区域建筑、景观风格相适应的前提下，充分鼓励追求个性与特色。在具体设计中提倡对传统元素进行现代化转译，彰显新中式建筑风貌，运用新材料、新技术、新工艺，打造场所特征突出、识别性强、错落有致的地标建筑。

以位于南祥符荡的国际交流中心（图 8-33）为例，该中心紧邻市域铁路西

图 8-32 标志性建筑物点位图

塘站，是祥符荡片区的景观门户及视觉核心。国际交流中心主体建筑横跨祥符荡水面，通过水上栈道与陆地相连，整体建筑风格凸显国际化、科技感、生态性。以现代简约、温婉如玉、轻盈飘逸的“弧桥”造形，寓意传统水乡与未来水乡、嘉善先行启动区与长三角生态绿色一体化发展示范区的连接。可上人屋面采用绿色屋顶设计，成为远眺祥符荡的景观制高点。此外，附属高端酒店也沿用了江南水乡院落式布局形式，营造隐匿、静谧的庭院氛围。

典型的标志性建筑物还有位于北祥符荡的伟明环保项目（图 8-34），其也是对现有工业建筑进行改造提升的典范。该项目通过现有厂区建筑的改造，提升了建筑的功能与形象，并与周围环境融为一体，“显隐于世”的花园工厂展现了祥符荡片区的现代化与自然风貌。

针对现有厂区建筑，项目采用半透明薄膜结构对体量较大的主厂房进行包裹，形成了虚实相映且具有层次感的盒状形态。在日光下，建筑如同飘浮的云朵；在夜色中，它们又像是水乡的灯光（图 8-35），成为北祥符荡的视觉焦点。设计的巧妙之处在于不仅保证了建筑的美观性，也增加了其与环境的互动性。此外，项目还采用镜面不锈钢、金属质感涂料、金属穿孔板等材质的组合，对烟囱、冷却塔、储罐、连廊等附属建筑进行立面改造，起到了消隐的作用，使工业设施与周围环境更加和谐，也提升了建筑的整体性。同时，项目还整合优化了办公、生活等附属建筑，并结合场地景观设计，提升了整体的形象及功能性，改善了厂区的环境，为员工提供了一个更加舒适和高效的工作和生活空间。

2. 背景性建筑物

背景性建筑物设计秉承“江南韵、国际范、小镇味、田园风、现代感”的未来水乡风貌，运用新材料、新技术、新工艺，加强建筑与环境的有机融合，创造层次丰富、高低错落、景观良好、视线通透的空间形态。这种设计既保留了江南水乡的传统韵味，又融入了现代审美元素，让建筑既有其独特的审美风格，同时又与环境融为一体，还成为充分展示片区江南文化的窗口。在祥符荡西侧，我们通过科创、文教及服务组团的设计，营造出传统水乡与未来科技和谐共存的低密、精致江南风貌。而在祥符荡东侧，研发、转化及制造组团的设计则打造出绿色低碳与科技创新融合的现代生态园区风貌。这样的设计旨在让背景性建筑物与片区整体规划理念相协调，形成既有传统特色又具现代感的整体空间风貌（图 8-36）。

3. 驿站 / 泵房

驿站和泵房的设计体现了对公共基础设施的细致考量。环南祥符荡及十里港共布

图 8-33　南祥符荡国际交流中心设计效果图

图 8-34　伟明环保工业建筑改造："显隐于世"的花园工厂

图 8-35　伟明环保工业建筑改造：日光下飘浮的云、夜色中水乡的灯

图 8-36　祥符荡东、西片区：传统与现代并重的整体空间风貌

设了 5 个驿站及多个泵房（图 8-37），主要提供公厕、休息、零售等服务，以满足不同人群的需求。

十里港、优庄园、大草坪驿站（图 8-38）规模较小，均为小型驿站，仅提供男女独立公厕，面积约 40~60 平方米，在满足基本需求的同时节省了空间。

而竹小汇驿站（图 8-39、图 8-40）则规模较大，为大型驿站，面积约 380 平方米，包含公厕、零售、阅读室、活动室等多功能空间，为市民和游客提供了一个更加丰富和舒适的服务环境。

对于高标准农田区域的驿站，我们建议与农业泵房合并设置，例如 10 号泵房 / 驿站（图 8-41），这样的设计不仅能够集约利用空间，还可以提高驿站的可达性。此外，根据每个灌区布置一个泵房的原则，为片区整体新增了 11 个泵房，这些泵房沿河道水系布置，单个面积约 40 平方米，内设男女混用公厕，公厕污水统一收集处理后外排，保证了环境的整洁与对生态的保护。

4. 亭廊

亭廊的设计延续了江南地区的风雨亭、风雨廊等传统元素，并结合现代设计手法，为市民和游客提供了富有地域特色的停留、避雨和观景空间。环南祥符荡及十里港共布设了 5 个亭廊（图 8-42），其中志远亭和祥符亭（图 8-43）为通过既有亭廊改造而

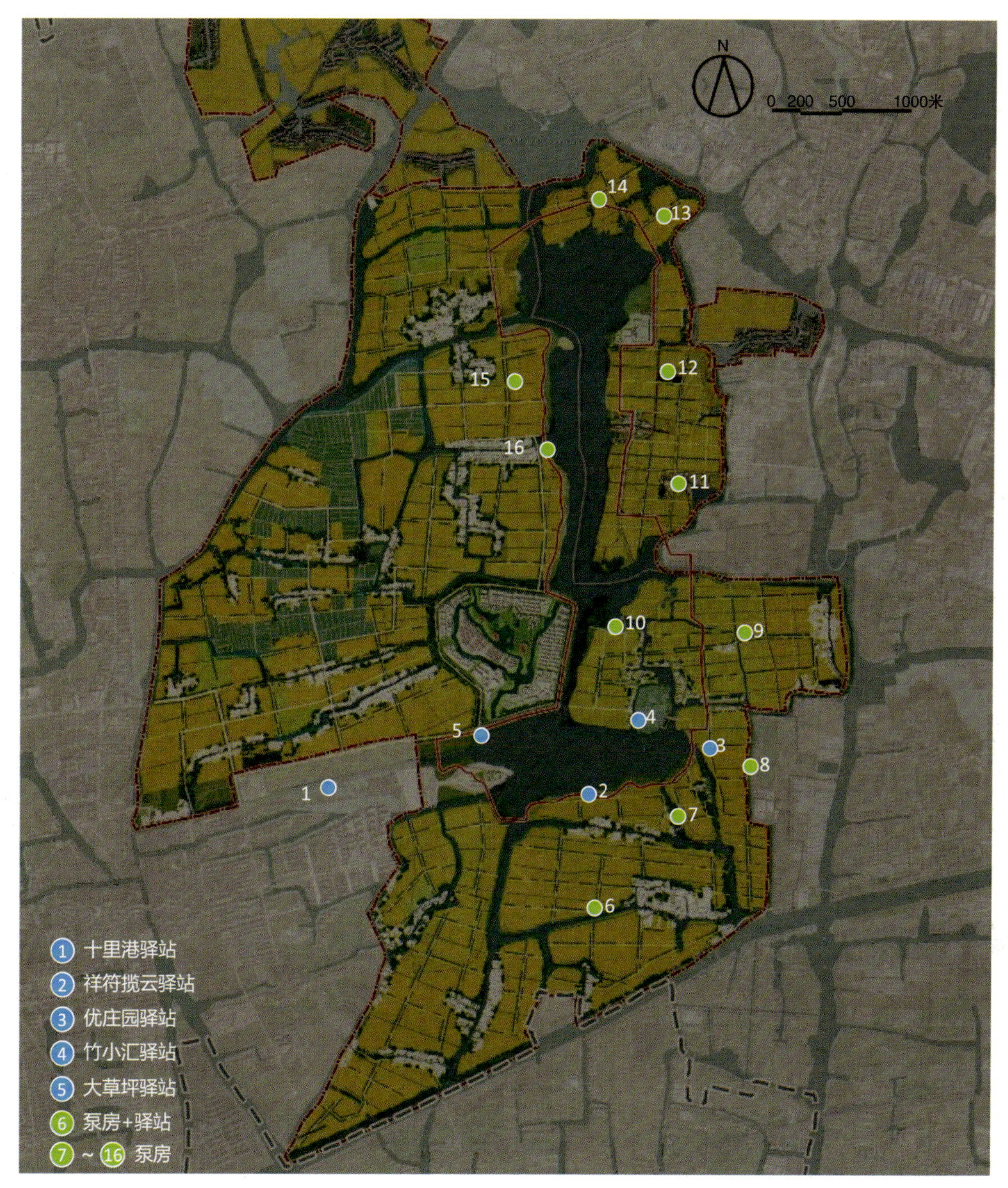

图 8-37　南祥符荡驿站及泵房点位图

成。而沿十里港新建的维喆亭则采用了木结构，供行人休憩的同时还可以一览无余地欣赏到十里港百亩向日葵田的风光。

湿地岛新建的观鸟亭（图 8-44）面积约 30 平方米，与木栈道相连并设置于临水侧，仿鸟窝造型，顶棚镂空由仿竹编漆镀锌钢片搭建，为观鸟和休憩提供了理想场所。

图 8-38　大草坪（西）驿站实景图

图 8-41　十号泵房 / 驿站实景图

图 8-39　竹小汇（南广场）驿站效果图

图 8-40　竹小汇（南广场）驿站实景图

南岸新建的祥符揽云廊（图 8-45、图 8-46），是全景展望祥符荡天际线的最佳点位，向北可远眺水乡客厅，向南可俯瞰全域秀美的金色底板。展廊采用钢结构建造，面层铺设菠萝格防腐木结合玻璃栏杆，与周边环境有机融合，为游客提供了一个既现代又具有传统韵味的游赏空间。

5. 桥梁

在建（构）筑物系统中，桥梁的设计充分考虑了功能性和美观性。环南、北祥符荡共规划了 18 座桥，其中包括 15 座骑行桥和 3 座人行桥（图 8-47）。骑行桥均分布于水杉道沿线，新建的 9 座桥以钢木结合的现代简约风格为主，桥宽 4~7 米，桥底净高满足了对应河道的通航要求。这样的设计既保证了骑行和行车的安全，又提供了美观的视觉效果。而在现状的 6 座桥中，1 号桥和 10 号桥以金属镂空或金属包边的形式进行侧立面装饰，确保与周边风貌相协调。对于人行桥而言，其均位于绿道沿线，新建的两座桥中，1 号桥位于生态岛东侧，采用钢结构，圆弧造型且中部高起，作为景观制高点，可以远眺生态岛、竹小汇及祥符荡。2 号桥位于生态岛与竹小汇零碳广场之间，采用木结构，与竹小汇展示中心、报告厅的建筑风格有机统一。现状的 3 号桥为志远桥，同样也是规划设计中的一个重要节点（图 8-48）。

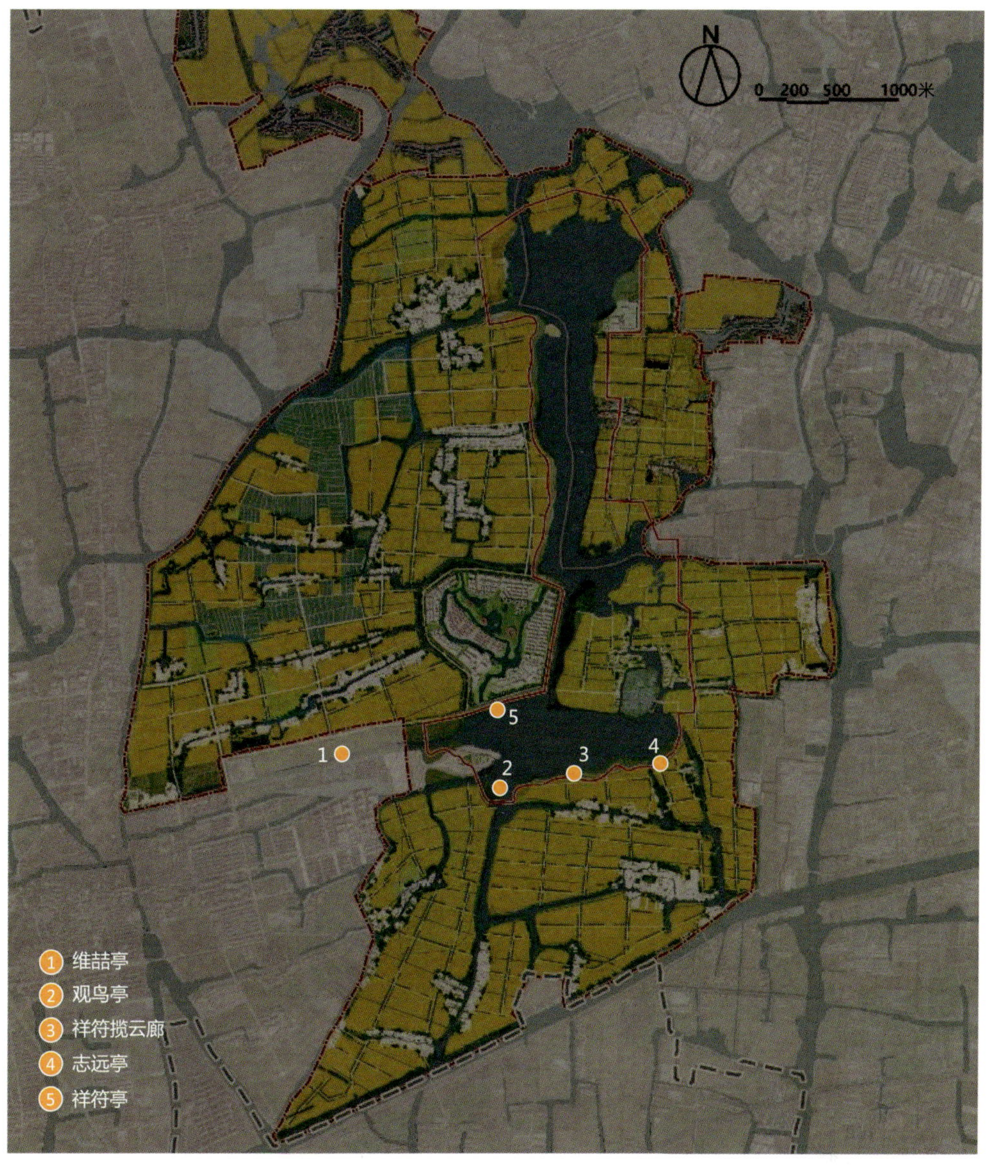

图 8-42 南祥符荡亭廊点位图

图 8-43　祥符亭实景图

图 8-44　湿地岛观鸟亭实景图

图 8-45　祥符揽云桥廊效果图

图 8-46　祥符揽云桥廊实景图

图 8-48a　竹小汇 2 号人行桥

图 8-48b　志远亭 3 号人行桥

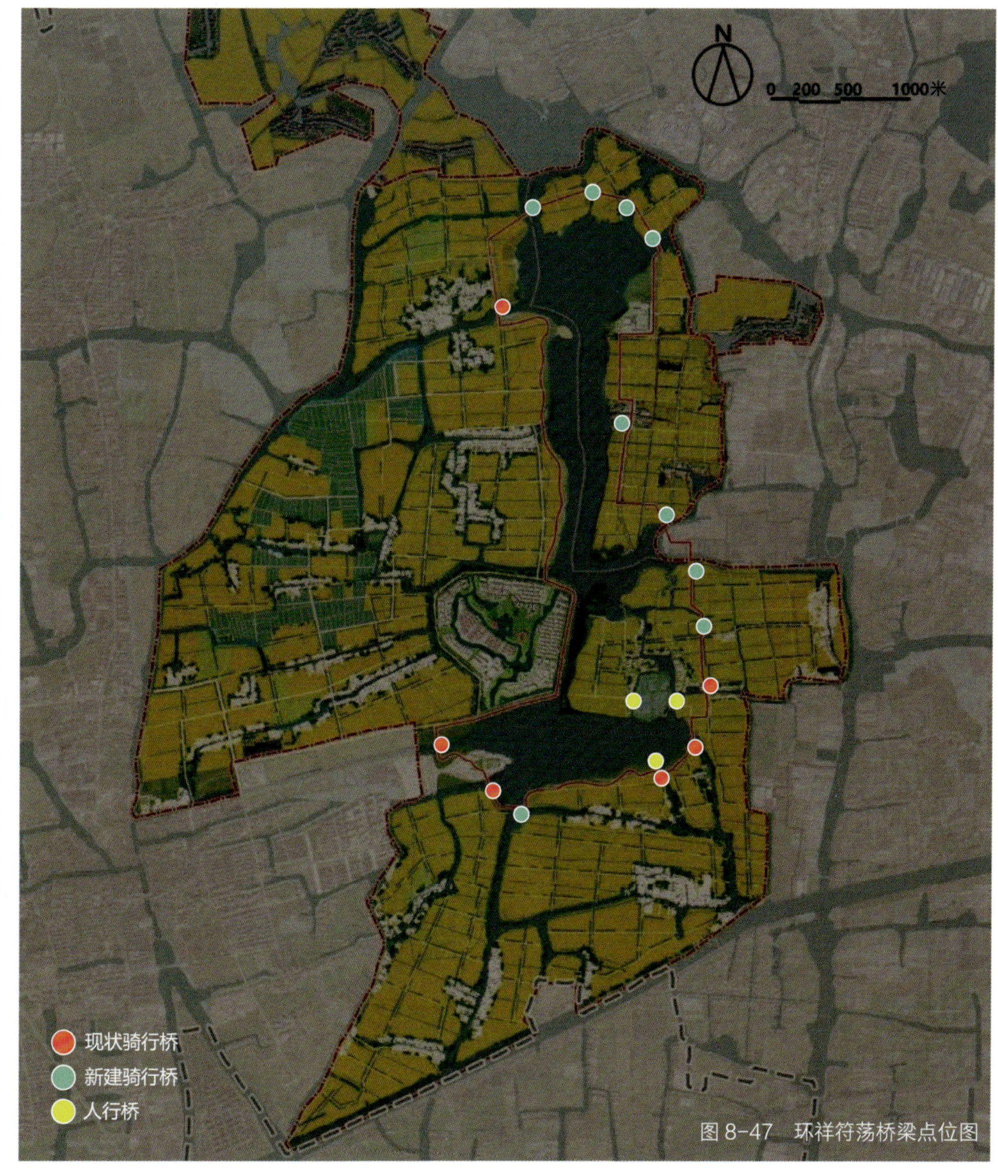

图 8-47　环祥符荡桥梁点位图

图 8-48c　湿地岛 14 号车行桥

图 8-48　环祥符荡桥梁实景图

七、夜景照明系统

Night Lighting System

夜景照明系统也是各大组团与项目中值得关注的亮点，其设计旨在通过精心布置光线，充分发挥照明功能，提升片区项目夜间的美感。这一系统从类别上主要分为建筑照明、景观照明和基础照明 3 个部分，每部分都有其独特的设计理念和目标。建筑照明主要通过泛光照明、轮廓照明、内透照明等方式，使建筑物亮度高于周边环境，凸显建筑物整体轮廓和形状。这种照明设计强调了建筑物的独特性和标志性，使建筑物成为夜间的焦点。景观照明则主要通过融合艺术性与功能性的照明设计，凸显园林绿化的主次逻辑、虚实对比、地域特色。这种照明不仅提升了景观的夜间观赏价值，也增强了片区空间的夜间氛围和活力。基础照明主要针对市政道路、田野机耕路、园区内部路等，目的是提高夜间车辆行驶、行人行走的安全性。这种照明设计注重实用性和安全性，通过合理的光线布置，确保夜间行车的清晰视野和行人的安全感。

（一）设计原则

夜景照明系统的设计原则包含“风格协调、视觉舒适、安全隐蔽”三大项，体现了对片区夜间环境游览体验的高度重视和细节把控。“风格协调”的设计原则强调照明效果与场所环境的和谐一致。这意味着照明设计在注重夜间艺术性和功能性的同时，还需兼顾日间的点缀效果，使照明系统成为提升片区项目整体美感的重要元素。“视觉舒适”的设计原则要求照明设计应遵循以人为本的理念，考虑人的视觉位置，避免眩光对车辆及行人的干扰，避免人们的夜间视觉体验受到不良影响。“安全隐蔽”的设计原则强调照明设计应符合国家相关规范和标准，灯具的安装位置尽量隐蔽，避免出现安全隐患。在提升项目美感的同时，照明系统也要确保公共安全，避免因照明设计不当而留有安全隐患。

（二）实施要点

夜景照明系统对片区夜间氛围起到了至关重要的作用，其中，良壤东醉—十里港—南祥符荡示范段（图 8-49）当属夜景照明精细打造的设计典范。设计根据不同的照明策略，为区域赋予了独特的夜间特色。良壤东醉区域的设计延续了传统水乡的人间烟火气，整体照明以暖色调为基础，营造出时尚活力的现代水乡商业氛围，旨在吸引市民和游客在夜间聚集，享受片区的繁华和活力。相比之下，南祥符荡区域的整体照明则以冷色调为基础，营造出宁静自然的梦里水乡雅致氛围，旨在为市民和游客提供一个安宁、放松的夜间环境，让人们能够在繁华中找寻一片宁静的天地。

1. 良壤东醉照明

良壤东醉区域的照明设计注重于景观照明的细致布局，旨在将喧嚣的商业空间与悠闲娱乐空间有机结合，创造出既繁华又舒适的夜间环境。区域照明设计中，主要选用了色温在2500~3000开尔文的照树灯、线性灯、庭院灯、踢脚灯等。这些灯具的布置经过精心设计，以增强空间的照明效果和氛围。照树灯主要结合乔木点状布置，与沿十里港、里仁港驳岸布置的线性灯相呼应，这样的设计丰富了滨水空间的照明效果，使水岸线在夜间更加生动和迷人。庭院灯则主要设在广场及过道处，灯杆高度约3.5米，间距约20米，根据现场情况单侧或双侧布置。庭院灯采用竹木材质灯具，与良壤东醉古色古香的风格协调，增添了空间的温馨和舒适感。踢脚灯主要设在台阶、踏步等有高差处，这样的设计提高了夜间行走的安全性，避免了夜间行走时的安全隐患。

2. 十里港照明

十里港区域的照明设计旨在通过景观照明和建筑照明相结合的方式，营造出既静

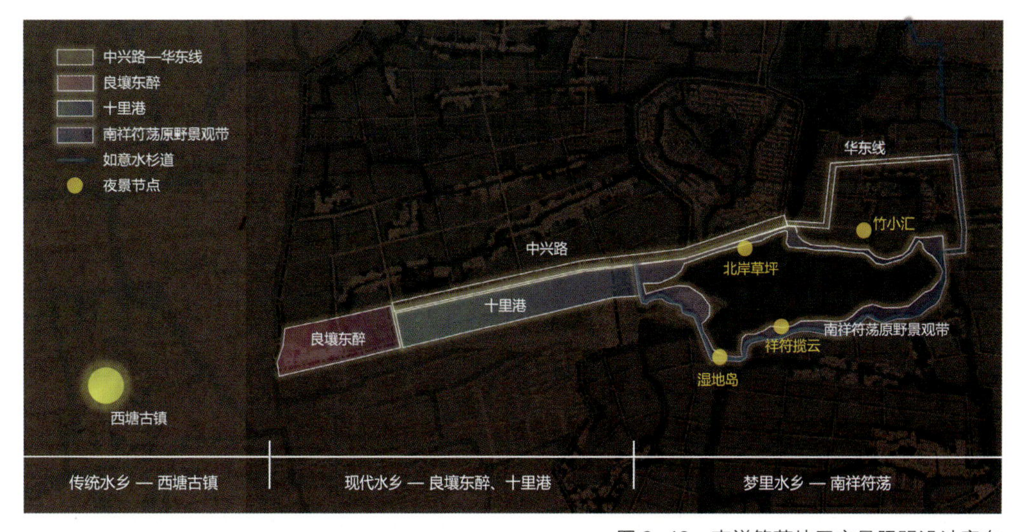

图8-49　南祥符荡片区夜景照明设计意向

谧又具有导向性的夜间氛围。其中，景观照明主要集中在十里港步道沿线，选用了色温在3000~3500开尔文的草坪灯、照树灯、线性灯等。这些灯具的布置整体性营造出十里港静谧的自然水乡氛围，让市民和游客能够在夜间享受宁静的水乡美景。建筑照明主要应用于企业交流服务基地（图8-50、图8-51），其中建筑顶部运用洗墙灯，提高了建筑的导向性和标识性。建筑屋檐底部增加了水纹灯，与水景相呼应，增强了建筑与环境的互动性。入口立柱通过可调节地埋灯将地面与屋顶结构链接起来，形成引人注目的入口视觉焦点。建筑泛光照明采则用了偏暖色调，色温在2500~3000开尔文，这种设计在冷色调的环境照明中更加能凸显建筑的轮廓，使其在夜间更加突出，温馨而有吸引力。

3. 南祥符荡照明

南祥符荡区域的照明设计，融合了景观照明、基础照明和建筑照明，旨在创造宁静祥和的水乡夜景。景观照明主要沿绿道及沿线的湿地岛、祥符揽云、北岸大草坪等节点展开。绿道采用了色温为3500~4000开尔文的龟背灯，按间距8米交错布置，以增强空间的层次感和导向性。绿化区域则使用了色温同样为3500~4000开尔文的鸟窝灯，这些灯具利用鸟窝的外形，巧妙地隐藏于树杈间，与乔木融为一体，营造出自然而不突兀的照明效果。木栈道的夜景照明（图8-52）采用了线性灯，灯具设置在栈道及栏杆底侧，栈道底侧的灯选用了色温为4500~5000开尔文的蓝光灯，映照出祥符荡水面的幽静。基础照明主要沿如意水杉道布置，采用龟背灯与庭院灯结合的方式，色

温为 3500~4000 开尔文，按间距 20 米在水杉道两侧交错设置，确保了夜间行人的安全性与舒适度。

建筑照明主要应用于竹小汇科创聚落及科创绿谷研发总部（图 8-53），建筑物外墙及屋顶选用了色温为 2500~3000 开尔文的偏暖色线性灯，凸显建筑轮廓。建筑底部则选用了色温为 3000~3500 开尔文的洗墙灯，藏于砾石带中，丰富了建筑外墙面的光影效果。园区内的绿化及道路照明以冷色调为主，灯具色温为 3000~3500 开尔文，打造出一个月色下宁静祥和的水乡院落空间。

4. 中兴路—华东线照明

中兴路—华东线区域的照明设计专注于提供交通性基础照明（图 8-54），确保夜间行车及行人的安全。这一区域主要设置了多杆合一的智慧路灯，间距约为 30 米，确保照明亮度分布均匀，同时保证司机和行人能够清晰地看到路面障碍物、行人、车辆及道路周边的相关情况。智慧路灯的灯杆高度约 8~10 米，这一高度的选择以不产生眩光干扰为基本原则，避免对行人和驾驶员造成视觉上的不适。在道路交叉口和转弯处，灯杆的设置会根据路面状况适当调整，以有效引导司机及行人获取前方道路的方向、倾斜度等信息，增强了夜间步行及行车的安全性。

效果图

图 8-50 “一叶扁舟”建筑夜景照明

实景图

图 8-51 “一叶扁舟”场地整体夜景照明

图 8-52　北岸木栈道夜景照明

图 8-53　竹小汇科创聚落夜景照明

图 8-54　中兴路夜景照明

八、展陈系统

Exhibition System

在展陈系统方面，长三角生态绿色一体化发展示范区建设三周年期间的展示系统主要聚焦在南祥符荡区域，以车行路线为主（图 8-55），沿线设置了 4 个集中展示点，每个展示点都有其独特的主题差异，旨在突出项目的显示度和示范性。展示系统将直观化的室内展示与全天候的室外展示相结合。这样的设计既考虑了参观者的实际需求，也提高了展示信息的可达性和持续性。在展示内容上，部分展示点还通过手机 App 扫码的方式，实现了动态随行展示，这种创新的方式为参观者提供了更加丰富多样和趣味横生的体验感。此外，展示系统在设计中融入了科普性、互动性和可参与性，不仅增加了展示的趣味，也提高了参观者的参与度和体验感。

（一）设计原则

在设计原则方面，展陈系统遵循“设计人性化、参与互动化、科学智能化”原则，体现了对人的关怀以及对科技的应用。“设计人性化”的原则强调以人为本，以合理完善的功能要素及造型设计，展示对人的关注。这意味着展陈系统的设计要考虑参观者的实际需求，提供舒适、便捷的参观体验。“参与互动性”的原则要求展陈系统便于参观者主动体验及参与到展示互动中，在实践中体会与探索，增加体验的趣味性和教育性。“科学

图 8-55　环南祥符荡展陈路线示意

图 8-56　企业交流服务基地室内展示空间

智能化”的原则倡导利用信息技术，使展示在智能、绿色、低碳等技术创新方面有所突破。这意味着展陈系统的设计要融入现代科技元素，提高展示的效率和效果。

（二）实施要点

1. 企业交流服务基地展示点

企业交流服务基地的室内展示空间（图 8-56），犹如时光隧道一般，这里的故事沿着长三角生态绿色一体化发展的主线展开。在此背景下，嘉善示范区的规划成果如同一颗颗璀璨的明珠，被巧妙地串联起来。大屏影片、展板画卷、数字沙盘——精心设计、动静结合的展览表现形式，沿参观动线，分 6 个展区，循时间脉络，逐一讲述嘉善示范区的“前世、今生和未来”。上位战略、科学谋划、实践成果、行动计划——每一篇章都是嘉善示范区对国家嘱托的深刻回应，展现了嘉善示范区不忘初心、牢记使命的坚定信念。自此，嘉善不仅是一个地理坐标，更是一个示范窗口，它正以其独特的生态智慧和绿色发展理念，为长三角更高质量的生态绿色一体化发展贡献着力量，提供着更多的嘉善示范。

图 8-57　祥符揽云展示屏

2. 祥符揽云展示点

在祥符揽云展示点（图 8-57），一场展示水生态治理卓著成果的旅程正等待着每一位参观者。这里的展示内容以嘉善水生态治理的显著成效为主线，通过生动的视频播放和亲身体验等方式，以多元化的视角向世人展示了嘉善如何通过“三大行动、六大举措、三大转变”实现了全域水环境质量达标的可喜成果。展示特别聚焦祥符荡清水工程，以现场震撼的效果，让参观者切实感受到祥符荡生态修复成效。立于祥符揽云 V 形栈道顶端，放眼远眺，北祥符荡及水乡客厅的美丽景色尽收眼底，激发着人们对“七星伴月、祥符如意”的未来科创湖区发展蓝图的无限遐想。俯瞰脚下，祥符荡的“水下森林”（图 8-58），水质清澈见底，水草丰茂摇曳，四周鱼虾穿行，生机盎然。而沿着蜿蜒的绿道信步而行，参观者还可以游览金色的田野和多彩的原野风光，身临其境地感受祥符荡的全新景象，这里有底蕴、有传承、有创新，是生态治理与乡村振兴的生动实践。

3. 竹小汇展示点

在竹小汇展示点，主要包括生态岛、智慧田、零碳聚落三项展示内容，如同三颗璀璨的明珠，共同闪耀着生态智慧的光芒。生态岛以生物多样性保护为主题，以保护自然生态为己任。岛上不仅能直观地感受到祥符荡水下森林的生态治理效果（图 8-58），还能通过一系列科普展示牌（图 8-59）了解岛内生物多样性的建设成效。除了静态的展示以外，通过岛上部署的 AI 摄像机无声的守护，自动捕捉并智能识别鸟类的信息，为区域生物多样性的动态监测及信息公布提供了实时数据（图 8-60）。这种高科技的介入，既不会打扰生物的栖息状态，又增加了各类互动化的观测设备，使得人们能更为直观和生动地理解生态岛的多样生物，打造了嘉善科普体验的新地标。在重要的观测节点，慢直播摄像头和仿生鸟巢互动望远镜被巧妙地设置，它们将动物的日常活动画面汇集到直播平台，参观者可以实时切换画面，动态观测不同点位的生态景象。这种创新的

图 8-58　祥符荡水下森林

展示方式，不仅让参观者感受到了科技的魅力，也让人们更加亲近自然，理解生态保护的重要性。竹小汇生态岛融合了科技与自然、教育与体验，让每个人都能成为生态保护的参与者和见证者。

除此之外，竹小汇展示点的智慧田（图 8-61）也是展陈系统的巧妙设计之一。“智慧田”这个名字本身就充满了现代农业的智慧与科技感。在这里，嘉善 6000 年的稻作文化与最前沿的现代农业技术完美融合，共同编织出一幅农业发展新画卷。科普平台与智慧大屏的巧妙运用，让这片田地不仅产出丰富的农产品，更成为农业知识传播的窗口。登上科普平台，嘉善稻作文明的历程在眼前徐徐展开，展示着从古至今稻作文化的发展脉络，凝聚着先人的智慧与勤劳。而农业操作的互动设施，则让参观者能够亲身体验现代农业技术的魅力，感受科技给农业带来的革命性变化。智慧大屏则是这片田地的智慧之心，它实时展示着农业用水量、碳排放量、农肥使用量等关键数据。这些数据不仅反映了农业生产的现状，也展示了科技与农业相结合所带来的无限可能。

竹小汇展示点的零碳聚落是以绿色低碳技术为核心的展示点。它将北广场（即零碳广场）的室外空间与展示中心的室内空间完美结合，形成了一个独特的互动体验区（图 8-62）。在这里，实物、模型和

图 8-59　竹小汇生态岛：科普展示牌

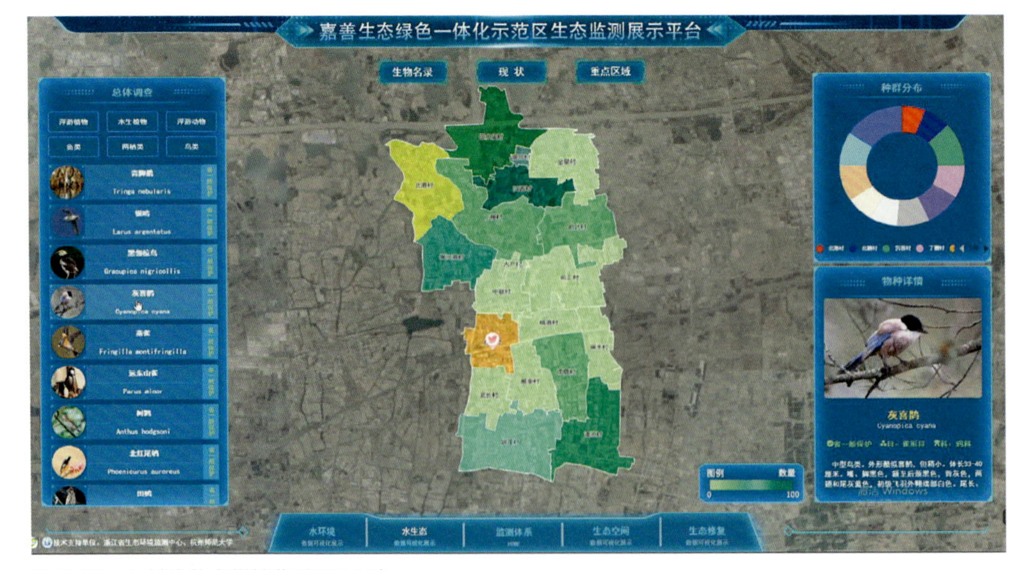

图 8-60　区域生物多样性监测展示平台

图 8-61　竹小汇智慧田：未来农田场景展示

图 8-62　竹小汇零碳广场：绿色技术展示

数据等多种展示形式交相辉映，全方位地向参观者展示中国首个零碳聚落的技术集成体系。步入零碳广场，太阳能座椅、智慧灯杆、智慧垃圾桶等低碳设施随处可见，它们不仅是实用的公共设施，也是绿色技术的展示窗口。发电风车和光伏瓦等设备，则在阳光下默默工作，将太阳能转化为电能，为聚落提供清洁能源。这些实物展示，让参观者直观地感受到了绿色低碳技术带来的实际变化。

移步室内，地源热泵系统、污水处理设备、建筑光伏一体化等模型，精致地展示了零碳聚落在能源利用和环境保护方面的创新举措（图 8-63）。这些模型不仅美观，更具有教育意义，它们向人们展示了科技如何助力实现零碳生活的愿景。而智慧大屏上实时更新的数据，如发电量、碳排放、碳补偿、设备使用情况等，则以直观的方式，让参观者了解到零碳聚落的运行状态和成效。这些数据，不仅是技术进步的证明，也是嘉善在绿色发展道路上的坚实足迹。

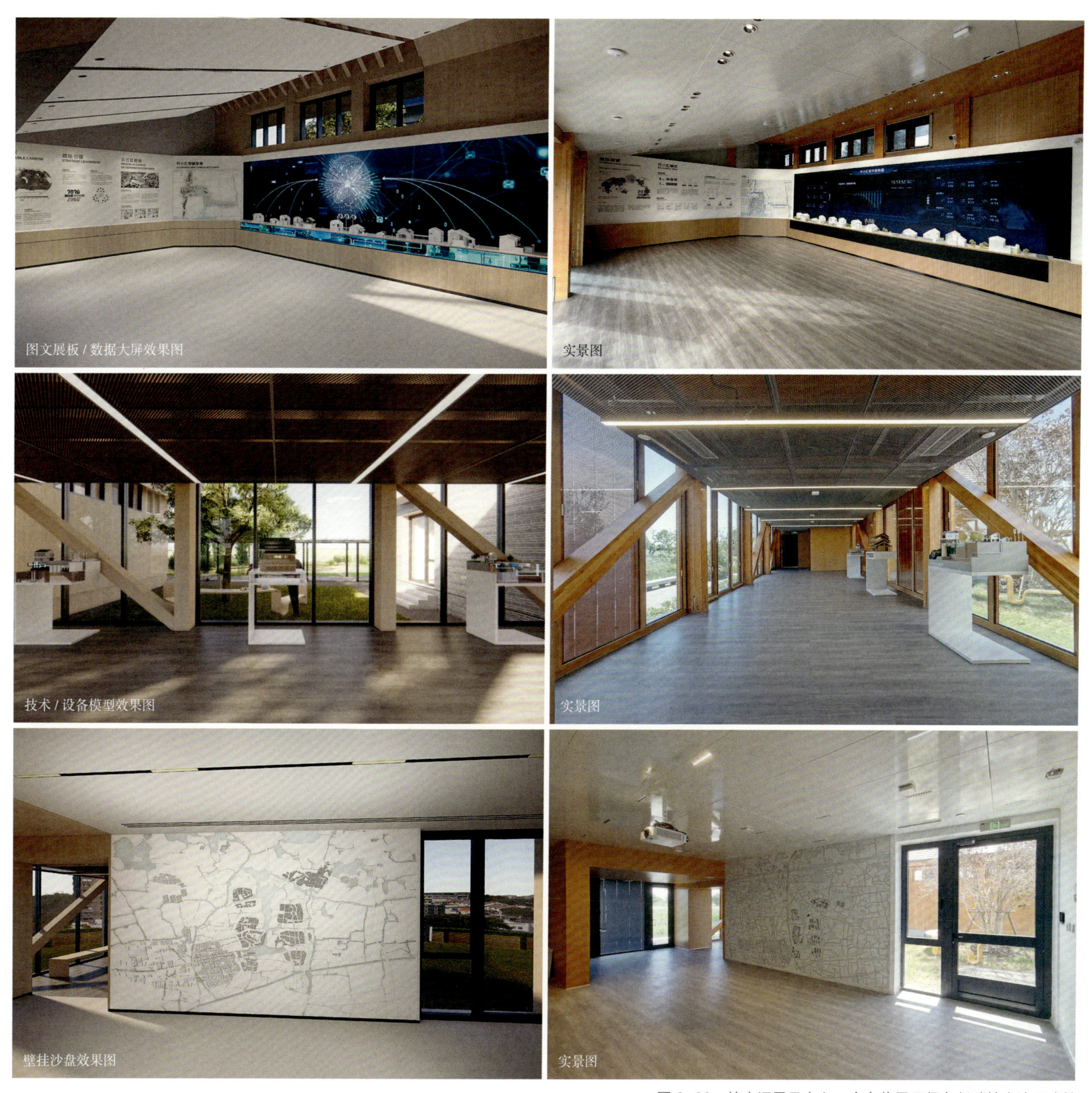

图文展板 / 数据大屏效果图　实景图

技术 / 设备模型效果图　实景图

壁挂沙盘效果图　实景图

图 8-63　竹小汇展示中心：全方位展示绿色低碳技术治理成效

4. 科创绿谷展示点

科创绿谷展示点是嘉善对未来科技创新宏伟蓝图的实体诠释。这里以祥符荡产业创新、科技创新为主线，展示内容汇聚了祥符实验室、浙大研究中心、复旦研究院等科研机构的智慧和成果（图 8-64）。这些科研成果呈现及产品体验，不仅展示了嘉善在科技创新领域吸引人才聚集的最新成就，也体现了嘉善主动接驳长三角一体化的决心和魄力。祥符荡，作为核心区，正引领着嘉善向世界级科创绿谷的目标迈进。未来的祥符荡，将以最生态的底板承载着最优质的资源，创新人才荟萃，创新主体集聚，创新成果涌流，创新活力迸发。科研成果的展示，产品体验的互动，创新与活力正在以看得见的速度变为现实，一个创新人才和创新成果不断涌现的新时代已开启，未来无限可期。

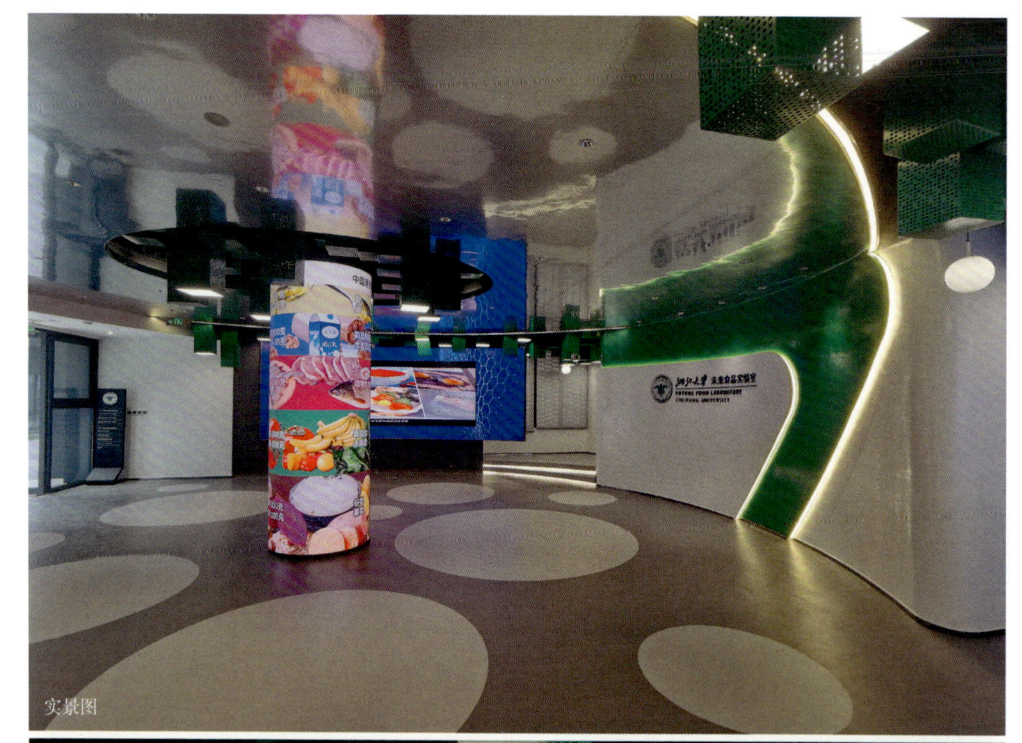

图 8-64　科创绿谷：浙江大学未来食品实验室展厅

九、数字化系统

Digital System

祥符荡片区的数字化系统，着眼于全生命全要素智慧管控平台的建立，这标志着片区数字化管理新阶段的到来。这个综合管控平台，以数字化手段为核心，统筹指挥祥符荡片区的未来规划、建设、管理全过程，它如同智慧的大脑中枢一般，确保了“一张蓝图干到底”的精准实施和高效执行。通过该平台，区域的规划布局得以仿真计算，区域建设运行的全过程、各环节都可以被精准操控，区域管理服务的各种要素资源也能得到最优化的调配。这种数字化管理模式不仅提高了工作效率，也提升了决策的科学性和精准性。在数字化系统平台上，大数据、云计算、人工智能等先进技术被广泛应用，它们为祥符荡区域发展提供了强大的技术支持。

（一）设计原则

数字化系统实施导控的设计原则涵盖了“标准化、规范化”“安全性、可靠性”及“兼容性、可扩展”。在祥符荡全生命全要素智慧管控平台中，以上设计原则的严格贯彻，确保了系统的先进性、实用性和长远性。首先，“标准化、规范化”是设计的基石。系统的设计和业务模块严格遵循国家法律法规和行业相关规范，确保业务操作流程的标准化和自动化，既提高了工作效率，也保证了业务的规范性和一致性。其次，“安全性、可靠性”是设计的重中之重。系统被赋予了强大的容错性和自检功能，以防止各种潜在的或蓄意的破坏和错误。无论是系统本身、数据安全还是用户操作，都得到了严密的保护，以确保整个平台的稳定运行和信息安全。最后，“兼容性、可扩展”是设计的前瞻性考量。系统具有开放兼容性，能够为其他系统提供开放的接口，方便未来的接驳和整合。同时，它还具备二次开发及扩展的能力，为未来的技术升级和功能扩展留下了充足的空间。

（二）实施要点

1. 数字孪生底座

数字化系统的设计要点之一是建立“数字孪生底座”，这是一个基于先进信息技术体系和城市信息空间模型的创新实践。这个数字孪生底座是城市的数字镜像，它在数字空间中再造了一个与物理城市完全匹配对应的数字城市。数字城市的构建，依赖于数字化标识、自动化感知、网络化连接、普惠化计算、智能化控制、平台化服务等技术的综合运用。它能够全息模拟城市物理实体在现实环境中的状态，实现动态监控、实时诊断和精准预测。这种技术的应用，推动了城市全要素的数字化和虚拟化，使得城市的整体状态能够实时化和可视化，城市的运行管理更加协同化和智能化。

数字孪生底座的核心优势在于，它能够实现物理城市与数字城市的协同交互和平行运转。这种交互和运转，不仅提高了城市管理的效率，也提升了决策的科学性和精准性。通过全面支持“全空间”“二三维”“动静态”的基础地理、公共专题、行业专题、物联感知、互联网数据接入，数字底座构建了一个“空中 + 地上 + 地表 + 地下”的全空间数据体系。在这个体系中，多源异构数据的存储一致化、结构一致化、时空一致化、规则一致化，确保了数据的准确性和可靠性。数字孪生底座的设计，为片区智慧城市建设提供了强大的数据支持，也为嘉善的可持续发展奠定了坚实基础。

2. 智慧场景应用

在祥符荡片区的智慧场景应用中，数字孪生底座成为创新服务的基石，重点打造“智慧生态、智慧农业、智慧双碳、智慧交通”4 大类特色场景。

（1）智慧生态

智慧生态场景的打造尤为引人注目。通过部署高清观鸟视频监测点、水下高清视频监测点、水质自动监测点、小型气象站等一系列高科技监测设备（图 8-65），祥符荡片区生态修复工程的成效得以全面监测、评估和展示（图 8-66）。高清观鸟视频监测点被精心设置在植被茂盛的区域，它们如同无声的守护者，专注地监测着以鸟类为主的生物多样性情况。水下高清视频监测点则主要被设置在水下森林区域，密切注视、重点监测水生植物和鱼类的生长状况。水质自动监测设备在南、北祥符荡各设置一处，它们专注于监测水环境的相关理化指标，确保水质的安全。而小型气象站则在北祥符荡扮演着重要角色，它重点监测着温湿度、气压、风向、风速、$PM_{2.5}$、光照、降雨量、负氧离子等关键气象指标。各类监测数据和环境信息不仅为专业人士提供了宝贵的科研资料，也通过网站、二维码、App 等多种服务系统与公众实时共享。开放式的数据共享充分达到了科普宣教的目的，也激发了公众参与生态监督的热情。智慧生态场景的应用，除了在于展示生态治理等成果，更重要的是增强了公众的环保意识和参与感，让每个人都能够成为生态环境的守护者，共同见证和推动祥符荡生态修复工程的成果。

（2）智慧农业

在智慧农业场景中，科技与农业的融合达到了一个新的高度。通过对农田生态环境、作物生长、面源污染等实施智慧监测和管控（图 8-67），农业生产的效率得到了显著提升。各类传感器被广泛应用于农田中（图 8-68），它们像农田的“神经元”，采集着土壤墒情、田间水位、农业四情、气象环境等重要信息，实时监测农作物的生长情况。这些数据为农民提供了科学支撑，使他们能够更加精准地把握农作物的需求。信息化技术控制的精准灌排系统，则像农田的“血管”，进行准确的水肥用量配比，实现均衡施肥和精准灌溉。这种精准农业的做法，不仅提高了水肥利用效率，也减少了资源浪费和环境污染。北斗地面产分网络的布设，为农业机械化、自动化、专业化生产提供了强大的支持。无人农机的应用，从插秧到施肥、除草、收割，形成了一个全过程的高标准生产模式，大大提升了作业效率，降低了成本，提高了产量，逐步实现了农业生产的现代化。智慧农业的应用，不仅提升了嘉善农业的生产力，也展示了科技在农业领域的巨大潜力，为嘉善的乡村振兴战略注入了新的活力。

（3）智慧双碳

在智慧双碳场景中，数字技术成为实现碳达峰和碳中和目标的重要工具。通过对区域建筑、交通、能源、农业、工业等领域的相关数据进行采集和分析，祥符荡片区能够科学地制定和实施碳减排策略。碳排放分

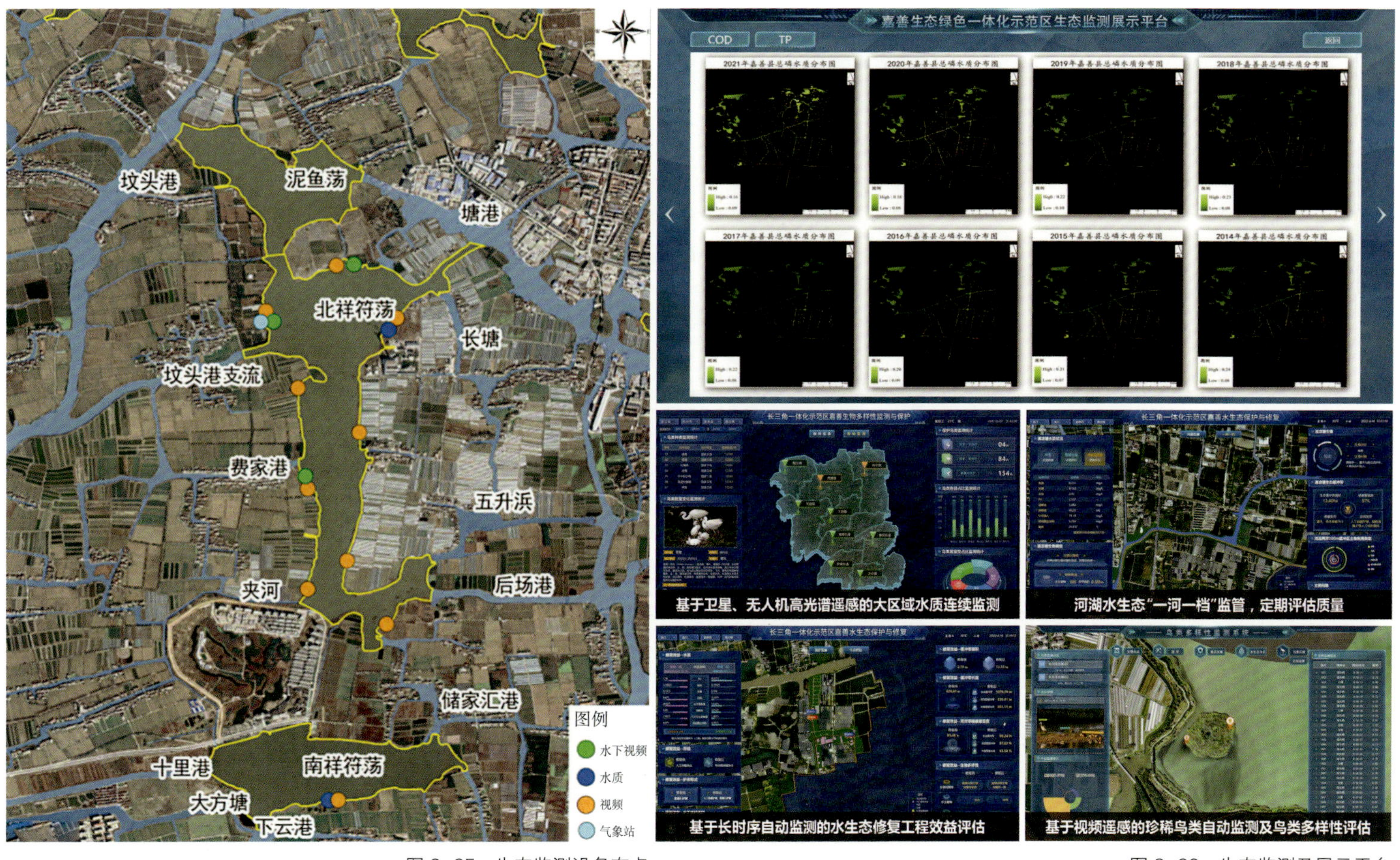

图 8-65　生态监测设备布点

图 8-66　生态监测及展示平台

图 8-67　智慧田实时数据大屏

图 8-68　稻田自动化监测设备

析、碳汇分析、碳减排分析、碳达峰预测、碳中和跟踪等一系列分析工具，为区域碳减排潜力的挖掘和碳达峰目标的测算提供了科学依据。这些数据的采集和分析，帮助祥符荡片区分解并制定了碳达峰任务及路径，助力其在实现碳达峰、碳中和目标的道路上走在前列。

以竹小汇科创聚落为例，智慧双碳的应用体现在对设备运行、设备用能、清洁能源发电、室内及室外环境、气象数据等的采集和分析上（图 8-69）。这些数据被用于能耗分析、故障诊断、环境预测及综合决策，实现了对整体聚落及单体建筑的“双碳”管控。同时，这些数据还用于评估各项绿色低碳技术的应用情况及减碳成效，为“竹小汇零碳模式”的迭代更新、复制推广提供了有效支撑。智慧双碳的应用，不仅展示了祥符荡片区在绿色发展上的决心和行动，也为其他地区提供了实现“双碳”目标的可借鉴经验。

（4）智慧交通

在智慧交通场景中，创新技术的应用正在改变人们的出行方式，提升交通系统的效率和安全性。通过建立车路协同、交通安全警示、全息环境采集三大系统，祥符荡片区实现了车辆与道路基础设施之间、车辆与车辆之间的智能协同和配合，为复杂交通环境下的自动驾驶出行安全提供了坚实保障

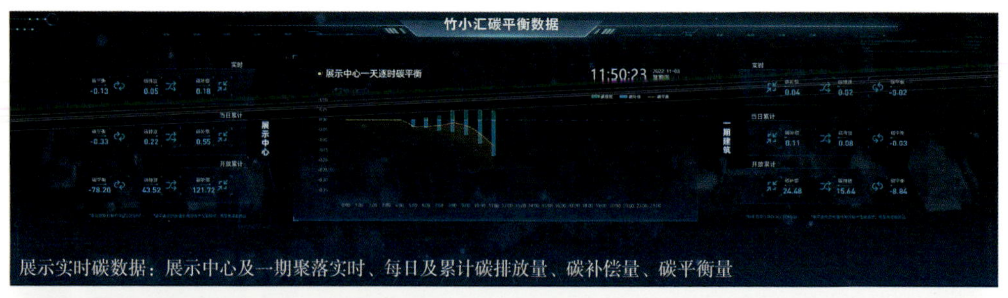

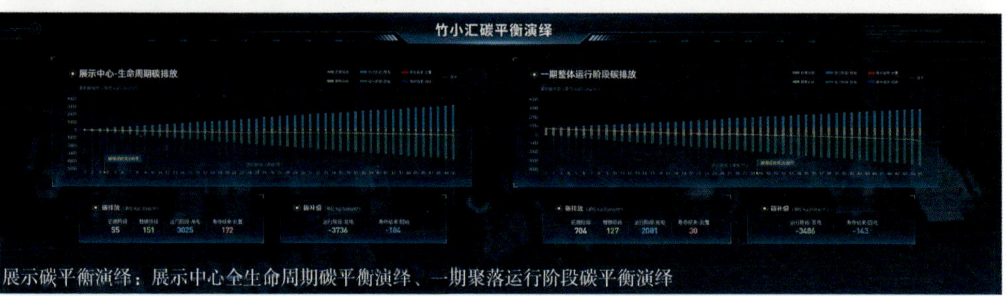

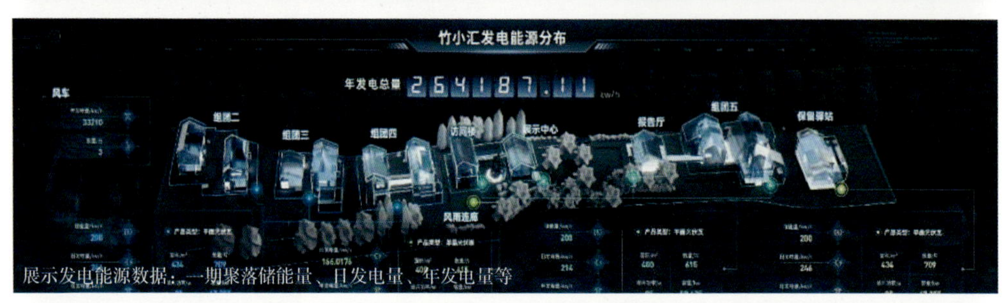

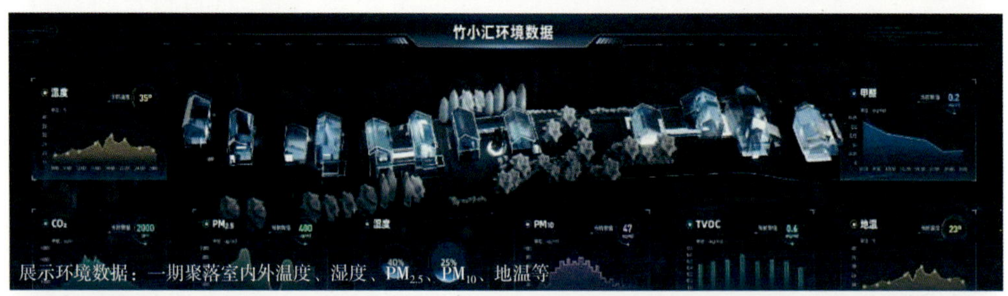

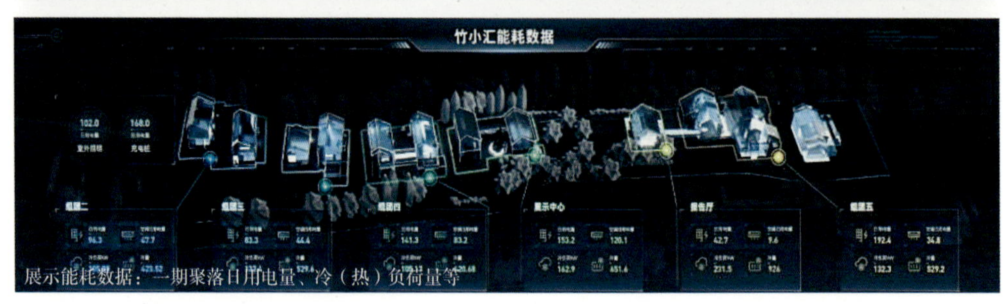

图 8-69　一期聚落运行数据实时监测及展示

（图 8-70）。车路协同系统使得道路交通能够实现主动控制，提高了交通运行效率。乘客可以通过第三方 App、小程序提前预约乘车（图 8-71）。同时，车内的显示屏则向乘客展示了实时路径规划、障碍物、周边车辆、非机动车、行人等情况，以及路线站点信息和交通信号灯信息等，极大地提升了乘客的出行体验。

在一期项目中，中兴路—华东线实施了自动驾驶公交车试运行（图 8-72），这是祥符荡片区智慧交通建设与实施的一个里程碑。未来，随着道路智慧设施的不断完善，自动公交路线将逐步向周边延展，为更多市民提供便捷的出行服务。此外，在环祥符荡水杉道及绿道上，未来还将逐步配置自动驾驶售卖车、清扫车、巡逻车，不仅提升了景区的智能化水平，也实现了景区的无人运营管理。智慧交通的应用展示了嘉善在智能城市建设上的创新和进步，在提高出行效率，增强出行的安全性和舒适性，带来更加便捷、安全的出行体验方面得到了有效印证，也为解决现代城市交通问题提供了新的思路。

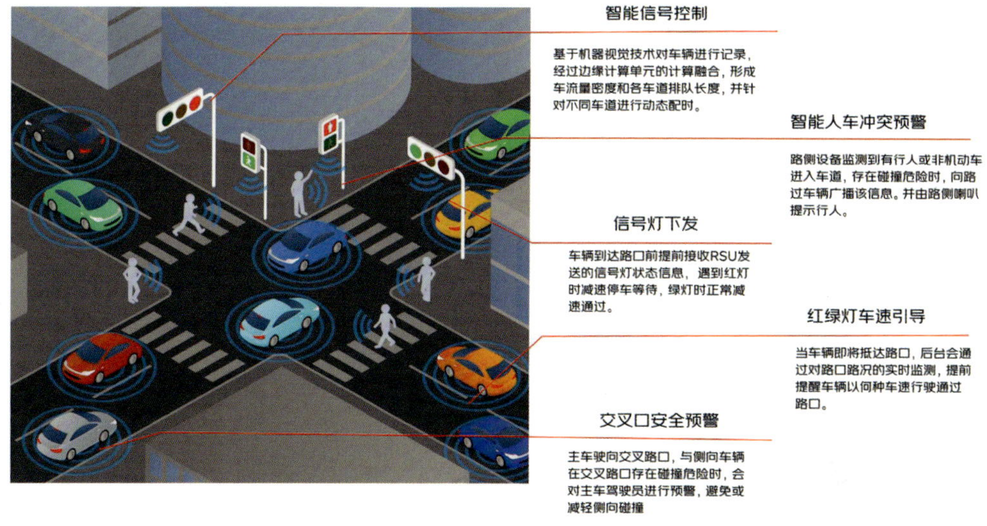

图 8-70　智慧交通设施保障出行安全

无人驾驶中控界面
车载信息互动与服务终端
约车App界面

图 8-71　自动驾驶乘客端服务界面

图 8-72　中兴路无人驾驶公交

十、艺术装置系统

Art Installation System

在祥符荡的艺术装置系统（图 8-73）中，景观小品和艺术装置不仅仅是点缀环境的装饰品，更是文化的载体和精神的象征。结合长三角生态绿色一体化发展示范区建设三周年主要参观点位，这些艺术作品被精心地放置于重要的节点和场地入口处，成为视线焦点以及门户标志物，向人们展示具有祥符荡特质的文化内涵和艺术魅力。

每一件艺术装置都经过了精心设计和创作，它们融合了嘉善的历史、文化和自然特色，通过现代的艺术手法，将祥符荡的精神风貌和生态理念传达给每一位参观者，宣告着他们即将进入一个充满生态智慧和绿色发展理念的创新区域。这些艺术装置作品不仅美化了环境，提升了场地的艺术氛围，也增强了人们对于祥符荡的记忆和认同，使人们感受到文化的深度和艺术的魅力，使祥符荡的绿色发展更加丰富和立体。

（一）设计原则

在设计原则方面，祥符荡片区的艺术装置系统遵循“顺其自然、合其体宜、取其特色”三大原则，以确保每一件作品都能够与自然环境和谐共存，同时展现出独特的艺

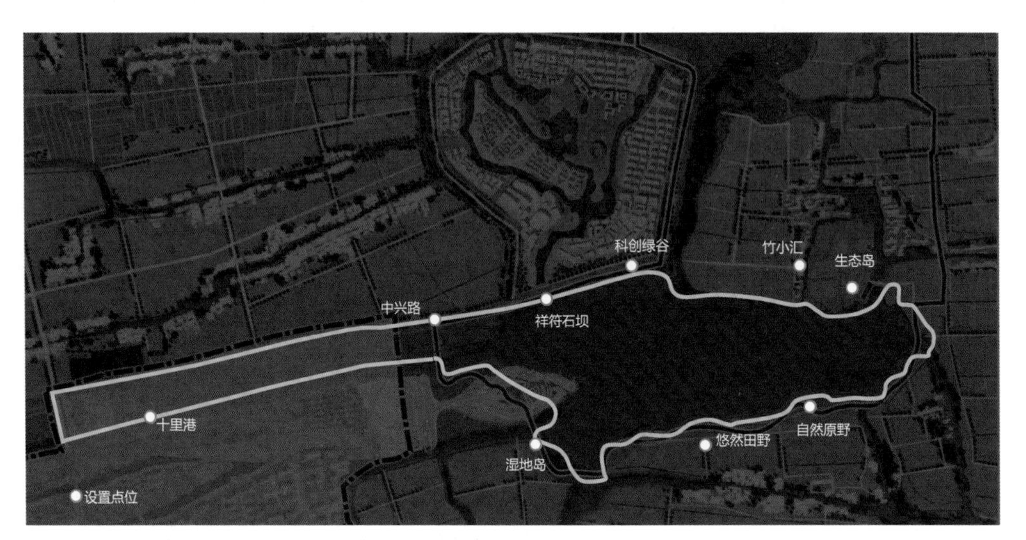

图 8-73　艺术装置点位

术魅力和文化价值。首先，“顺其自然”是设计的根本出发点。这意味着在设计过程中，必须尊重和保护原有的景观风貌，避免任何对自然环境的破坏。同时，设计应具有奇趣的立意和巧妙的构思，使得艺术装置在与环境相融的基础上拥有趣味和创意。其次，“合其体宜”是设计的重要考量。这要求艺术装置的选址和布局必须合理适宜，既不能影响场地的正常使用，也要避免喧宾夺主、掩盖其他重要的景观元素。艺术装置的尺度感和造型设计应精巧得体，确保其在视觉上和功能上的平衡。最后，“取其特色”是设计的核心精神。这要求艺术装置需要灵巧地运用地域艺术语言符号，形成具有地域特征的景观艺术雕塑。这些艺术装置不仅反映了嘉善的地域文化和历史，也展现了祥符荡的独特性和创新精神，使得参观者能够更加深入地了解和感受到嘉善的文化底蕴和祥符荡的发展理念。

（二）实施要点

1. 十里港——夏公治水主题

在十里港的设计中，夏公治水主题被巧妙地融入其中，成为连接历史与现代、自然与文化的桥梁。十里港，这条历史上重要的治水河道，由明代政治家、水利专家夏原吉主持修建，见证了其治水的智慧和勇气。据史料记载，明初苏州河沿岸经常发生水患。明永乐元年（1403 年），户部尚书夏原吉奉旨治水，调集十万民众，分流苏州河水势，沟通黄浦江，促成“黄浦夺淞”，以黄浦江分流吴淞江的洪水。其后，夏原吉又挥师西塘兴修水利，成为治理太湖流域水患的关键性工程。夏原吉亲自设计、制定治水工程方案，又带领当地民众修建圩岸、疏浚河道。一方面增加镇域附近水系的蓄水和泄洪能力；另一方面与东根、西根两坝（俗称“姚家坝”）相配套，有效减轻西塘镇及周边地区的水患。夏公倾力治水的事迹，成为后世传颂的佳话。

因此，在十里港北岸，与企业交流服务基地相邻的滨水广场上，我们利用石刻地雕和景墙的设计（图 8-74），讲述了“夏原吉治水”的主题故事。地雕内容为祥符荡及十里港区域水系图，展现了夏原吉治水工程的全貌。侧立的人物雕像为夏原吉及工人，生动地再现了夏原吉运筹帷幄、制定治水方案的历史场景。此外，景墙内容也同样展现了夏原吉带领民众修建圩岸、疏浚河道的壮丽场面，如同一幅历史长卷，生动地再现了夏公在西塘平水患、造福百姓的丰功伟绩。

十里港艺术装置的整体设计，既展示了夏原吉的治水智慧，也体现了他对民众的深情关怀。这不仅是对历史的缅怀，更是对现代人的启示。触摸历史痕迹，感受先人智慧勇气，十里港艺术装置设计思考着现代城市与自然的关系，以独特的方式将历史、文化、自然和现代科技融合。

2. 祥符荡北岸——水利文化主题

祥符荡北岸的水利文化主题设计，是对历史和文化遗产的尊重与传承。这一主题的设计，不仅是对祥符荡水利工程历史的回顾，更是对嘉善水利文化的深刻认识。祥符荡水利工程始于春秋时期，当时伍子胥经营伐越之地，为通盐运而兴水利，开凿了纵穿嘉善全境的伍子塘，南引胥山以北之水，北经双葑塘、平山塘，会西塘，入祥符荡，全长 20 里。清光绪二十二年（1896 年），乡绅张义增等集民力，以碎砖修祥符坝，得县令江峰青之助。翌年成。民国 22 年（1933 年）复修，以块石固之；此后几十年，大坝经 7 次修复；1981 年西塘公社协同嘉善水利局重修祥符坝，以水泥、块石灌浆浇合加固全长 655 米，坝基宽 6 米，坝面宽 2.5 米，坝高 3 米。2004 年 1 月，祥符坝列为嘉善县第一批县级文保点。

从春秋时期伍子胥开凿伍子塘开始，到清光绪二十二年乡绅张义增等集民力修建祥符坝，再到 1981 年西塘公社和嘉善水利局重修石坝，祥符荡水利工程的历史，不断见证着嘉善人民的智慧和勤劳。在祥符荡北岸艺术装置的整体设计中，团队遵循了修旧如旧的原则，对祥符坝进行了整体修

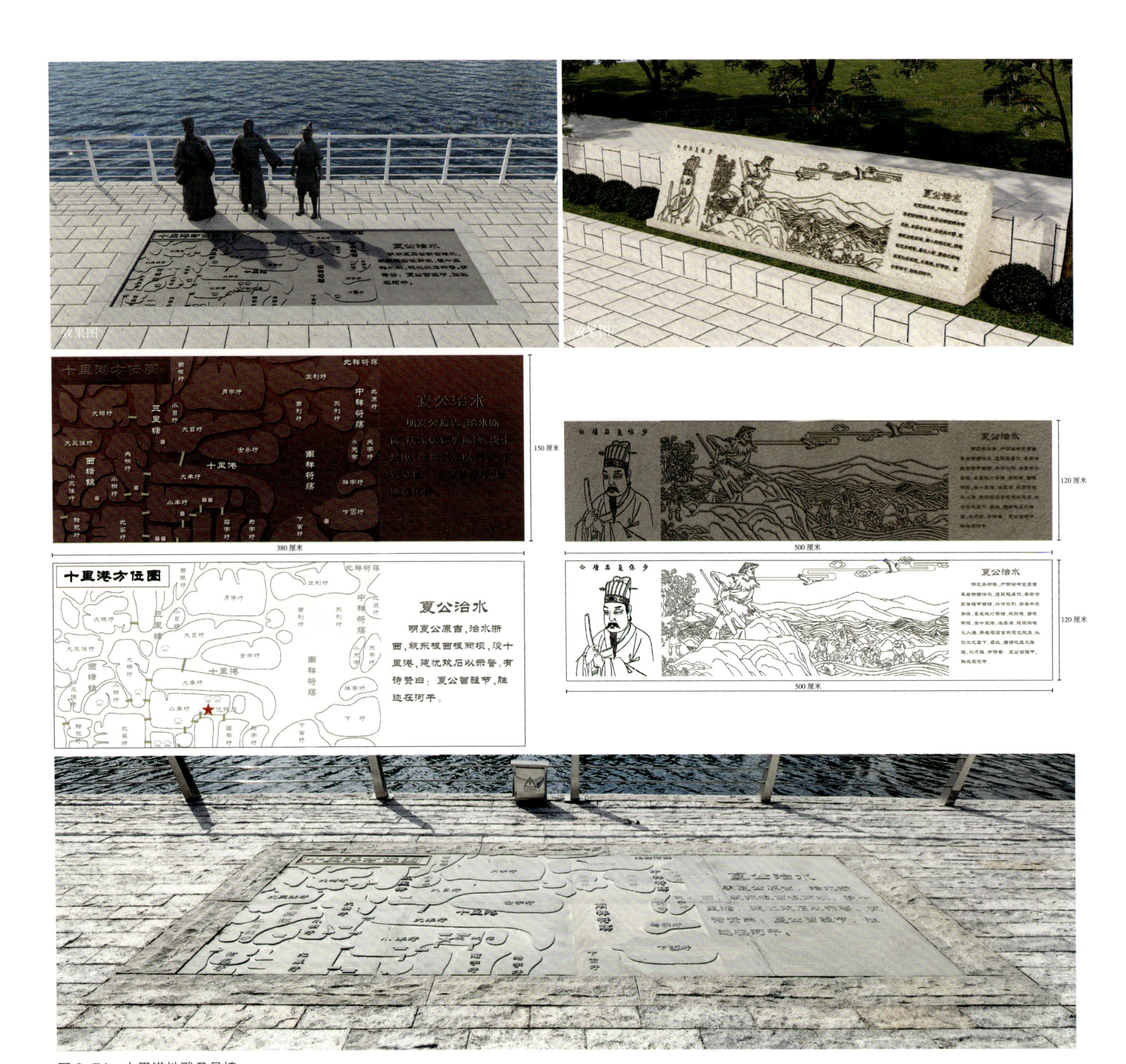

图 8-74　十里港地雕及景墙

复，尽量减少对石坝原有形态的破坏。对历史的尊重态度，使得祥符坝得以以最接近其原始、真实形态的方式展现给后人。在祥符亭西侧，结合文保单位石牌，我们设计了一面卷轴状的浮雕景墙（图8-75），详细介绍了祥符坝的历史和修复情况，如同一幅历史的长卷，让参观者能够直观地了解到祥符坝的变迁和重要性。同时，团队结合祥符荡北岸的木栈道和平台设计了一系列石刻地雕（图8-75）。这些地雕展示了春秋时期伍子胥兴修水利的场景，以及清朝和新中国成立后修筑祥符坝的历史时刻。通过这些生动的地雕，人们能够更加直观地感受到嘉善水利工程的历史深度和文化内涵。

祥符荡北岸水利文化主题的设计，通过对历史的回顾提醒我们，今天自然之美的成就和幸福，是建立在先辈们的智慧和努力之上的，我们更应该珍惜、维护与发扬来之不易的生态本底。这种对历史和文化的尊重和传承，让祥符荡北岸成为嘉善富有教育意义和观赏价值的文化景点，也为嘉善的绿色发展增添了一抹独特的文化色彩。

除此之外，祥符荡不仅是一个自然美景胜地，更孕育了一众文化宝藏。历史上，许多文人墨客在祥符荡流连忘返，留下了众多脍炙人口的诗文（图8-76）。如今，这些如同历史明珠般的诗文，被艺术装置以多样化的形式，镶嵌在祥符荡的各个角落（图8-77）。在祥符荡北岸的木栈道设计中，高低栏杆和驳岸景石被巧妙地利用，作为展示祥符荡诗词的平台。这些小品式的设计，将诗词以一种自然而又引人入胜的方式，软植入大景观体系之中。当人们在祥符荡漫步时，不仅能欣赏到自然的美景，还能在木栈道的某个角落，发现一段优美的诗句。这些诗句如同历史的回声，让人在宁静的自然中，感受到文化的力量。文化与自然是相互依存的，嵌入式的设计将自然景观与文化传承完美结合，让祥符荡的历史文化不再遥远。由此，人们在享受自然之美的同时，也能深入了解祥符荡的历史和文化，感受到这片土地的深厚底蕴。

3. 竹小汇科创聚落——绿色科技主题

竹小汇科创聚落的设计，以其绿色、科技为主题，将生态低碳理念贯穿于景观小品的设计之中（图8-78）。在这里，新能源和新科技元素被巧妙地融入景观小品之中，展现了竹小汇零碳和绿色主题的核心理念。景观小品不仅具有观赏性和趣味性，还具有高度的互动性，它们以直观和生动的方式，可视化展示了竹小汇所应用的绿色技术及设备。

例如，对使用的零碳设备的九大模型和五大技术微循环画面的集中展示（图8-79、图8-80），通过蓝色、黄色两种发光管道进行联动，分别演绎零碳聚落内碳平衡、物质循环的系统性。九大设备模型展示，涵盖了智慧设施模型、聚落生态模型、污水再生处理系统设备模型、地源热泵水泵模型、光储充一体化充电桩模型、餐厨垃圾降解模块、建筑材料展示模型；而五大动态灯箱则展示了中水与地源热泵处理、建筑光伏一体化、智慧大脑、生态系统碳平衡等五大技术。这些设备模型与技术是竹小汇科创聚落实现零碳目标的基石，展示了竹小汇在绿色科技方面的应用。它们以动态的方式，向人们展示了绿色科技的强大生命力和未来城市零碳生活发展的广阔前景。竹小汇科创聚落绿色科技主题的艺术装置设施，不仅提升了其环境品质，也为嘉善的绿色发展提供了新的思路和范例。

4. 田野原野——自然生态主题

田野原野的自然生态主题设计，旨在将景观装置与自然环境融为一体，创造和谐共生的人与自然关系。沿着绿道设置的景观装置，其设计风格与田野及原野形神合一，成为全域秀美底板上的亮点。在具体设计中，景观装置的尺度适宜，既不会过大而显得突兀，也不会过小而失去其在自然环境中的存在感，与周围的自然环境相互衬托、彼此融合。在不同的节点，我们还增加了趣味性、装饰性和生态性的设计元素（图8-81），使得景观装置不仅仅是视觉上的点缀，更是功能上的补充。它们不仅提升

图 8-75　祥符荡地雕及景墙

清康熙二十一年（1682年）《嘉兴府志》：“祥符荡在治北二十里。荷芰、鸡鹕为祥符之产，荡亦产此，故名。”
清·柯兰锜《斜塘竹枝词》：“南祥符接北祥符，烟水苍茫兴不孤。太息曹铨张鹿宿，一朝此处遇萑蒲。”
清·沈嘉宾《朱顶虾》：“月色平铺映碧流，孤村寂寞冷烟秋。偏怜泽国长须侣，也占朱衣一点头。”
清·倪以埴《斜塘竹枝词》：“剪取莼乡水半湖，杨家酒舫久模糊。春潮涨雨鯗鱼上，张翰村边访钓徒。”
清·柯万源《斜塘竹枝词》：“肆廛鳞比界三区，百货骈阗贾客舻。红日到门喧晓市，都忘税课几时无。”
陆埛《筑堤谣》：“彼田高，我田低，高田积上成河蹊。年年催筑堤，筑堤复取田中泥。今年大水百谷伤，高田得熟低田荒。遂令低乡有田者，惟愿有田在高乡。君不见，土龙三日雨莫祷，高乡之田为茂草。”

图 8-76　祥符荡相关诗文示意

清·丁佳芳
荻花秋水两茫茫
为问延陵旧讲堂
惆怅西风残照里
生稊何处说枯杨
——【荻秋庵】

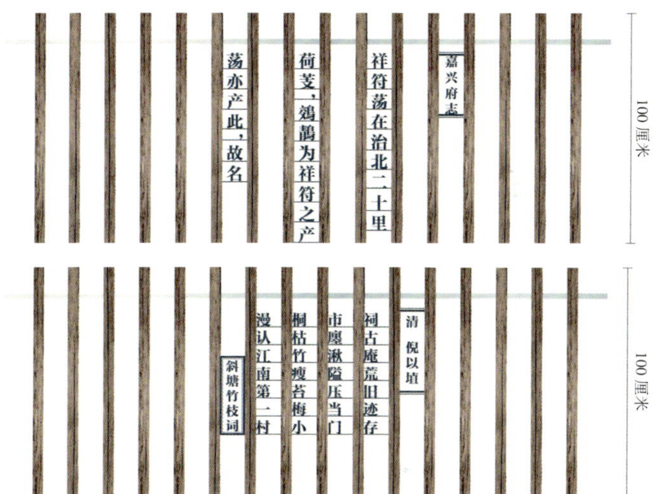

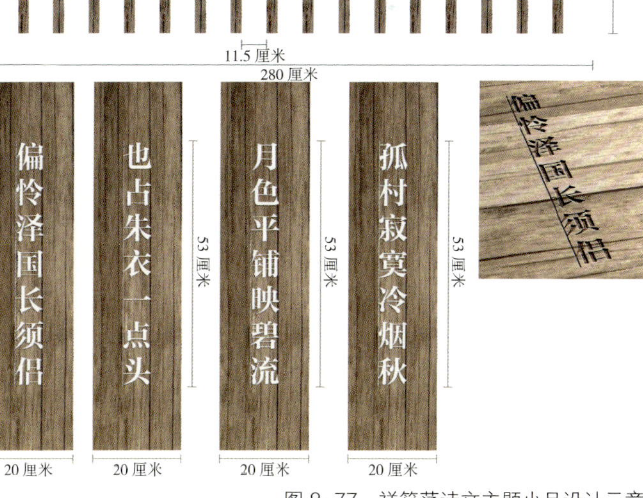

图 8-77　祥符荡诗文主题小品设计示意

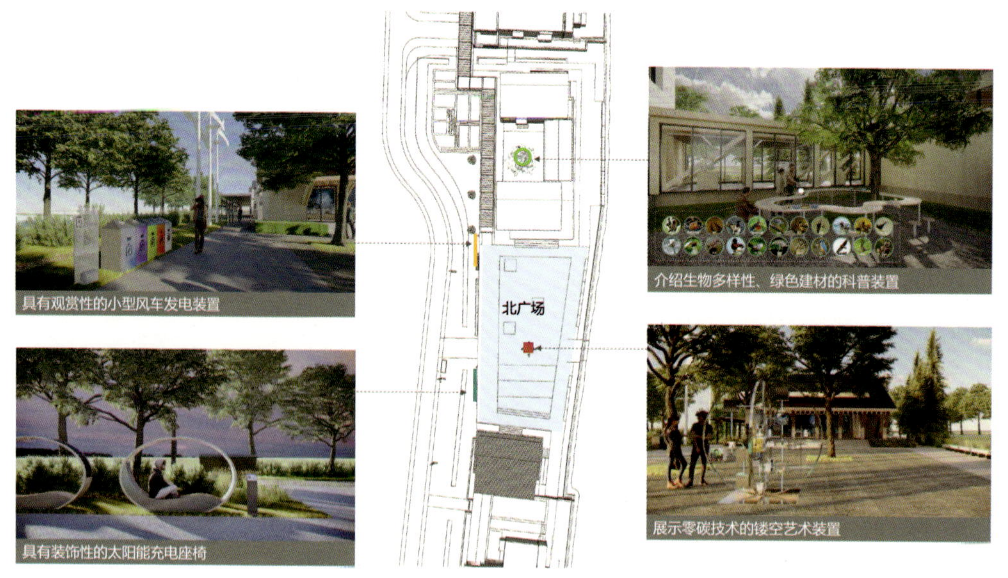

图 8-78　零碳广场低碳设备及艺术装置点位

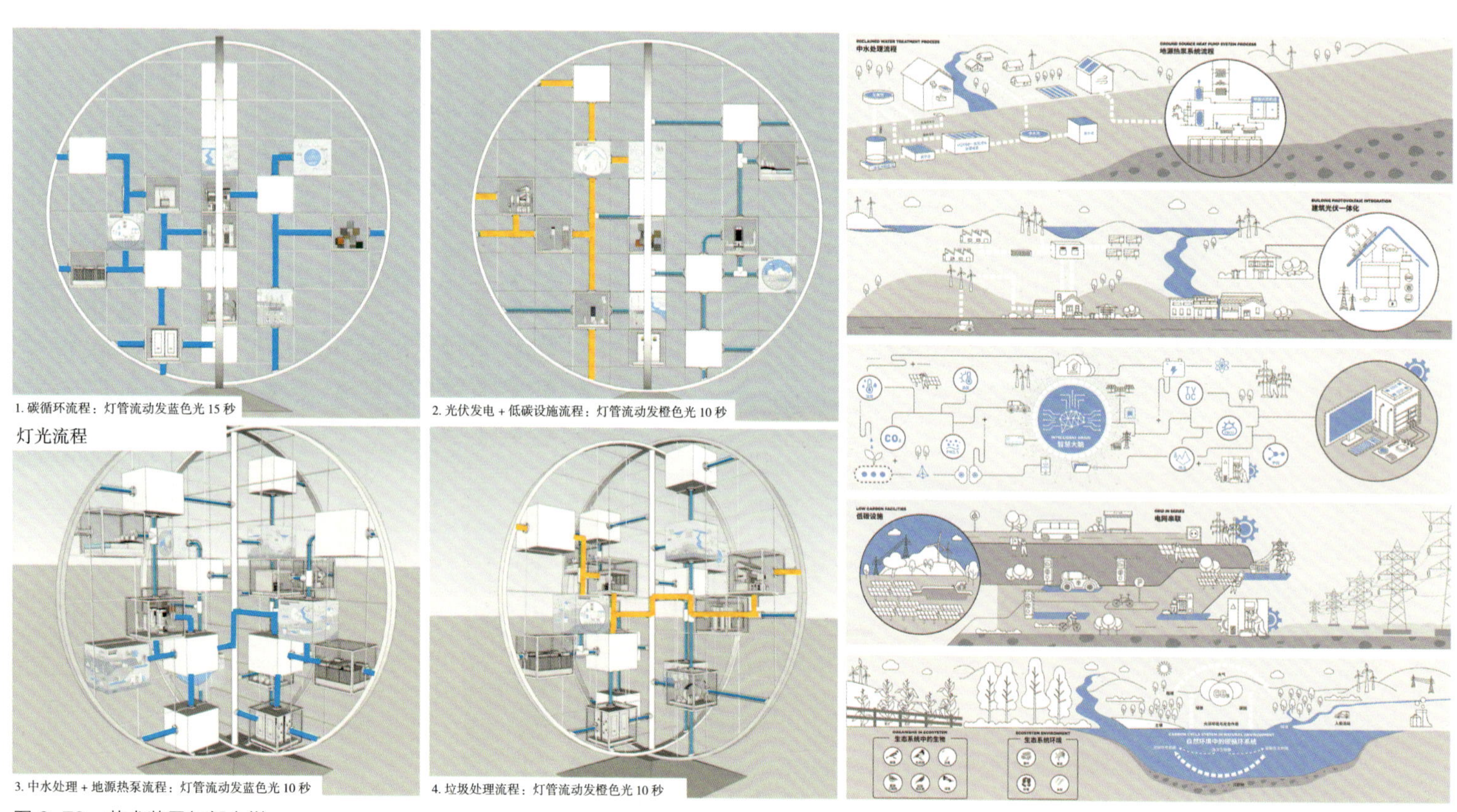

图 8-79　艺术装置细部大样

了环境的观赏价值，也增强了人与自然的互动，让人们感受到生态设计的智慧和魅力，成为点缀在全域秀美底板上的亮点。

5. 科创绿谷——未来数字主题

科创绿谷的未来数字主题设计，是对科技创新和未来发展的致敬。在这个充满创新活力的祥符荡创新引擎中，艺术装置的设计以科技感和未来感为核心，将抽象与具象相结合，展现了科技赋能的未来图景。设计中，艺术装置不仅体现了现代设计的手法，还融入了 5G 技术、人工智能、AI 控制互动等前端技术支持，使得艺术装置提升为一种科技与艺术的融合，成为一个个展示未来科技和创新的窗口，点缀了一个充满科技感和未来感的创新园区（图 8-82）。同时，这样的艺术设计不仅提升了科创绿谷人与环境交互的品质，也让我们思考应该如何更好地利用科技，为城市的发展注入新的活力。

图 8-80　艺术装置效果图与实景图

图 8-81　田野与原野艺术装置设计示意

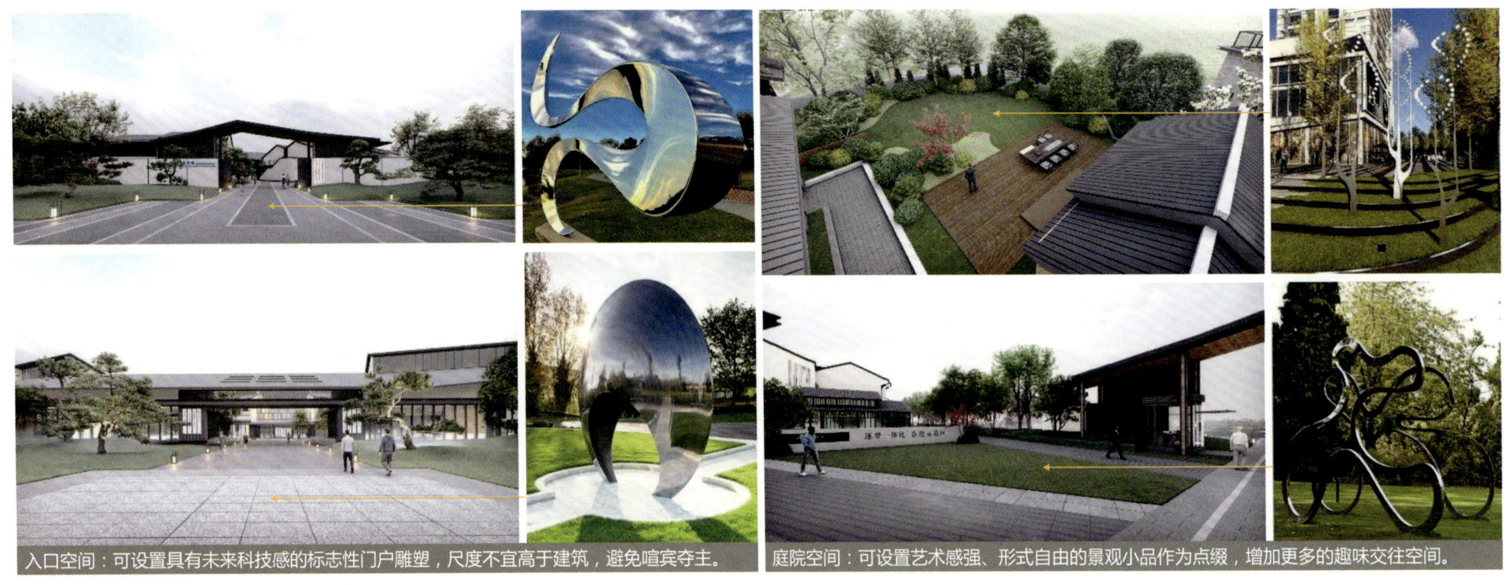

图 8-82　科创绿谷艺术装置设计示意

第九章

Chapter 9

总师总控示范项目呈现

Wonderful Presentation of Demonstration Projects under the Control of the Chief Planner

在“13820 行动规划”整体框架的宏伟蓝图之中，沈磊教授率领总师团队，以标志性重大项目为抓手，扬起了长三角生态绿色一体化发展示范区嘉善片区的规划“航帆”。总师团队采取了一系列规划管理与实施管控的路径策略：“两端着力、中间管控”——就像织一张大网，从边缘到中心，每个环节都紧密相连；“横向到边、纵向到底”——如同在画布上作画，每一笔都精确到位，每一色都饱满丰富。在仅仅 300 个日升月落的周期内，总师团队通过高瞻远瞩的谋划眼光、高屋建瓴的规划起点、高精度的设计水准、高标准的执行实施、高品质的风貌呈现，贯彻了始终如一的规划理念——“走进一座城，点亮一座城”。我们努力让嘉善示范区向世人展现它那秀美的自然生态底板、令人瞩目的高质量建设标杆、充满活力的可持续发展引擎。嘉善，正努力从传统的江南水乡、现代的都市水乡，向未来的梦里水乡蜕变。总师总控先进模式与各大示范项目的精彩呈现，所希冀的，正是为这一华丽转变提供强大支撑，更要为生态文明大背景下，打造世界级理想人居样板的嘉善，提供前行的引航方向。

第一节　总师总控的嘉善模式解读

Interpretation of the Chief Planner Control Model in Jiashan

在嘉善示范区的发展历程中，总师总控模式发挥了强大的作用。总师总控模式，作为一种基于城市总规划师模式的创新管控方法，旨在通过行政与技术“1+1”的机制保障，实现对实施项目全流程、全方位的穿透式管控。这一方法，将行政与技术的力量融为一体，形成了一种“1+1>2”的机制保障以及强大的推动力，为嘉善示范区的发展注入新的活力。这种模式，在长三角生态绿色一体化发展示范区建设三周年这一时间紧、任务重的大背景下，显得尤为重要。

通过建立完善的机制保障、全过程审查和实施把控，我们确保了项目的高品质落地。这种模式，既强化了项目管理的有效性，也提升了项目的执行效率；既保证了项目的顺利推进，也确保了项目的高品质完成。通过对项目的全方位管控，总师总控模式为嘉善示范区的规划发展奠定了坚实的基础。

一、机制保障

Mechanism Guarantee

在嘉善示范区，为了更好地推动重大项目的品质实施，示范区管委会携手总师团队以及各相关部门，共同成立了示范区重大项目攻坚指挥部。在这个指挥部中，沈磊教授与管委会主任共同担任执行指挥长的角色，建立了一套统筹、审查与协调机制。这套机制涵盖了技术审查、项目推进、问题清单、定时督办等多个方面，形成了一个闭环的管理流程和路径，覆盖项目推进与实施的各个环节，确保了项目的顺利推进实施和品质保障。

无论是机制的建立，还是执行的力度，都体现了总师模式在规划实践中的统领作用，以及它与嘉善的生态城市整体规划实践理念的紧密关联。在这样的机制保障下，总师团队快速推进、高品质完成，用片区新风貌、新活力迎来示范区建设三周年。

图 9-1　90 余次技术讨论 / 推进会、方案审查 / 审定会

二、全过程审查

Phase of the Full Process Review：Encouraging Superior Design through Technical Review

遵循“三新一田”和“13820 行动规划”的指导原则与纲领，总师团队抓牢“生态、绿色、双碳、智慧、共富、一体化”等展示目标，它们如同指引前行的灯塔，照亮了嘉善示范区的发展道路。在从概念方案到初步方案，再到施工图方案深化的每一个环节中，总师团队与各项目设计单位紧密协作，联合作战，通过深入研究规划、交通、农业、环保、水利等多个领域的技术规范和政策要求，不断提炼和深化项目设计目标和展现高度，组织了一场又一场的技术讨论，一轮又一轮的方案审查和审定会（图 9-1）。

这些会议不仅是形式上的意见交流，更是思想碰撞以擦出规划智慧的火花。总师团队致力于持续有效地推进，让设计方向更加聚焦，设计细节更加优化，项目呈现的内涵更加丰富，确保设计蓝图精准落地。

以具体项目为例，金色底板项目围绕“田丰、水清、路畅、林美、村富”的关键词，以较大的尺度绘就了一幅嘉善的生态美丽画卷；生态岛项目追求“一抹无痕、不惊虫鸟”的高远境界，它像是大自然的天成之笔，让自然与人温柔地和谐共生。竹小汇项目则紧扣“零碳聚落、无废聚落、生长聚落”的“双碳”示范要求，如同未来科技的种子，在这里萌发零碳的枝丫，展示了可持续发展的新路径。这些项目的设计方案，在总师模式的保障下层层深化，做到“目标不丢失、意向不走样”，真正为长三角生态绿色一体化发展示范区生态文明建设提供嘉善片区的生动实践。

图 9-2　60 余次现场技术指导、样板段审查及审定（一）

2022年5月28日竹小汇科创聚落项目　2022年6月3日科创绿谷研发总部项目　2022年6月17日沉香文艺青年部落项目　2022年6月28日竹小汇科创聚落项目　2022年7月5日竹小汇科创聚落项目

2022年7月30日竹小汇科创聚落项目　2022年8月6日沉香文艺青年部落项目　2022年8月10日竹小汇科创聚落项目　2022年8月19日竹小汇科创聚落项目　2022年8月29日金色底板项目

图 9-2　60 余次现场技术指导、样板段审查及审定（二）

三、实施把控

Phase of the Implement Control Measures: Guarantee the Presentation of High-quality Results with On-site Control

面对“13820 行动规划”中 20 大项目时间紧迫、任务艰巨、分项实施、交叉面广等复杂局面时，总师团队与示范区管委会、业主单位、设计单位紧密携手，用辛劳和汗水共同谱写了一曲合作与奋斗的乐章。通过定期深入现场，在现场开展技术指导及审查，协调项目界面和实施内容，总师团队如同细心的园丁，照料着示范区每一个项目“娇嫩欲滴的花叶”，力求做到三周年展示路线上目力所及范围无死角，每一个角落都能展现出最佳的状态。我们实事求是对每一个项目实施内容的必要性和可行性进行深入研讨，及时调整，剔除或增补工作内容，商讨设计的优化或转化措施，并确保工程建设的动态衔接（图 9-2）。同时，我们还要确保项目实施过程中的每一个样板墙、每一个样板段都经过严格的审查和审定，从材料选型到节点做法，从部件选择到封样，力求把握每一处细节的品质，提出专业的意见或建议。为进一步确保项目的每一个环节都无遗漏，总师团队分项目、分阶段、分专业落实责任人，对日常施工巡场中发现的问题及时反馈，提出优化建议，并督促设计和施工单位落实整改。种种努力，都旨在保障总体呈现效果符合设计的初衷，这是总师团队对嘉善示范区未来发展最有力、最庄严的承诺。

第二节　重大项目精彩呈现

Major Project Highlights

在示范区建设三周年之际，嘉善祥符荡迎来了一批具有高显示度、强示范性、广泛影响力的重大项目。它们如同一颗颗璀璨的明珠，镶嵌在嘉善示范区的发展蓝图上。全域秀美金色底板，是全面践行“两山”理论的生动实践，金色的画卷在嘉善的大地上缓缓舒展。竹小汇零碳科创聚落，作为国内首个零碳园区，用技术的创新承载着对未来生活的美好承诺。示范区企业交流服务基地，那形如“一叶扁舟”的三星级绿色建筑，是嘉善创新与发展交流的智慧和梦想。祥符荡科创绿谷研发总部，在江南风光中打造生态绿谷的“最强大脑”，聚集着全国各地的创新人才。沉香文艺青年部落，作为展示浙江共同富裕示范的重要窗口，凸显着嘉善在高质量发展进程中的重要作用。示范区建设三周年期间，嘉善全面展现了以全域秀美为底色、以生态绿色为特征、以城乡融合为内涵、以智慧科技为赋能的高质量发展样板，为长三角生态绿色一体化发展示范区注入了全新活力。

“在欧洲看麦田、在中国看稻田”。嘉善祥符荡的稻田不仅是丰收的象征，更是中国本土生态、绿色发展的骄傲。田地丰饶、水清波漾、道路通畅、林木葱郁、村庄富裕，既是江南水乡独树一帜的温婉风姿，更是嘉善祥符荡的生态之歌。风过原野，穗浪金波，嘉善祥符荡已然成为未来理想人居环境的示范地。在长三角生态绿色一体化发展示范区“总师模式”创新性的“规建运管服”体系推动下，嘉善稻田阡陌、水清鱼跃的祥符荡更显金黄与祥和，手触清风形状，耳听大地呼吸，各重大项目正呈现出其独具的生态绿色本底魅力。

一、生态绿色示范：全域秀美金色底板

Eco-friendly Demonstration：A Beautiful Fertile Farmland Landscape Throughout the Region

在广袤的神州大地上，粮食安全如同一条沉甸甸的黄金链条，牢牢系着国家的

繁荣与民族的未来。习近平总书记的铿锵之声犹在耳畔:“中国人要把饭碗端在自己手里”，这不仅是一句誓言，更是对亿万同胞的庄严承诺。在这片土地上，每一寸耕地都是宝贵的财富，我们坚守着这条红线，如同守护着生命的源泉。我们的目标是宏伟的——建设高标准农田，让沃土生金；我们的决心是坚定的——提升农田水利，确保水源充沛；我们的步伐是坚实的——推动现代种植业、农业机械等技术装备水平不断攀升，让科技成为丰收的翅膀。在我国粮食安全发展的道路上，粮食生产功能区的规划和建设，不仅仅是纸上的蓝图，更是脚下的实地，是我们将“藏粮于地、藏粮于技”的战略落到实处，转化为实实在在的粮食产量，转化为家家户户餐桌上丰盛佳肴的必由之路。

嘉善，镶嵌在杭嘉湖平原的肥沃土地之上，是江南鱼米之乡的璀璨明珠，素有“浙北粮仓”的美誉，承载着深厚的历史文化底蕴。在这里，稻作文化如同一条流动的河，穿越了千年时光。我们深入挖掘了嘉善的生态与历史文化本底，以嘉善农田的基底和农业的基础为出发点，构想出了嘉善生态绿色示范的发展方向——“全域秀美金色底板”。这不仅是嘉善的一张金名片，更是对生态文明理念的深刻实践。我们以“两山理论”为指导，将生态绿色作为发展的特征，智慧科技作为赋能的手段，对田、水、路、林、庄等要素进行整合与优化。在这片土地上，文化、生态、智慧、产业等功能被巧妙地植入，共同织就了金色底板一幅“田丰、水清、路畅、林美、村富”的“金十字”城乡融合图景（图 9-3）。这里以最和谐的生态环境、最优质的景观风貌，为承载高质量的城乡空间、支撑高效能的产业创新、吸引高层次的创业人才，锚固了一块无可挑剔的“最”生态底板，将“全域秀美金色底板”打造成为嘉善的一张金名片（图 9-4）。嘉善，正以其独特的魅力，向世界展示着中国生态文明建设的成果，讲述着城乡融合发展的美好故事。

在嘉善，全域秀美金色底板践行着一场农田变革的实践。目标清晰，方向明确，旨在打造“万亩高标准农田示范、机械规模生产示范、绿色生态防控示范、高效节水灌溉示范、尾水净化循环示范”。这些目标，不仅仅是为提升农田的产量和质量，更是对农田景观的一次重塑，是对生态环境的一次深刻保护。嘉善的农田，就像一张张精细的画布，描绘出了“在欧洲看麦田、在中国看稻田”的壮丽景象（图 9-5）。

祥符荡周边 1 千米范围内，退塘还稻的行动正在进行，结合现状水网，以水为界合理划分 28 个灌区，以灌区为单元整理田向，合理归并田块，确保灌区内田向一致，

金色底板的“金十字”

横向田、水、路、林、庄要素营建

纵向融合文化、生态、智慧、产业

田丰：田成方、零排放、提产能，实现科技丰田、金色大美

水清：控源头、活水流、绿岸线，实现水清岸绿、鱼翔浅底

路畅：路成网、优设施、塑景带，实现路不断头、景不断链

林美：留绿树、植乡土、塑生境，实现林茂草盛、鸟语花香

村富：优环境、提产业、美人文，实现生态共富、水韵嘉乡

图 9-3 “金十字”技术路线

图 9-4 嘉善全面践行“两山”理论的“金色底板”

图 9-5 “在欧洲看麦田、在中国看稻田”的高标准农田底板

形成长 200~300 米、宽 100~150 米的规整田块。水网的合理划分，灌区的科学规划，田块的整齐归并，为农机便捷入田创造条件。为满足集约用地、路网畅通的目标，通过对现状机耕路的梳理和优化，形成了一个“一环、九主、多支”（图 9-6）、机耕主路与支路交织（图 9-7）的路网结构，并通过路网优化实现还田面积约 30 亩（约 2 公顷）。这不仅是出于生产的需求，更是出于集约用地的考虑。

机耕路两侧设置 0.5 米的绿色防控带，采用乔木 + 灌草的种植结构，选取速生丰产、抗性强的乔木，及抑制杂草生长、利于益虫生长的地被——构建出林网整齐交织的农田防护系统，这不仅有助于农作物的增产，也是对生态环境的尊重。通过管道和低压灌溉泵站方式实现高效节水灌溉。采用管道 + 低压灌溉泵站的高标准方式（图 9-8），灌溉保证率不低于 90%，灌溉水利用系数不低于 0.9。同时基本实现了新建灌区“一区一泵”，集约高效，泵房面积小而精，为 20~30 平方米，利用太阳能满足水泵电力需求，实现了零能耗。

在农田尾水的净化方面，充分利用现状浜与塘，整修、新修生态沟渠，渠内种植对氮、磷具有较强吸附力的水生植物，以对尾水进行初级净化。收集的尾水经过生态净

图 9-6 “一环、九主、多支”的机耕路网

图 9-7 “机耕路网 + 生态林网”构建绿色农田防控系统

图 9-8　管道与低压泵站结合的高效灌溉方式

化塘或植物净化带处理后，再排入河道，实现了全域农田尾水零直排的目标（图 9-9、图 9-10）。

金色底板下水生态系统重构，以“南北结合、灰绿结合、净建结合”为路径（图 9-11）。我们着手重构祥符荡自我维持、自我演替、良性循环的水生态系统。这是一场结合水岸同治的行动，旨在实现祥符荡水质、生态及景观的全面提升，打造一个世界级滨水空间，让祥符荡重现“万顷祥符荡，风静水天波”的美丽画卷。遵循生态系统的整体性、系统性及其内在规律，我们坚持人工修复与自然恢复相结合的方式，采取了一系列工程措施。沉水植物的恢复、水生动物的调控、清水的降浊、景观的提升、水生态监控平台的建立，每一项措施都是对生态平衡的深思熟虑。通过这些措施，祥符荡的水环境主要指标正在逐步达到地表水Ⅱ类标准，水景观的透明度达到了 2 米，水生态的沉水植被覆盖度超过了 70%，生物多样性指数得以提升，生态系统的自然良性循环得以呈现。在这里，“水清岸绿，鱼翔鸟栖，草长萤飞”，构成了一幅和美的生态画卷（图 9-12），让祥符荡成为一个展现生态文明建设的成功案例。

滨水景观提升兼顾生态性及观赏性，近水区结合清水工程，打造以沉水、挺水植物带与季节性浅滩湿地构成的生态缓冲带，

图 9-9　农田尾水零直排的生态净化系统

图 9-10　农田尾水零直排的生态净化系统

沉水植物恢复　　水生动物调控　　清水降浊工程

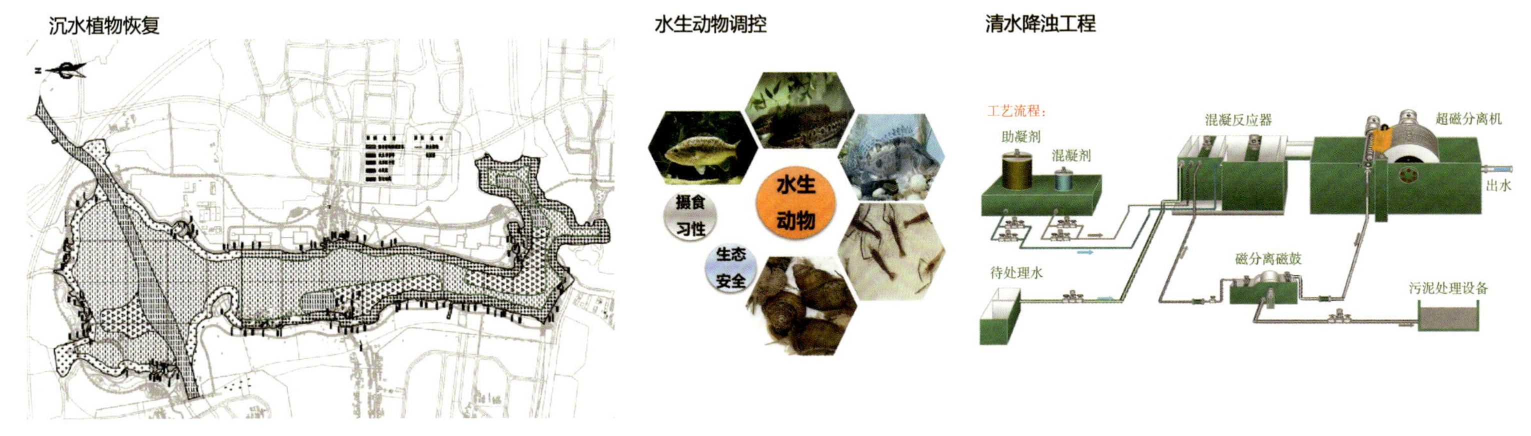

景观提升工程

①对面源污染有着明显的缓冲作用，削减一定量的营养盐。

③以沉水植物净化为主，并且逐步构建水生动物调控系统。

②降低水的流速与水动力扰动作用，稳定沉积物，维持水陆交错带植被群落。

水生态监测管理平台

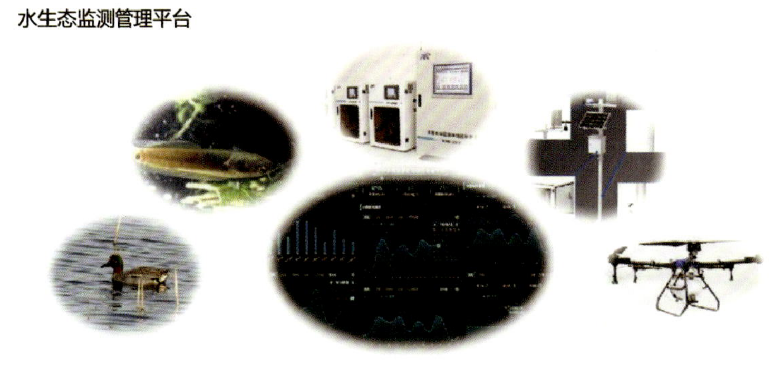

图 9-11 “南北结合、灰绿结合、净建结合”的祥符荡清水工程

图 9-12 “水清岸绿、鱼翔鸟栖、草长萤飞”的南祥符荡美景（一）

图 9-12 “水清岸绿、鱼翔鸟栖、草长萤飞”的南祥符荡美景（二）

以拦截周边地表径流带来的面源污染；缓冲带植物选择主要考虑其对水体的净化作用及观赏价值，形成结构稳定、水陆交融、自然优美、生物友好的滨水植被景观体系（图 9-13）。

打造环绕南、北祥符荡如意水杉道及滨水游步道系统（图 9-14），采用借景、障景等手法营建“开合”空间，融路于景、路随景异，步道上打造了祥符揽云栈桥（图 9-15）、北岸草坪公园（图 9-16）等一系列具有生态底蕴的典型项目。结合具有江南特色、原生态野趣的自然花境设计，营造“在原野上漫步，在田野中穿行”的美妙体验，为形成“全域秀美金色底板”助力（图 9-17）。

图 9-13　层次丰富的滨水生态湿地景观体系

图 9-14　环荡骑行及步行道系统

图 9-15　祥符揽云栈桥

图 9-16　北岸草坪公园

图 9-17　全域秀美金色底板

二、“双碳”目标示范：竹小汇零碳三生空间

The National Dual Carbon Strategy Demonstration: The Zhuxiaohui Project Zero Carbon Triple Living Spaces

在国家“双碳”目标指引下，祥符荡片区重大项目的精彩呈现，可以从竹小汇零碳三生空间的典型示范中撷一叶而见泰山。总师团队以创新的理念，启动“竹小汇智慧田、竹小汇生态岛、竹小汇科创聚落”三个系列项目，它们是生产、生态、生活空间“零碳 + 科技赋能”示范成果的综合展示（图 9-18）。“竹小汇智慧田”通过科技手段提升农业生产效率，减少碳排放，用生产空间降碳；“竹小汇生态岛”强调生态保护和可持续发展，构建了一个和谐共生的生态系统，用生态空间固碳；“竹小汇科创聚落”则聚焦创新科技的减碳降碳效果，实现生活空间零碳。

竹小汇项目对标贝灵顿、哥本哈根等世界级零碳样板，通过对既有适用技术的系统化集成和输出，打造全国首个零碳运行的科创聚落。“竹小汇智慧田、竹小汇生态岛、竹小汇科创聚落”系列项目，通过聚落尺度的技术试验及模式探索，成为“双碳”目标高质量落地的成功实践，形成了一个可复制、可推广的“竹小汇模式”。这一模式不仅为长三角地区，甚至为全国未来的低碳园区、社区、城区的建设提供了创新经验和示范样板。

（一）竹小汇智慧田 Zhuxiaohui Intelligent Field

实现农业现代化是全面建设社会主义现代化国家的重大任务，将新型技术、现代装备、先进理念等引入农业，

图 9-18　竹小汇零碳生产、生态、生活“三生”空间鸟瞰（一）
图片来源：中国生态城市研究院沈磊总师团队

图 9-18 竹小汇零碳生产、生态、生活“三生”空间鸟瞰（二）

提高农业生产效率、促进农业全面升级和发展是未来农业的发展方向。“竹小汇智慧田”项目即是一个探索低碳模式稻田农业发展的典范。从我国整体情况来看，农业是温室气体的重要排放源，其排放的 CH_4 和 N_2O 分别占到全球人为 CH_4 和 N_2O 排放总量的约 50% 和 60%；农业中稻田是最主要的碳排放源，长江中下游稻作区水稻种植面积约占全国水稻种植总面积的 40%，稻田 CH_4 排放量约占全国农业 CH_4 排放量的 40%。因此，探索低碳模式的稻田农业发展模式对于碳达峰及碳中和具有重要意义。

“竹小汇智慧田”占地约 400 亩（约 27 公顷），包括 350 亩的数字科技田和 50 亩的育种试验田，是实现碳达峰及碳中和目标的重要实践。项目围绕“增汇”“减排”“降耗”“循环”理念，结合嘉善千年的稻作文化，通过实践打造“高标、生态、低碳、智慧”的现代农田。通过科技手段，智慧田（图 9-19）降低了水稻生产过程中的人力和物力能耗，从而减少了碳足迹。具体来说，智慧田实现了稻田 CH_4 排放减少 10%~15%，间接碳排放减少 8%~15%，水资源消耗减少 30%，肥料使用减少 10%，氮、磷排放减少 30%，亩均劳动力投入减少 100 元左右。这些改变不仅带来了环境效益，也带来了经济效益和社会效益。竹小汇智慧田的成功，为未来农业高质量发展提供了科技加持下的样板经验。

智慧田一系列创新技术的应用，也正在改变传统农业的生产方式，向着“生态、低碳、智慧”的方向发展。通过规整田块、优育稻种、加强农业设施建设等方式提升了粮食产量，目前水稻亩产量可达 750 千克，成功打造了农田质量高、产出能力高、抗灾能力强、资源利用效率高的“高标田”（图 9-20）。

通过生态沟渠的设置，渠内种植的金鱼藻、灯芯草等水生植物，以及渠底铺设的卵石，共同构成了一个高效的氮、磷元素吸附降解系统。结合入河口附近生态调蓄塘的深度净化，农业尾水实现了零直排，有效保护了周边环境，打造“生态田”。依托算法模型和薄露灌溉原理，通过预先埋设的田间水层监测仪、土壤墒情监测站、田间进水/排水自动阀等物联网设备，实现了水稻种植各生育期的精准灌溉。具体而言，在水稻种植的各个生育期，利用适宜水深作为农田灌排控制指标，即可在无人值守的情况下，根据水稻各生长期用水需求，远程设置田间水层上限参数。同时，通过全自动精准感应田间实际水深，自行控制灌排设备的开启和关闭，从而保证水稻各生长期的精准灌溉。在排水口处还设置有量控一体化阀门，可远程控制尾水排入生态塘，净化后作为灌溉水循环利用。这种灌溉方式不仅提高了水资源利用效率，还减少了人力成本，打造“低碳田”（图 9-21）。

图 9-19　数字科技智慧田

图9-20　育种试验“高标田”

数字科技的力量在智慧田也得到了充分发挥（图 9-22）。为建设水稻生产高标准机械化示范，我们依靠北斗地面产分网络的布设，广泛应用了无人侧深施肥、无人除草、无人插秧等农机无人驾驶技术，实现了育种、耕作、施肥、浇灌、收割的全过程自动化生产，利用数字赋能打造“智慧田”，大幅提高了生产效率。此外，物联网杀虫灯、虫情测报灯、水稻害虫性诱智能测报仪等生物防控、物理防控方式的应用，有效控制了有害生物对农作物的侵害，减少了化学农药的使用，保障了农产品的质量安全，以科技赋能新型农业的创新实践。

在竹小汇智慧田中，一项名为“天空地一体化的农业数字孪生平台”（图 9-23）正在如火如荼建设。平台集成了多种先进技术形成智能化系统，将稻田种植的各个方面都纳入了数字化管理。平台基于薄露灌溉、稻田分布式水量水质、水稻生长、水稻病虫害、设备数字化等水稻种植模型算法，利用软硬件一体和人工智能服务，实现了农场、作物、环境、种植等信息的全面感知互联和数字孪生。通过这一技术，田间管理的每一个细节都被精准掌握，生产经营数据得以沉淀，农场知识管理体系得以建立。此外，这一平台不仅加强了田间管理，还为农业决策者提供了科学的依据，实现了农业生产的智能化辅助决策。竹小汇智慧田的创新实践，是农业

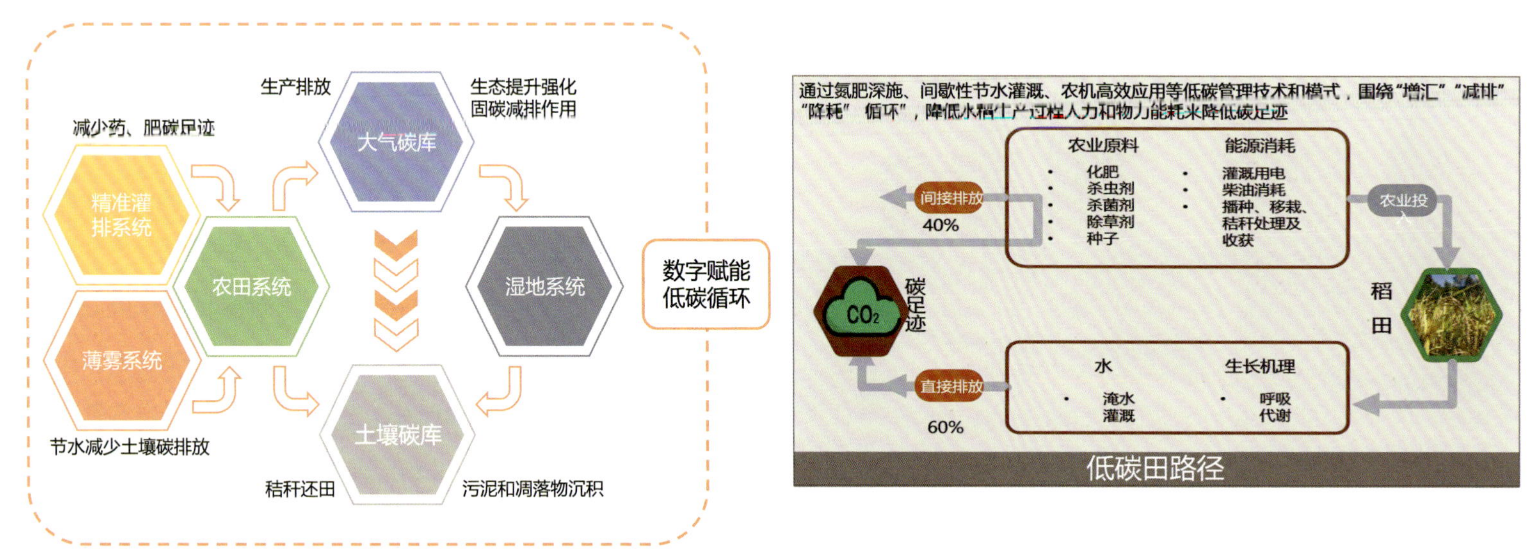

图 9-21　精准灌排系统减少碳排放的“低碳田”技术

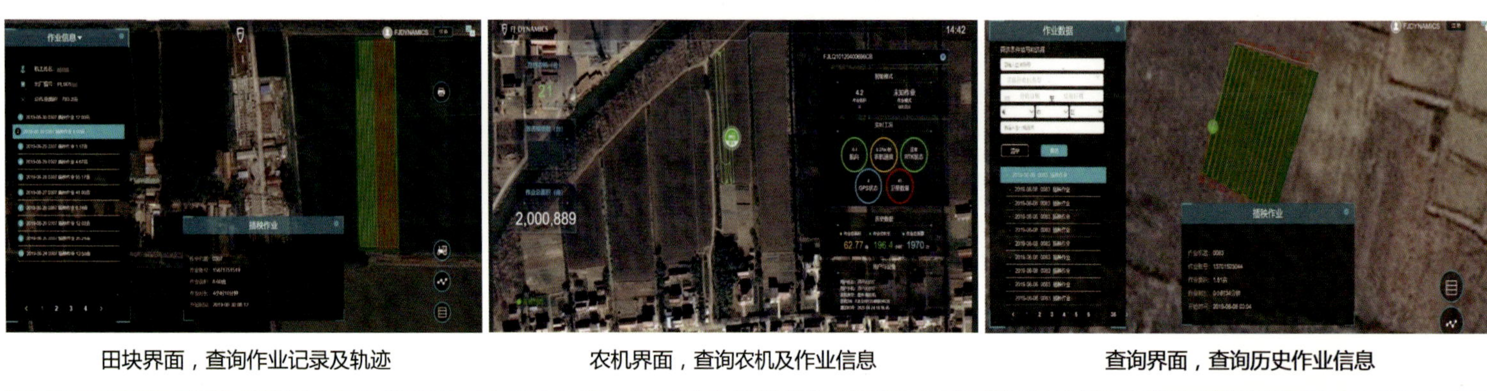

田块界面，查询作业记录及轨迹　　农机界面，查询农机及作业信息　　查询界面，查询历史作业信息

无人插秧机　　无人机喷洒农药　　无人收割机

图 9-22　无人农机实现自动化生产

现代化的重要一步，它打造了未来智慧农田示范样板（图 9-24），展示了数字科技如何赋能传统农业，提高农业生产的智能化水平，为农业的可持续发展提供了科技支撑。

（二）竹小汇生态岛 Ecological Island of Zhuxiaohui

“生态优先，绿色发展”是我国新时代背景下的发展方向，浙江有着得天独厚的生态优势。如何处理好生态与发展的关系，总师团队通过“竹小汇生态岛”进行了一次探索性的实践。嘉善是浙江省唯一的河湖生态系统体验地，也位于世界三大鸟类迁徙廊道的太湖生态区。鸟类生物多样性保护一直是嘉善依靠自然做功、推动生态绿色发展的重要举措。竹小汇生态岛，是嘉善对生态环境保护和生物多样性恢复的一次积极探索。生态岛占地面积约 107 亩（约 7 公顷），岛上原本是一片湿地野塘，是多种水鸟的栖息地。然而，部分坑塘水质浑浊，植被及地被杂乱无章，景观层次感较差，湿地生境系统亟待修复。

通过总师模式的介入，生态岛的建设遵循了“一抹无痕，不惊虫鸟”原则，采取了“最大化的野境保留、最自然的生境增补、最轻柔的活动介入”策略。通过微地形改造，新增浅滩、浅水、孤岛等适合不同鸟类栖息的场所，补植了多种食源、蜜源、虫源植

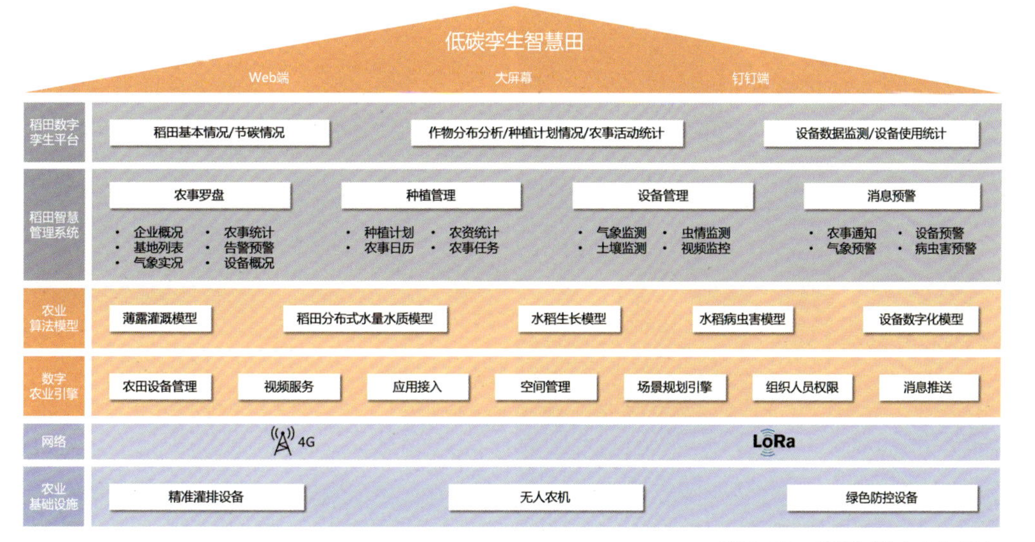

图 9-23　智慧田数字孪生平台

图 9-24　未来智慧田示范样板

图 9-25　竹小汇生态岛效果图

物，以满足虫、鸟觅食需求，从而通过规划设计进一步提升区域生物多样性（图 9-25）。同时，生态岛还运用了 AI 智能鸟类监测系统，实现了对周边鸟类的自动巡航抓拍和智能识别分类。结合岛上的科普宣传设备，实时公布鸟类种类、数量等信息，建立鸟类资源库。目前，生态岛已成为嘉善生物多样性的优质体验地。AI 智能监测系统的数据分析显示，生态岛上的鸟类、萤火虫数量已明显增多。值得注意的是，萤火虫是江南水乡环境质量的最明显指示物种之一，它们的回归证实了祥符荡区域水环境及生态生境质量已达到较高的水平。竹小汇生态岛（图 9-26）不仅恢复了湿地生境，保护了生物多样性，也为公众提供了一个亲自然、体验生物多样性的场所，还作为片区生态修复与保护的标杆，向长三角乃至全国推广，展示了嘉善对生态保护和绿色低碳发展的重视。

图 9-26　竹小汇生态岛实景图

3大聚落+1个系统

零碳聚落
碳平衡

以绿色建筑、绿色交通进行“碳减排”，以多能互补进行“碳补偿”，包括太阳能、地热能、风能和生物质能，通过生态环境固碳进行“碳汇”

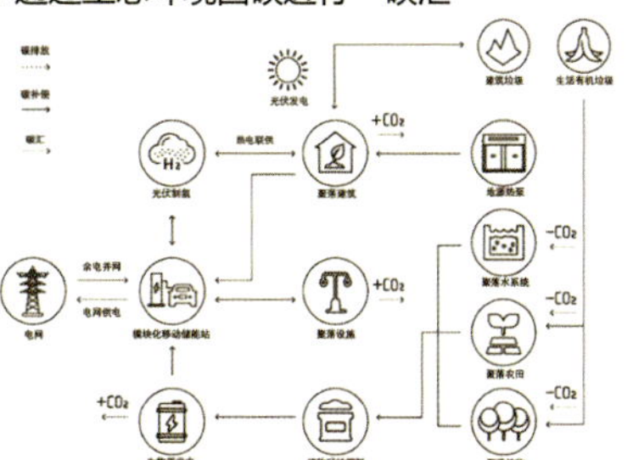

无废聚落
物质循环

以污废水处理、餐厨垃圾分散处理、生物降解、资源循环利用等技术集成实现资源的无废利用

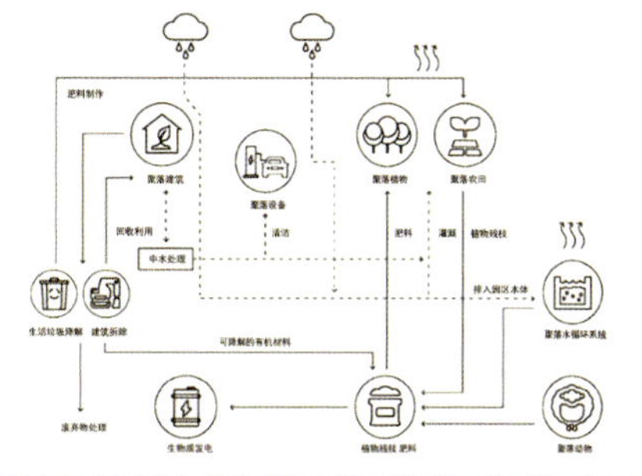

生长聚落
生命周期

通过智慧化调试提供使用稳定性，监测引导使用中绿色生活方式，通过定期数据评估进行技术组合优化，实现低碳绿色化精明生长

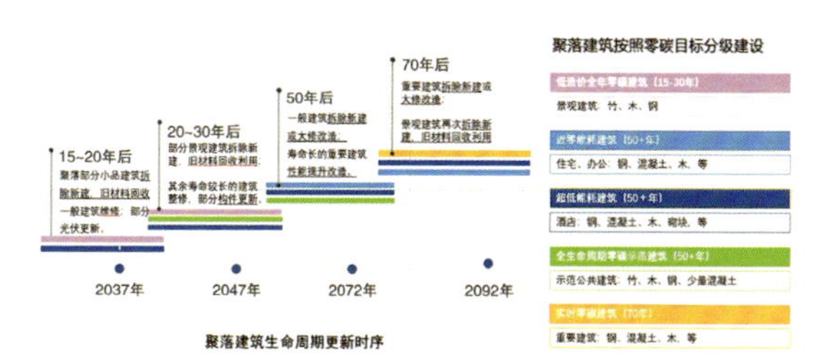

数字智慧化管理运营平台系统

1. 能源资源环境监管展示平台　2. 数字孪生智慧运营管理平台

图 9-27 “3 大聚落 +1 个系统”的竹小汇模式

（三）竹小汇科创聚落 Zhuxiaohui Science and Technology Innovation Cluster

我国提出二氧化碳排放力争于 2030 年前达到峰值，努力争取 2060 年前实现碳中和。在此政策指引下，竹小汇吸取国际国内先进理念和经验，集成多项先进技术，系统打造可复制推广的零碳模式。竹小汇科创聚落，即是嘉善在科技创新和低碳发展领域的又一次重要尝试。项目基地主要由竹小汇和储家汇两个自然村组成，我们以最大化遵循村落空间肌理为原则，对原有宅基地进行有机更新。在聚落中，新的建筑空间不仅承载了新的功能业态，而且还融入了新的技术应用。通过与国际先进案例的比对，竹小汇科创聚落以打造“全国第一个零碳聚落”为目标，采用适宜的绿色技术集成，形成了“3 大聚落 +1 个系统”的竹小汇模式（图 9-27）。这 3 大聚落分别是零碳聚落、无废聚落和生长聚落，而“1 个系统”则是指竹小汇的数字智慧化管理运营平台系统。这个模式旨在向全国展示“双碳”领域的“长三角方案”，为全国的低碳园区、社区、城区建设提供创新方案。

竹小汇科创聚落的“零碳聚落”目标，集成了多项绿色技术（图 9-28），主要通过两个主要路径实现。一方面，聚落内的所有建筑都是零碳建筑或超低能耗绿色建筑，所有的交通出行都采用氢能源微公交或骑行、步行的方式，以此来促进“碳减排”。另一方面，聚落内的所有用电都来源于清洁能源，同时利用庭院、广场及生态岛植被的碳汇作用，实现“碳补偿”，二者共同组成整体的碳平衡系统。

目前，聚落已经开始实施太阳能、风能、地热能的应用。通过光伏瓦、光伏板，将太阳能转换成电能，预计年发电总量可达 23 万度。这些电能储存于高性能的锂电池中，除了为聚落内部稳定供电外，还可以发挥新能源汽车充电等作用，多余的电量亦可以并入国家电网。此外，聚落还利用地源热泵系统采集地热能，作为空调系统的冷热

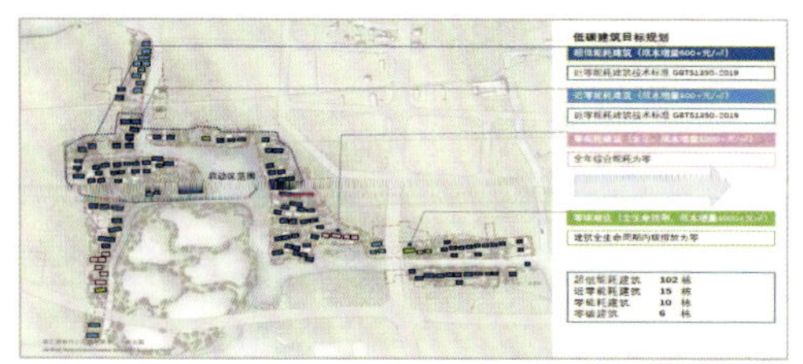

低碳建筑落位

建筑光伏一体化分布

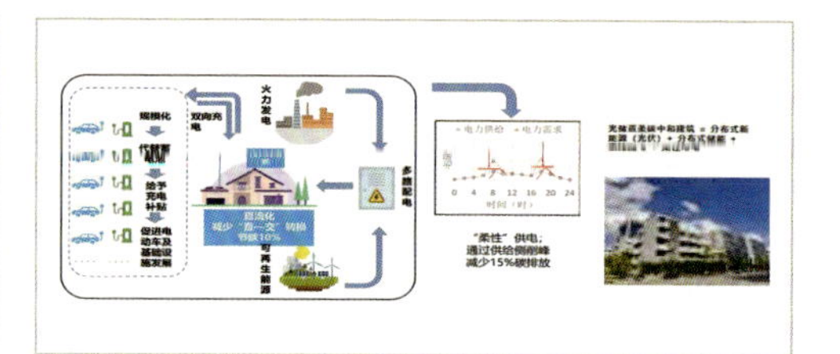

光储直柔系统

多源能源协同供应

地源热泵系统落位

绿色交通系统规划

智慧低碳设施分布

物质循环系统分布

智慧运维平台

图 9-28 竹小汇模式：绿色技术集成

源，取代了高能耗的传统空调，大大降低了聚落的用电需求。未来，聚落还计划结合氢能、生物质能的应用，进一步实现“多能互补”的物质循环，以达到全生命周期零碳、负碳目标。

竹小汇科创聚落“无废聚落”的目标，是通过一系列创新措施实现的。首先，在新建筑的建造过程中，聚落采用了原建筑拆除利用以及收集周边村落中废弃的旧砖瓦进行建造的方法，这不仅节约资源、无废排放，还保留了乡村的历史文脉。其次，在建筑的外围护结构和室内装饰材料中，大量使用了可回收再利用、碳足迹可追踪的绿色建材。聚落还采用了地埋式、模块化的小型污水处理设备，对收集的生活污水进行膜生物反应器处理。处理后，将符合出水要求的中水在园区内实现回用，并对处理过程中产生的废气、污泥进行安全处置后排放，在聚落内有效实现了水资源的循环利用。未来，随着聚落配套服务功能的完善，计划结合酒店和餐饮业态，增设餐厨垃圾降解设备。利用微生物作用实现对餐厨垃圾的源头降解，减量率可高达 99%，这将大大减少垃圾处理的压力，实现垃圾资源化，进一步助力“无废聚落”目标。

竹小汇科创聚落的“生长聚落”目标，是一个涵盖建筑、空间、系统以及适应性生长的全面概念（图 9-29）。首先，在建筑生长方面，聚落内的所有建筑都贯彻了全生命周期低碳或零碳理念，确保建筑自身能够实现碳平衡，甚至是“负碳运行”。这意味着从设计、建造到运营的每一个阶段，都需要减少或消除建筑对环境的影响。其次，在空间生长方面，竹小汇科创聚落整体占地面积约 180 亩（约 12 公顷），采用“九字形”布局，分三期建设。目前建成的一期是

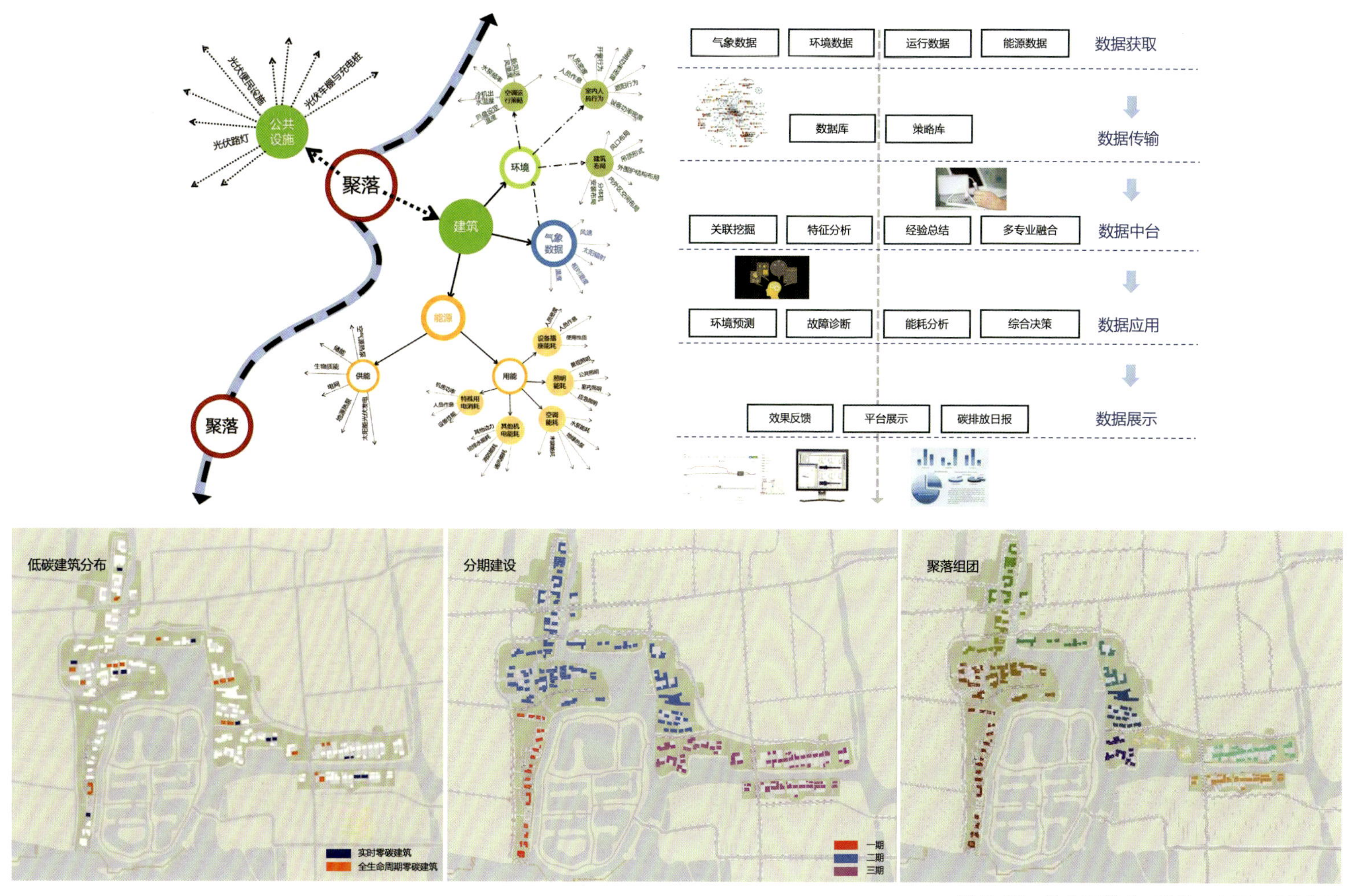

图 9-29 竹小汇模式：建筑、空间、系统生长

整个聚落的启动区，未来二期、三期的建设将为零碳技术更全面的整合和优化提供空间载体，进一步通过聚落空间的生长，推动聚落零碳、无废目标的发展。第三，在系统生长方面，聚落通过实时采集、分析和评估所有建筑的运行数据，以及利用各类系统及设备做功情况的数据反馈，为现有技术的迭代更新提供基础支撑。通过系统化的管理和优化，确保聚落运行的高效性和可持续性。最后，在适应性生长方面，竹小汇的试验成果未来可实现在不同地域进行推广和复制，积累不同气候和资源条件下的零碳园区建设经验，使得竹小汇科创聚落的零碳发展模式能提供更多元的视角和解决方案。

竹小汇科创聚落的“1 个系统”，即基于数字孪生的数字智慧化管理运营平台系统，是聚落实现高效管理和可持续发展的核心。这个系统通过叠加数字孪生技术，构建了一个“双碳”各要素之间的串联与模拟平台，实现了高效监管、智慧运算以及可拓展的整体运维（图 9-30）。该平台能够对建筑室内舒适度和室内环境质量进行实时监测，对建筑及聚落的碳数据进行采集、分析和调控。这种全生命周期、自

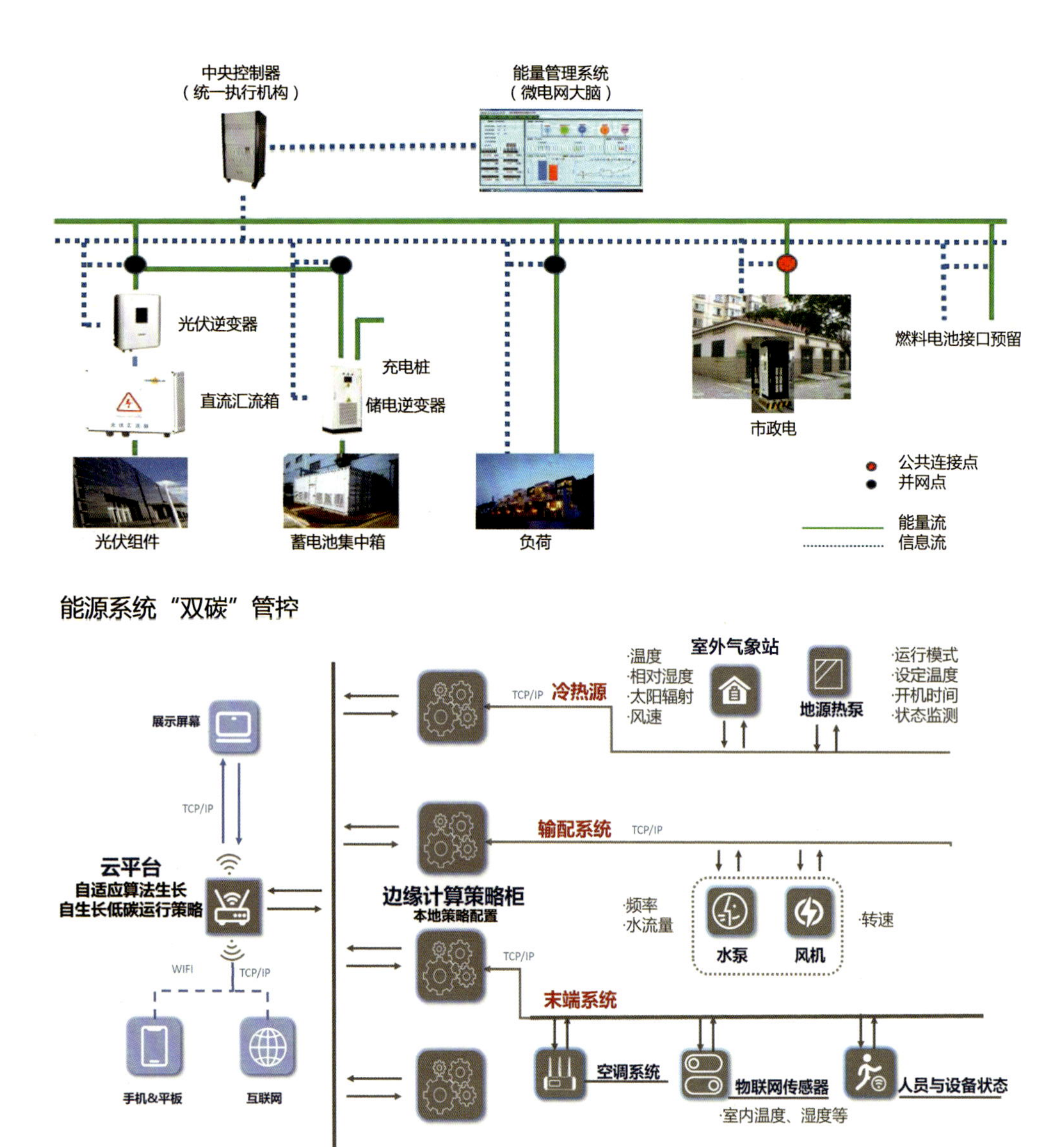

图 9-30　竹小汇模式：基于数字孪生的智慧运营管理平台对建筑及能源实现“双碳”管控

适应、生长型的零碳管理系统，不仅优化了聚落的运行效率，还确保了环境质量的持续提高。通过实时监测和数据驱动的决策，竹小汇科创聚落的智慧运维平台能够及时响应各种变化，自动调整系统设置，以适应不同的环境和需求，以智能化、精细化的管理方式为聚落的零碳目标提供强有力的技术支持。

竹小汇科创聚落的整体启动区，总用地面积约 1 公顷，分为两期进行建设。一期总建筑面积约 2600 平方米，其中地上部分约 2000 平方米，地下部分约 600 平方米，包括了 4 组办公组团、1 栋展示中心、1 栋报告厅和 1 栋保留驿站。新建的建筑均为 1~3 层的低层建筑，体现了对自然环境的尊重和与周边环境的和谐融合。值得一提的是，报告厅被设计为“实时零碳”建筑，而展示中心则是“全生命周期”零碳建筑（图 9-31），其余的办公建筑则属于“超低能耗”绿色建筑（图 9-32）。这些建筑的设计和建造，都充分考虑了低碳和可持续发

图 9-31　竹小汇全生命周期零碳建筑——展示中心

图 9-32　竹小汇半围合的超低能耗办公组团

展的要求，打造零碳聚落。二期建设计划为配套服务功能建筑，总建筑面积约为7500平方米，已在筹备建设中。整个启动区的规划和建设，旨在展示竹小汇科创聚落的理念和目标，即通过创新设计和绿色低碳技术空间落位（图9-33），实现竹小汇启动区零碳和可持续发展的目标。

零碳聚落技术

Zero-carbon Community Technology

竹小汇科创聚落的“零碳聚落技术”，是一个集成了多样化先进设施的系统，从整体的发电、配电系统到具体的智慧座椅、路灯等设施，都体现了科技赋能零碳的先进技术趋势。

“光储直柔”配电系统整合了光伏发电、高效储能、直流输电和柔性控制四大环节，不仅平抑了电网的波动，更有效消纳了清洁电力，为片区的低碳节能和可持续发展注入了新的活力。

“光”这个字眼在这里拥有了新的含义。它不仅仅是阳光的象征，更是能量的源泉。我们利用太阳能这一清洁能源，为建筑提供了源源不断的动力。建筑南侧屋面的光伏瓦与连廊的光伏板组合，仿佛一幅巨大的太阳能画布，将光能转化为电能，为片区的发展描绘出一片绿色的未来。竹小汇科创聚落启动区的光伏瓦，铺设面积834平方米，总片数1324片，每片功率95瓦；光伏板铺设面积267平方米，总片数126片，每片功率360瓦。这些数字背后，是科技与自然的和谐共舞。

“储”是系统中的另一个关键词。在这里，多余的电能被储存于锂电池与储能充电桩中，以备不时之需。储能锂电池和充电桩，就像城市的能量仓库，埋设于办公组团的三、四地下室，每组锂电池的最大储能量高达200千瓦·时；储能充电桩的最大储能量为50千瓦·时。它们的存在，确保了能源的稳定供应，为聚落提供强大的电力支持。

“直”是这一系统中的效率先锋，指的是建筑配电系统的直流化。室内照明灯具等设备直接使用直流电，减少了交流、直流转换的损耗，提升了用电效率，碳排放也因此而减少了约10%。这种配电系统直流化的变革，既有效提升了能源的使用效率，也助力了聚落零碳绿色发展。

“柔”则是这一系统的灵魂所在。通过直流电压的变化，系统可以传递对负荷用电的要求，实现各电器的自律性调节，打造出一种柔性用电的新模式。这种模式，通过供给侧的削峰填谷，可以减少约15%的碳排放，为城市清洁能源使用提供了更多的可能性。

竹小汇科创聚落的“光储直柔”配电系统，不仅是技术和模式上的创新，更是对未来城市能源模式的深刻理解。它可以与聚落清洁电力系统实行“离并结合”，还可以与国家电网实行双向供电，既保证了聚落供电的稳定性，又将产生的绿色电力上网交易，实现了清洁电力的最大化消纳。

“太阳能充电座椅”，就像一位细心的管家，静静地守候在公共休闲活动场地，为过往的行人提供临时的休憩设施，同时也满足了人们短时充电的需求。这些座椅不仅利用太阳能发电，更是人性化地设置了无线和有线两种充电模式，让科技与舒适在这里完美融合。

“智慧路灯”，则是聚落夜晚的守护者。它们沿着主要道路，以150米的间距排列设置，不仅满足了基础照明的需求，更提供了Wi-Fi覆盖、信息交互和一键求助等功能，使得聚落的夜晚不再只是黑暗和寂静，而是充满了智能和便利。

“风力发电系统”，是竹小汇科创聚落的另一大亮点。三台10米高的垂直轴发电风车，矗立在零碳广场入口中央，它们的发电功率达到5千瓦，只需环境风速达到3米/秒的微风状态，即可开始发电。这些风车不仅为聚落提供了清洁的能源，所发电还能并入国家电网，同时他们的存在本身也是一道亮丽的风景。

图 9-33　竹小汇启动区绿色低碳技术综合规划与空间落位

“光储充一体化停车场”，则是静态交通与能源的完美结合。它利用太阳能发电，当光伏发电充足时，可以为微电网的其他负荷提供清洁电力；而当光伏发电不足时，则可以消纳微电网中的清洁电力，从而降低运营成本。系统还可以根据电网的情况调节充电桩的输出功率，实现柔性充电。无论是离网运行还是并网运行，无论是光伏发电不足还是市电断电，这个一体化停车场都能保持稳定运行，为聚落的零碳发展提供了强有力的支持。

“地源热泵系统 + 辐射板系统”（图 9-34），巧妙地利用地下的恒温能源，为聚落建筑提供独特的冷暖解决方案。这一系统采用分布式地源热泵作为建筑的唯一冷热源，结合建筑布局设 68 眼深入地下 120 米的地热井，分两套系统，为启动区的办公组团、展示中心及报告厅带来了稳定的制冷和供暖。而为了进一步提高能源利用的效率、降低经济消耗，我们还结合了本地“峰谷电价”的政策，设置了蓄水罐作为蓄冷蓄热装置。这一设置降低了运行费用，在系统低负荷时，可以直接利用蓄水罐供冷供热，而无需开启热泵机组，从而大大降低系统的运行能耗。地源热泵系统的末端，采用了供冷加新风除湿的辐射板，这种设计使得供冷散热均匀，无吹风感、噪声干扰及冷凝水排放，为使用者提供了极佳的体感舒适度。同时，辐射供冷的设计，在计算空调冷负荷时，可以将室内设计温度提高 1~2 摄氏度，从而进一步降低了能源负荷。与传统的空调系统相比，竹小汇科创聚落的地源热泵系统可以减少约 25% 的碳排放。

零碳聚落一系列的先进技术，不仅体现了科技的力量，更展现了嘉善祥符荡片区在城市规划中对环境保护的深刻理解和坚定承诺。在这里，每一眼地热井、每一块辐射板，都在默默地工作，以科技赋能，为城市的绿色发展贡献着力量。这些创新举措不仅提升了城市的能源利用效率，更提高了居民的生活质量，让城市的发展与自然的保护在这里和谐共存。

无废聚落技术
Waste-free Colony Technology

竹小汇科创聚落不仅在能源利用上展现了前瞻性，其在无废聚落技术方面的实践也同样令人瞩目。聚落通过可循环、绿色的隔热保温与建筑材料的集成应用，以及污水、餐厨垃圾的处理技术，甚至是智能分类回收的垃圾桶，都在为实现“无废”目标而不懈努力，传递着一种全新的生活理念。

在“外围护保温隔热系统”方面，展示中心与报告厅的外围护结构采用了“木结构 + 岩棉”保温复合墙体，而办公组团建筑的外墙保温则采用了 STP 真空保温一体板，这些材料的运用充分提高了建筑的保温隔热性能。所有建筑均采用了断桥铝合金三玻 Low-E 被动式门窗，将遮阳百叶内置，这样的设计既保证了建筑外立面的整体性，又提高了其美观性。

在建筑材料的选择上，我们仍然秉持“无废”理念，选择“可循环建材 / 绿色建材”。院墙使用了原建筑拆除后的旧砖瓦进行点缀，主要道路则铺设了老石板。旧材料的再利用，不仅减少了对新资源的需求，更为建筑增添了一份历史的韵味。建筑中使用的木材、钢结构及金属板等，都属于可回收再利用的建材，这种循环利用的方式，大大减少了对环境的影响。建筑室内采用的 LVT 弹性地板材料，高于欧盟 EI 环保标准，这种模块化乙烯基树脂材料，天然环保，不含甲醛、铅、苯、重金属等致癌物质，无可溶性挥发物；且材料中有 39% 的成分可回收。在安装过程中，这种材料可以减少至少 50% 的材料浪费，并在整个产品生命周期中实现碳中和。

“污废水处理系统”是聚落的清洁力量。污水处理站设置于办公组团一的西侧地下，采用 HQMBR 一体化污水处理设备，运用缺氧 / 好氧膜生物反应核心技术。

这种技术以其出水品质高、污泥产量低、抗冲击负荷能力强等优点而著称。污水过滤净化处理后的中水，主要被广泛应用于建筑单体的冲厕、室外景观的灌溉以及农田的浇灌，实现了水资源的最大化利用。而处理过程中产生的废物，则可以被用作肥料或转化为其他材料使用，进一步减少了资源的浪费。处理站的设计采用了模块化配置，具有极高的集成性，可以根据需要轻松扩容。目前，处理规模为50吨/天，但最高可扩容到100吨/天，这种灵活的设计确保了处理站能够随着聚落的空间生长而不断进化。在雨水的处理上，场地雨水采用了散排方式，设置了透水铺装、雨水花园等海绵设施，这些设施不仅美化了城市的环境，更有效地增加了地表水下渗，补充了地下水资源，同时减少了排入周边水体的地面径流。

图 9-34　竹小汇地源热泵系统一、地源热泵系统二、金属辐射板末端安装示意图

无废聚落技术除在能源和水资源利用上展现了其先进性，还被广泛应用于垃圾处理方面。在未来将应用的“餐厨垃圾降解系统”，将利用多种微生物的协同作用，实现了餐厨垃圾的源头分解，减量率可高达99%。这种处理方式不仅避免了垃圾的运输和储存问题，更极大地减少了垃圾对环境的影响。值得一提的是，这一系统无须特高温加热，因此在节约电能方面有突出表现。同时，降解过程中产生的污水经过净化处理后，也达到了排放标准。

此外，无废聚落还引入了“智慧垃圾桶”等设施。这些垃圾桶利用物联网和云平台技术，具备感应开箱、分类指示、自动通风、箱满提示等功能。智能化的设计，不仅提高了垃圾处理的效率，更增强了人们参与垃圾分类的便利性和积极性。

竹小汇通过“生产、生活、生态”三生空间的营造，打造了全国第一个零碳科创聚落，并将其绿色低碳技术集中展示（图 9-35），实现了“农业降碳、生态固碳、建造零碳”的目标，也作为全国第一个零碳科创聚落，提供了宝贵的“竹小汇模式”经验（图 9-36），最终将持续推动国家“双碳”目标的稳步落地。

图 9-35　零碳广场绿色技术集中展示空间

图 9-36　全国第一个零碳科创聚落——竹小汇（一）

图 9-36　全国第一个零碳科创聚落——竹小汇（二）
图片来源：中国生态城市研究院沈磊总师团队

三、产业协同示范——示范区企业交流服务基地

Industrial Coordination Demonstration：Exchange Service Base for Demonstration Zone Enterprises

总师总控模式在嘉善重大项目呈现方面，不仅注重生态绿色的环境和技术创新，还着眼于产业协同发展示范。长三角生态绿色一体化协同发展作为国家战略已推行到第4年，嘉善作为一体化示范区对接上海及江苏的“桥头堡”，从使命地位和服务职能上都有着巨大变化。随着引进企业、科研院所、社会团体的增多，片区所承担的交流、展示、会议等服务功能也显著增加，示范区企业交流服务基地的建设有效地解决了该问题。

示范区企业交流服务基地作为产业协同的重点项目，位于中兴路与贞观路交叉口东南侧，占地面积约48亩，其中一期占地约31.8亩，建筑面积约12800平方米。基地的建筑设计充满了现代感和实用性，由地上两层组成，内部设施齐全，包括大中型会议室、接待室、室内展厅、停车场及室外活动区，能够同时容纳约500人规模的会务交流、展览及研学活动（图9-37、图9-38）。

基地的建设，不仅为嘉善的企业提供了一个交流的平台，更是城市产业协同发展的重要载体。它将促进企业间的信息交流、资源共享和技术合作，为嘉善的产业发展注入新的活力。同时，基地也将成为嘉善生态城市规划成果的重要展示窗口，吸引更多的企业和投资者关注嘉善，起到连接企业、政府和公众的作用，共同助力嘉善的绿色发展。

示范区企业交流服务基地的建筑整体以“百年烟雨、一叶扁舟”为设计意向，其外形仿佛一艘乘风破浪的航船，这不仅是对嘉兴红船文化的传承，更是对这座城市历史文脉的深刻理解和致敬（图9-39）。建筑沿十里港向祥符荡进发，仿佛在历史的长河中航行，展现了一种时空的穿越和对话。

在物理建构上，建筑继承了华夏传统的“木”“石”材料，运用现代木结构技术来演绎传统的大木作工艺。环形屋面内圈由南至北逐渐高起，这是对传统营造法式中“举架”的现代诠释，而屋檐的自然曲线，从低到高再逐渐降落，通过简单的规则创造出唯美曼妙的屋顶曲面（图9-40）。南侧长达3米的挑檐以及伸出水面的设计，仿佛是烟雨长廊的现代版本，揽水入怀，是为建筑与环境和谐共生的现代演绎（图9-41）。

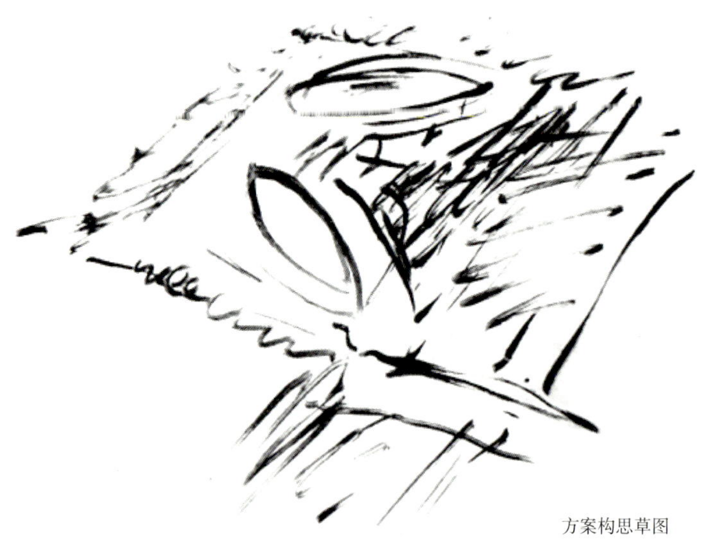

方案构思草图

总平面图

图9 37　企业交流服务基地：方案构思及总平面图

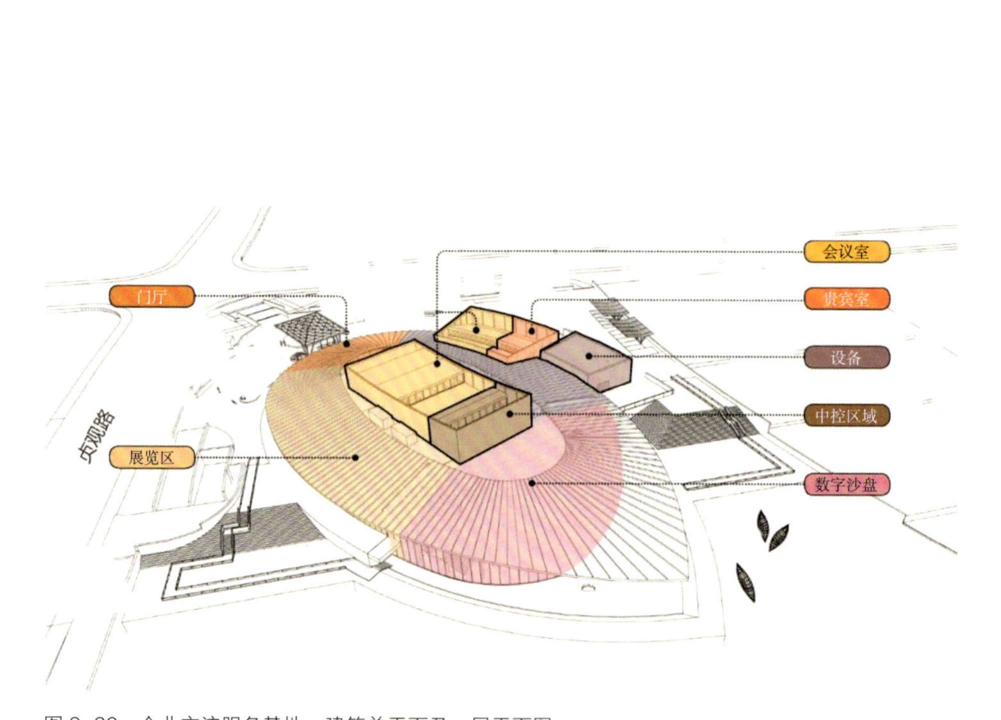

一层平面图
（建筑面积：3638.37 平方米）

图 9-38　企业交流服务基地：建筑总平面及一层平面图

图 9-39　企业交流服务基地:“百年烟雨、一叶扁舟”

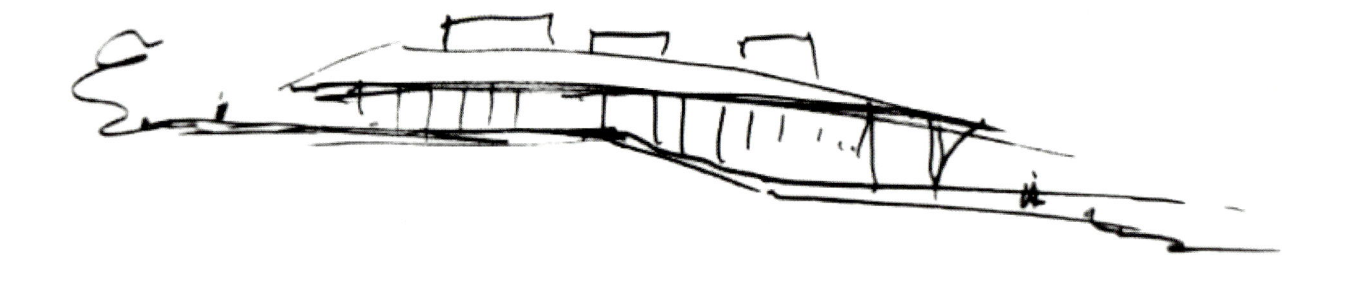

方案构思草图

图 9-40　企业交流服务基地：由低到高再逐渐降落的曼妙屋面轮廓线（一）

图 9-40　企业交流服务基地：由低到高再逐渐降落的曼妙屋面轮廓线（二）

图 9-41　企业交流服务基地：出挑的飞檐伸出十里港水面营造揽水入怀的意境
图片来源：中国生态城市研究院沈磊总师团队

效果图

实景图

建筑室内空间则是对西塘古镇空间脉络的传承。其中，不同规模的会议室是对古镇民居的现代转译，并通过建筑环廊进行串联，形成流动的空间体验。环廊与会议室过渡空间的设计（图 9-42），如低矮吊顶、侧高窗、外庭院等元素，是对传统宅院中园林空间的现代写意。会议室内部的木构架（图 9-43），则源于江南厅堂的抬梁式结构原型，举头仰望间，可以感受到传统空间中屋顶构架的“高远”气度，而环廊屋檐下水平展开的长卷，则是对传统“平远”意境的现代再现。

场地西北角的设计中，三段抬升、拾级而上的大台阶形式的呈现，不仅是一种空间上的提升，更是对古镇拱桥台阶的抽象化表达，是对传统元素的现代诠释

（图 9-44）。设计呈现俯揽之势，创造出了一种空间的层次感。主体建筑入口的木结构雨棚、弧面大屋顶及玻璃天窗，则是传统中轴秩序的现代体现（图 9-45）。这些元素的设计，既保留了传统的韵味，又融入了现代的审美和技术，使得建筑既具有历史的深度，又不失现代的气息。

在处理建筑周边场地中的水陆关系时，我们借鉴了传统造园“掇山理水”的手法，于平展的地势中创造出山水的起伏。场地北侧三段抬升的大台阶，正是古镇拱桥石板台阶的抽象，其正如西塘古镇中拱桥的抬升，为场地赋予了俯揽之势。围绕建筑的环形水面，将建筑置于水的环抱之中，正如西塘古镇之于水的亲和。水面倒映出建筑的轮廓，增强了建筑与水的亲和感，使得建筑与周围环境和谐地融为一体。建筑两翼的台阶跌水设计，将建筑与十里港水面巧妙结合，形成了一种动态的水景效果（图 9-46）。

建筑的设计目标是达到“绿色建筑三星级”的标准，打造全生命周期的近零碳建筑。这一目标从安全耐久、健康舒适、生活便利、资源节约、环境宜居五大方面进行考量，采用了“被动为主、主动为辅”的技术路线，体现出示范区在传统与现代、自然与人文之间寻求平衡的努力。

首先，我们以“被动式技术”作为主

图 9-42　企业交流服务基地：建筑室内环廊

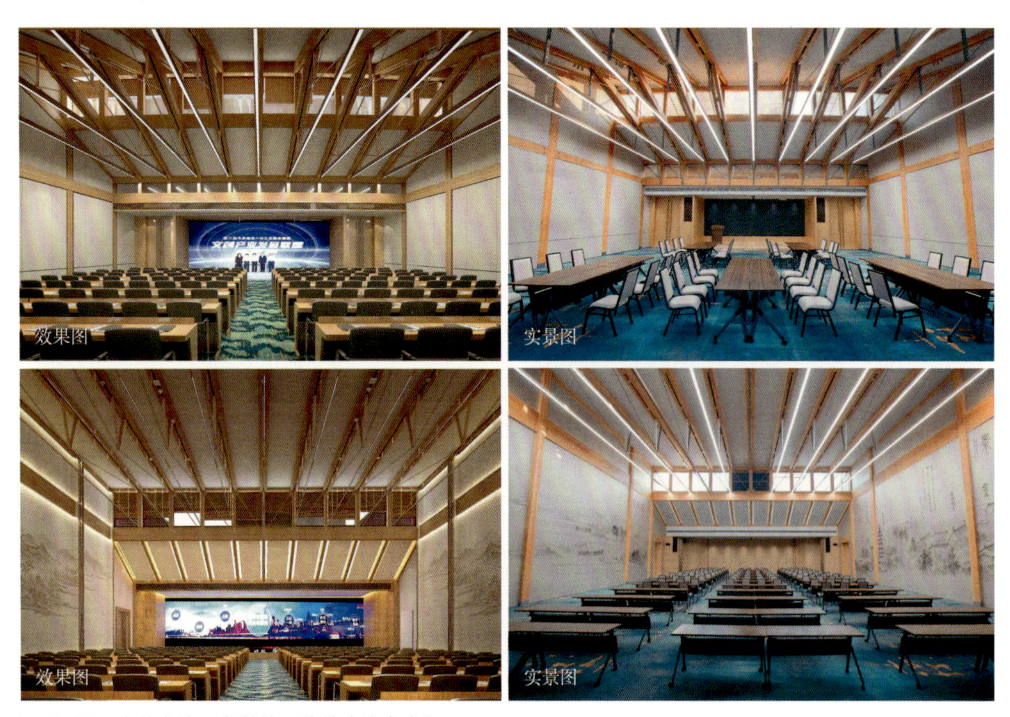

图 9-43　企业交流服务基地：建筑会议室空间

图 9-44　企业交流服务基地：三段抬升、拾级而上的入口台阶

图 9-45　企业交流服务基地：建筑雨棚与入口台阶呼应体现传统中轴秩序

要策略：①结合当地建筑风格和快速建造的需求，通过使用重型胶合木结构，不仅保证了建筑的风貌和施工工期与效率，还显著降低了建造阶段的碳排放。②建筑采用高性能保温围护结构，进一步降低了空调负荷，从而减少了运行阶段的碳排放。③自然通风的充分利用提高了室内舒适度，同时降低了非空调季节通风带来的碳排放。④通过充分利用幕墙提高建筑外区自然采光，减少了白天照明系统的使用时间，进一步降低了照明系统的碳排放。

其次，我们以“主动式技术”作为辅助手段：①利用十里港水资源替代常规空调的锅炉，作为空调系统的冷热源，并结合湖抛管盘管技术与地下埋管的水源、地源热泵技术，不仅符合可再生能源利用的要求，还节省了建筑空间，美化了周边环境。②采用高效的建筑设备，暖通冷热源能效达到1级，建筑照明功率密度达到目标值，水泵、风机能效也达到节能评价值，进一步减少了能耗。③充分利用屋面光伏发电系统，光伏发电装机量占变压器装机量4%以上，从输入端解决建筑能源需求。

整体而言，建筑采用木结构，相比常规建材，能够减少约41%的碳排放。再者，通过应用超低能耗建筑技术，我们还可以为建筑降低约25%的能耗和碳排放。地源热泵技术的应用进一步降低了约10%的能耗，再一次减少约10%的碳排放。同时，光储直柔系统的应用降低了约10%的能耗，提供了约20%的清洁电力，还减少了约60%的碳排放。除了硬件设施，雨水回用、智慧管理等技术的应用，在运行期间也能减少约10%的碳排放。通过以上碳减排措施，整体实现了比同类型建筑减少约70%的碳排放。

如此建筑设计和技术应用，不仅体现了祥符荡片区的规划设计对环境保护的深刻理解和承诺，也展示了未来的低碳城市在可持续发展方面的创新和领导力。这里每一项技术的应用，每一次设计的决策，都在为建设嘉善的绿色未来添砖加瓦。正如示范区企业交流服务基地以传承过去、面向未来的航船形态驶入十里港，从产业协同示范到生态、绿色、“双碳”、共富……嘉善的生态城市规划，也以其独特的本底语言和技术创新，向世人展示着嘉善的规划智慧，不断乘风破浪（图9-47）。

实景图

实景图

图9-46　企业交流服务基地：建筑两翼的台阶跌水在十里港处放大，将建筑与水融为一体

效果图

实景图

图 9-47　企业交流服务基地：传承过去、面向未来的航船驶入十里港（一）

效果图

图 9-47　企业交流服务基地：传承过去、面向未来的航船驶入十里港（二）
图片来源：中国生态城市研究院沈磊总师团队

四、科技创新示范——祥符荡科创绿谷研发总部

Technological Innovation Demonstration：The R&D Headquarters of Xiang Fu Dang Science and Technology Innovation Green Valley

习近平总书记强调:“坚持科技是第一生产力，人才是第一资源，创新是第一动力”。 在嘉善的生态城市规划实践中，科技创新亦是重点项目精彩呈现的一大亮点。科研院所及科技人才的引进，是一体化示范区的重要工作之一，而为人才提供舒适便利的工作环境，则是一体化示范区须首要完成的最基础的工作。

其中，设立的祥符荡科创绿谷研发总部（图 9-48）无疑是一个科技创新的示范地，满足了创新人才舒适便利的工作需求。它坐落在南祥符荡北岸，占地面积约75亩，建筑面积约 4.5 万平方米，由 19 幢单体建筑构成，分为会议接待、科创产业、服务配套三个功能片区。为了进一步优化园区创新创业环境，集聚创新资源和高端要素，园区对其整体环境、内庭景观、公共空间等方面进行了全面提升改造，以“营造一个与具有时代感的空间形象”，匹配“与时俱进的科创示范典范”的园区定位。

园区南立面作为形象门户，宛如一张精美的名片，展示了地域文化的独特魅力（图 9-49）。设计利用现代工艺呈现了江南传统园林的造景手法，古雅环境与现代建筑交融，形成了一幅和谐、统一、共存的画面。植物树冠与建筑的天际线搭配错落有致，宛如一幅精美的画卷，展示出“开”“合”“漏”“透”、含蓄内敛的人文特色。绿化设计巧妙地运用了精心修剪的常绿灌木，围合成了一片绿色的海洋，上层以常绿大乔为主，局部点缀了本土落叶及色叶树种搭配种植，形成了疏密有致、漏而不透、四季有景、绿树成荫的江南园林特色（图 9-50）。

科创绿谷内部的改造展现了一种深思熟虑的设计理念。以“轻介入、强特性、重参与”为设计原则，旨在达成“构建场地空间的轻松秩序、营造科创办公的活力氛围、创造室外共享的智慧客厅”的设计目标。园区的主、次入口区域经过精心设计，增加了水景、绿化等元素，软化处理了现有单调的硬质地面。不同类型和规格的乔木被栽种于

图 9-48　祥符荡科创绿谷：整体鸟瞰实景

图 9-49　祥符荡科创绿谷：园区南立面

图 9-50　祥符荡科创绿谷：园区主次入口景观提升

此，增添了迎宾区的景观层次感，使得入口区域焕发出勃勃生机。步入内部庭院空间，园区的设计更加注重舒适与交流。树冠较大的乔木、趣味性的座椅、雕塑等小品增置其中，为园区的高知人群提供了更多舒适的停留、交往场所，成为人们放松身心、激发创意的绿洲。园区临中兴路一侧则通过补种乔木，强化了园区的边界感，在建筑的映衬下，形成了虚实有致的空间界面，进一步提升了园区的整体美感（图 9-51）。

园区的照明设计（图 9-52）巧妙地以自然生态为肌理，从空间上将道路骨架、建筑载体与景观元素三个层次立体呈现，打造了一幅多角度、全方位的夜景画卷。园区入口区域采用多层次照明组合，突出庄重的造型，夜晚的明灯迎接着每一位访者的到来。道路照明增加了指引性功能（图 9-53），提高了夜间行人的安全性，同时烘托出道路的韵律和节奏感，为夜晚的园区增添了一抹动感。建筑立面的照明设计巧妙地运用了洗墙灯（图 9-54），强化了建筑的轮廓，使建筑错落有致、层次分明。明暗对比的运用，又更进一步强化了建筑肌理的视觉冲击力，使建筑在夜幕下焕发出独特的魅力。景

图 9-51 祥符荡科创绿谷：园区内部庭院空间景观提升（一）

图 9-51　祥符荡科创绿谷：园区内部庭院空间景观提升（二）

图 9-52　祥符荡科创绿谷：夜景照明设计优化示意

图 9-53　祥符荡科创绿谷：过道空间夜景照明

图 9-54　祥符荡科创绿谷：建筑外墙夜景照明

图 9-55　祥符荡科创绿谷：庭院水景夜景照明

观照明设计同样独具匠心，通过增加植物及庭院水景层次和肌理，提高了绿化及景观小品在夜间的观赏性（图 9-55）。灯光、小品与植物相互映衬，形成了一幅如梦如幻的画卷，美轮美奂的园区夜景让人仿佛置身于一个光与影的世界。

祥符荡科创绿谷研发总部，作为片区科技创新示范的前沿阵地，已成功吸引了一系列国内顶尖的科研院所分支机构入驻。这里汇聚了祥符实验室、嘉善复旦研究院、浙江清华长三角研究院、霍尼韦尔长三角研究院、浙江大学工程师学院分院、浙江大学未来学院等知名机构，以及浙江大学未来食品、未来健康、未来设计、未来区域发展实验室等多个专业领域的研究团队（图 9-56）。这些科研机构的入驻，不仅为科创绿谷研发总部带来了丰富的科研资源和

图 9-56　祥符荡科创绿谷：复旦大学及浙江大学科研机构门头

图 9-57　祥符荡科创绿谷：创新资源及高端要素集聚的科创高地

创新动力，也使其成为长三角地区具有一定影响力的创新集聚平台。这里，科研人员可以共享资源、交流思想，携手推动科技创新，为区域经济发展注入新的活力。

在总师模式的引领下，嘉善的生态、绿色本底特色得到了充分的挖掘和展现，通过祥符荡科创绿谷研发总部园区的建设，嘉善不仅拥有了一个充满活力的科创园区，更拥有了一大批顶尖人才，牢牢把握住“未来已来”的时代机遇（图 9-57）。祥符荡科创绿谷研发总部，正以其独特的魅力，成为长三角地区科技创新的重要引擎，助力我国科技事业蓬勃发展。

五、水乡风貌示范——十里港与良壤东醉

Canal Town Style Demonstration：Ten-Miles Port and Liangrangdongzui

江南水乡嘉善片区，其重大项目的呈现莫过于水乡风貌的独特展示。而如何既保有水乡延续传统的文化内涵，又凸显片区水乡面向未来的发展理念，是这片土地留给总师团队的核心议题——十里港与良壤东醉的精彩呈现，为江南水乡风貌展示与未来发展融合作出了绝佳的示范。十里港，作为祥符荡与西塘古镇的主要连通水系，宛如一条丝带，将西塘古镇的“传统水乡”与祥符荡创新中心的“未来水乡”紧密相连（图 9-58）。它不仅是一条水脉，承载着历史的记忆，连接着过去与未来的纽带—十里港传承了西塘千年历史文化的水脉绿轴，谋划着千年祥符从传统水乡到现代水乡再到未来水乡的发展脉络。我们规划将十里港沿线作为承前启后的现代水乡风貌的集中展示区，共包含良壤东醉与十里港两大片区，让传统与现代交融，自然与人文和谐共处。诠释全新的水乡魅力风貌。

十里港由明初政治家夏原吉为治理水患主持修建，是历史上重要的治水河道，也是支撑货物运输的经济通道。正如前部章节艺术装置系统中十里港“夏公治水”主题所述的历史由来，户部尚书夏原吉奉旨治水，调民众，分流苏州河，沟通黄浦江，促成“黄浦夺淞”；又挥师西塘兴修水利，为

图 9-58　连接“传统水乡与未来水乡”的纽带

治理太湖流域水患建设了关键性工程。夏原吉亲手设计、制定并实施了治水工程方案，经过几年的努力，“导水入泖”工程成功实施，西塘一带的水患得到了有效治理。夏原吉还总结了自己的治水经验，设计了一种用于测量水位的石碑——“忧欢石”，类似于“水则碑”。这个巧妙的发明，让当地百姓能够根据水位的高低，合理安排农作物的种植，从而更好地应对水患，确保丰收。

在前人治水的丰功伟绩中，十里港，这条流淌着历史的河流，更成为片区水乡风貌示范的一道亮丽风景线。它见证了中国古代治水的智慧，也见证了我们今天谋划嘉善生态、绿色以及面向未来发展的努力和成果。十里港，这条充满活力的河流，将继续流淌，见证嘉善的发展，见证我国生态城市规划的进步，也见证我们对美好生活的追求。

在具体的规划策略上，承载历史与未来的十里港被赋予了新的生命。它是连接传统水乡与未来水乡的过渡区，是恢复田园野趣、展现耕读文化、丰富滨水界面的重要载体。为了实现这一目标，总师团队针对企业交流服务基地东侧的农田区进行了精心的景观提升。结合基本农田的政策要求，通过观赏性较好的油粮作物的季象搭配，对十里港农田、苗圃区域进行农业景观提升（图 9-59），旨在展现“十里港香、耕读悠长”的景观风貌。团队对场内的苗圃、芦苇塘、疏林草地进行整体梳理，东侧保留的疏林草地得到了绿化种植提升，对西侧的苗圃及芦苇塘则进行了土方平衡和土壤修复。在这里，向日葵、油菜花等观赏性较好的经济作物进行轮种，打造出一望无际的田野景观，让人仿佛置身于田园诗画之中（图 9-60）。

在充分考虑人群活动需求的基础上，我们也结合水利要求对十里港的驳岸进行了生态化改造（图 9-59）。采用硬质与软质相结合的方式，沿岸线种植乡土陆生与水生植物，营造与南祥符荡协调统一的自然滨水原野景观（图 9-61）。挺水植物也被运用于此，不仅美化了环境，还起到了净化水体的作用。规划中，我们还特别注重了慢行系统的打造，在沿线布置了慢行绿道，将西塘古镇、良壤东醉、企业交流服务基地等与南祥符荡串联起来，打造理想的骑行、步行环境，形成了一条承古通今的生态慢行绿廊系统。小埠头的设置，为水上游线预留了停靠空间（图 9-62），而风雨耕读亭的建立，则展现了江南地区四时耕读的文化基因（图 9-63）。这些规划策略，既包含着对历史的尊重，也展示了对未来的憧憬。它将传统与现代、自然与人文完美地融合在一起，形成了一幅生动的水乡画卷。

良壤东醉片区（图 9-64），沿着里仁

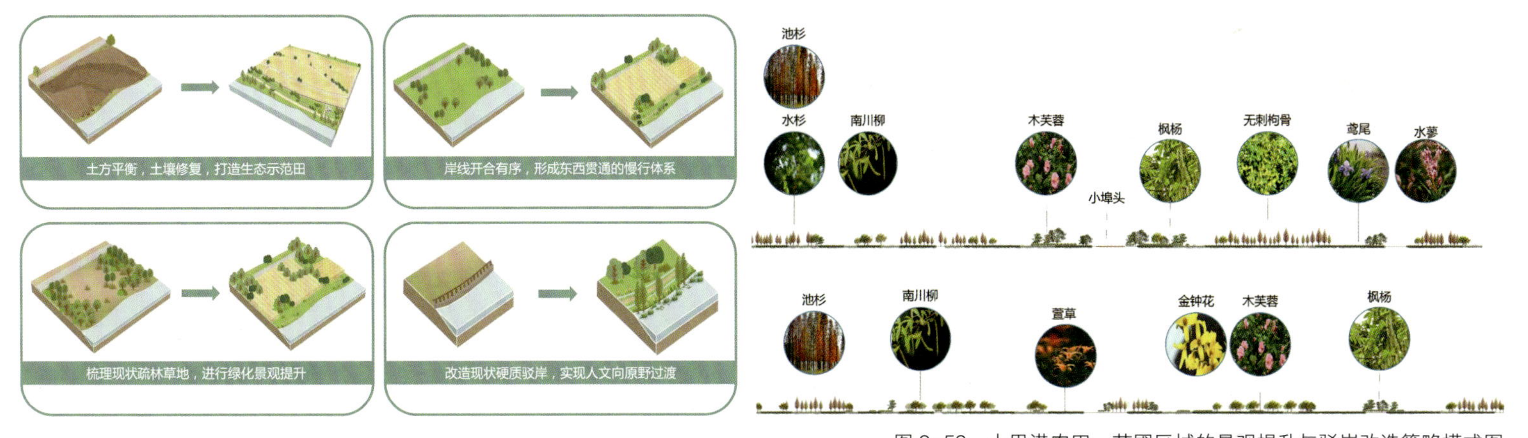

图 9-59　十里港农田、苗圃区域的景观提升与驳岸改造策略模式图

图 9-60　一望无际的十里港生态绿廊：十里港、生态田与企业交流服务基地

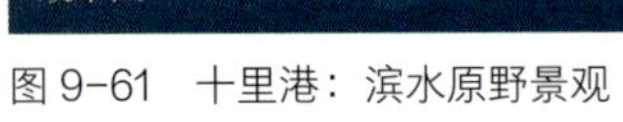

图 9-61　十里港：滨水原野景观

图 9-62　十里港：绿道与小埠头

图 9-63　十里港：绿道与耕读亭

港、十里港等布局多样业态，实现了水乡风貌的多元展示以及与整体江南风韵的有机统一。良壤东醉毗邻西塘古镇，成为衔接千年古镇文化积淀与科创绿谷创新活力的现代服务组团。良壤东醉的业态定位面向年轻人群，包括文创、展览、艺术、餐饮、酒店等，为祥符荡未来高端人才提供相匹配的公共配套服务。在这里，历史与现代相交融，文化与创新相得益彰。同时在建筑风格上，白墙黛瓦、错落有致，既沿袭了古镇的明清建筑风貌，一定程度上保留了“最江南”的韵味，同时又进行了部分的现代化演绎（图 9-65、图 9-66）。

图 9-64　良壤东醉景观提升范围

在开放空间方面，为了提升良壤东醉周边区域的景观风貌，我们对东醉广场（图 9-67）、十里港东醉段（图 9-68）、里仁港良壤段（图 9-69）进行了精细化的驳岸、广场铺装、景观绿化提升等改造——对驳岸、植被、公共空间的梳理采用局部微雕的手法，对材质、植被的层次与季象、夜景亮化的形式等方面进行重组。这些改造工程实现了滨水空间品质的整体改善，使得良壤东醉与良壤整体风貌有机统一，并与西塘古镇自然衔接。这一创新的文旅商业综合体，不仅体现了对传统文化的尊重和传承，也展示了对现代生活的理解和追求。它将成为年轻人热衷的潮流聚集地，也将成为西塘古镇与现代科创绿谷之间的桥梁，为片区整体江南水乡风貌打造增添一抹亮丽的色彩。

图 9-65　良壤东醉滨水空间改造后现状

图 9-66　良壤东醉庭院空间改造后现状

图 9-67　东醉广场景观提升

图 9-68　粮仓北侧十里港滨水空间景观提升

日景效果图

夜景效果图

实景图

图 9-69　里仁港滨水空间景观提升

六、共同富裕示范——沉香文艺青年部落

Common Prosperity Demonstration: Chenxiang Artistic Youth Tribe

嘉善，作为浙江省高质量创建共同富裕示范区的重要窗口，承载着先行先试的重要使命。在重大项目呈现中，除了“形”上的风韵格局、“意”上的生态创新，更需要被我们关注的当属“神”上的高质量发展。沉香文艺青年部落（图9-70）作为水乡共同富裕的一大典型示范样板，即是对共同富裕先行先试重要使命的精彩回应。沉香文艺青年部落坐落于姚庄丁栅集镇东侧，以创新产业动能、新水乡发展模型为周边集镇与村落的转型作出示范，力图形成可复制、推广的“丁栅模式”。这里，既保留了传统水乡的韵味，又融入了现代发展的元素，成为充满活力和创新的示范点。

项目基地内原为丁栅老粮仓，总师团队聚焦“老镇复兴、三生融合、城乡共富”的基本理念，围绕沉香荡、丁栅老集镇，通过盘活闲置资源，赋予了老粮仓全新的功能和活力（图9-71、图9-72）。这里不再是单纯的“物质粮仓”，而是逐渐向“精神粮仓”转变，成为青创、科创、文创、乡创、农创“五创”汇集的热土。在这里，生态、生活、生产空间同样实现了“三生”融合，展现出一个充满活力和创新的未来场景。

在这里，水乡的特质被强调，丁栅集镇街巷空间的活力肌理被保留（图9-73）。餐饮、商业等公共功能沿水系展开，形成内部活力水巷。高品质的公共空间布局（图9-74），增加了人群的交往机会，也激发了人们的创意，使创新与生活有机交融。同时，沿水系展开的公共空间得到了优化，通过水岸带状公共廊道中的特色滨水空间设计（图9-75），打造了重要的水景亮点。为了提升游客体验，项目利用景观绿道将内部绿地与外围农田串联起来，并增加游客服务中心、文化礼堂等重要公共节点，营造了高质量的步行、慢跑及休闲空间。这些举措不仅提升了项目的整体品质，也为游客提供了更多元化的活动选择。

以新农体验为主题，沉香文艺青年部落还活化了场地东侧的农田空间，用数字化加持打造特色田园景观空间（图9-76）。这里为都市人体验农耕活动提供了场所，人们可以认领农田，并通过小程序平台定期查看农作物生长情况。结合四季农事活动，这里还会不断举办开犁节、丰收节、农歌会等

图 9-70　水乡共同富裕示范样板：沉香文艺青年部落（一）
图片来源：中国生态城市研究院沈磊总师团队

图 9-70　水乡共同富裕示范样板：沉香文艺青年部落（二）

图 9-71　沉香文艺青年部落：部落入口广场空间

图 9-72　沉香文艺青年部落：部落东立面
图片来源：中国生态城市研究院沈磊总师团队

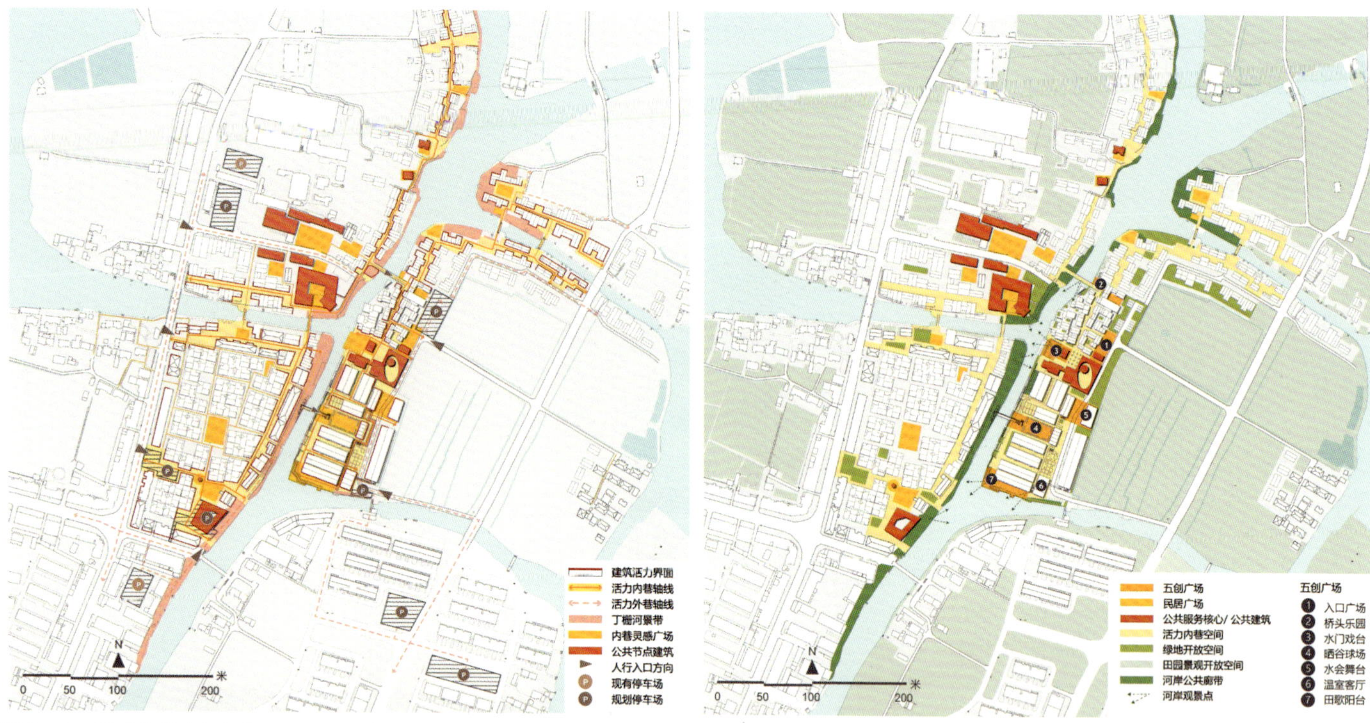

图 9-73　沉香文艺青年部落：活力街巷空间设计

图 9-74　沉香文艺青年部落：品质公共空间设计

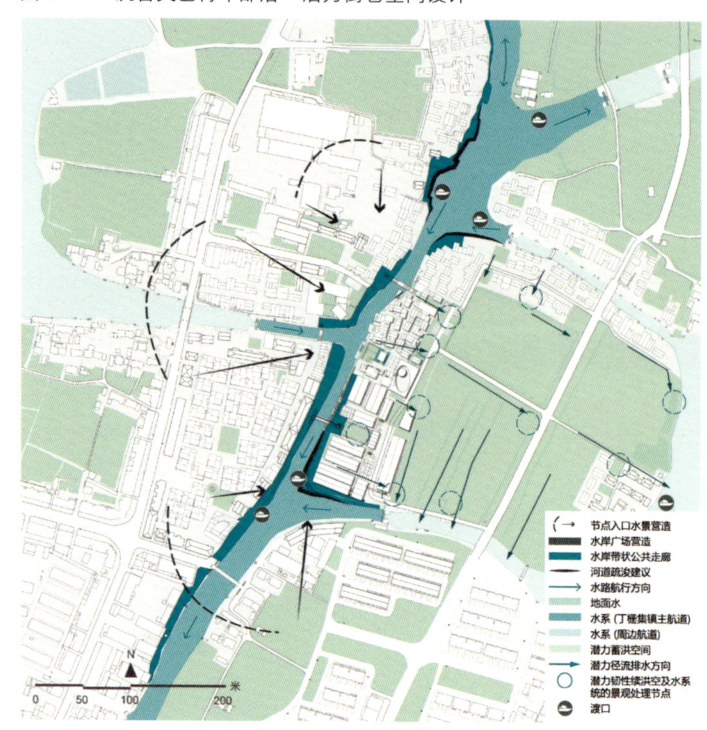

图 9-75　沉香文艺青年部落：特色滨水空间设计

图 9-76　沉香文艺青年部落：田园景观空间设计

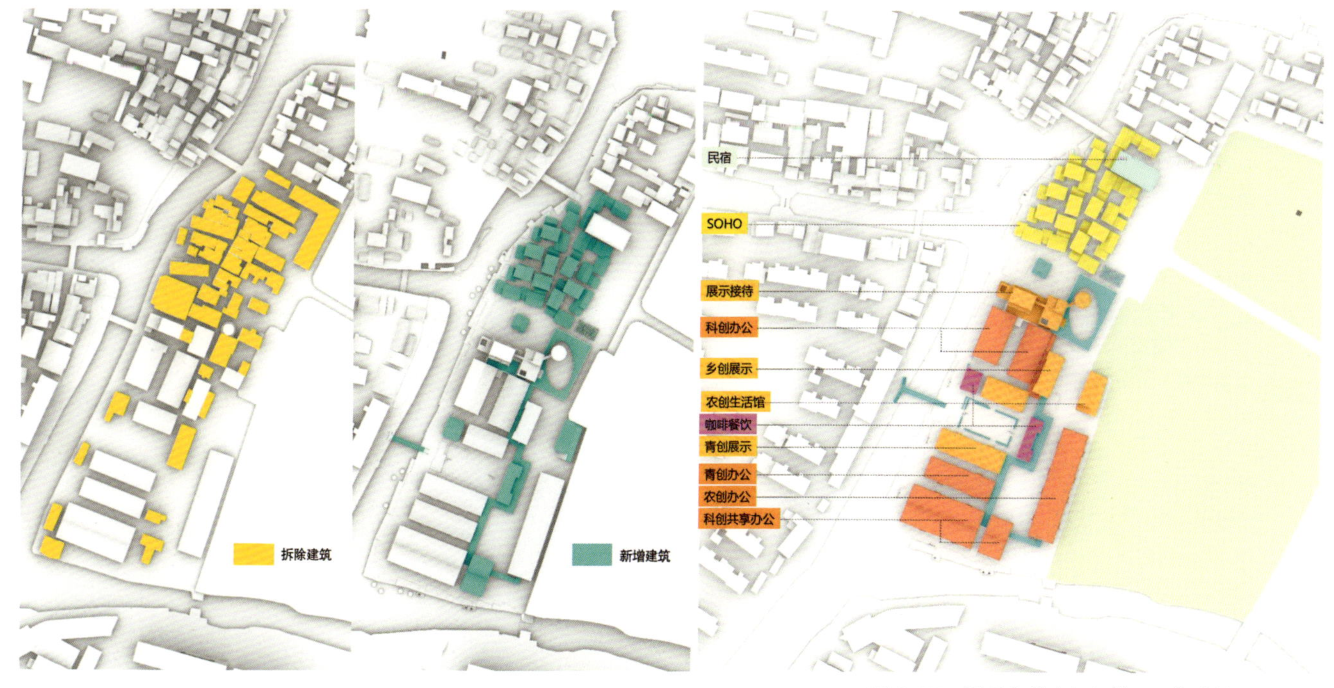

图 9-77 沉香文艺青年部落：一期建筑更新措施

图 9-78 沉香文艺青年部落：一期交通流线设计

图 9-79 沉香文艺青年部落：未来智库组团建筑改造及空间优化设计

活动，为园区聚集人气。此外，项目还依据地势高差分析与潜力径流排水方向，利用既有绿带及农田景观空间，于径流路径上设置小型蓄洪空间。这样的设计在极端降雨或洪涝灾害时可用作蓄洪使用，体现了对生态环境的保护和可持续发展的重视。

沉香文艺青年部落这个充满活力的项目，不仅在新与旧的交融、文化与创新的碰撞上，为片区呈现了精彩景观，更为共同富裕的先行先试提供了有益借鉴。

在沉香文艺青年部落的一期项目中，对场地内现状建筑的甄别和改造工作是至关重要的一环（图 9-77）。首先，出于对安全和质量的考虑去除了质量较差的危房，接着对以厂房为主的保留建筑进行了立面修缮、结构加固及内部空间的改造。这些改造工作旨在承接新的功能业态，为项目带来新的活力。而改造也不仅仅是单纯的加固和翻新，更重要的是在稳定、安全的前提下，保留历史的痕迹、打造合理的交通动线、创造实用舒适的空间（图 9-78），同时融入了现代元素，让建筑得到了新的生命。

南区作为沉香文艺青年部落的重要组成部分，将保留的厂房打造为“未来智仓”（图 9-79）。这个空间旨在为青创、农创、科创人群提供共享办公空间，激发创新活力，促进交流与合作。保留的厂房在改造过程中，不仅得到了结构加固和立面修缮，更是在内部空间方面进行了创新性的改造，以满足新的功能需求。

以现状篮球场作为公共活力核心（图 9-80），建筑面向篮球场的立面采用了玻璃或镜面材质，与室外空间自然融合。这样的设计不仅增加了建筑的透明度和开放感，还让室内外的空间相互渗透，形成了一个更加和谐的整体。篮球场与西侧的晒谷场之间新增了一座跨河人行桥，这座桥不仅连接了两个空间，还成为流线的结合点，既高效又兼具游览功能。桥上预留了座椅，为人们提供了停留和休憩的空间。

围绕篮球场的废弃仓房，总师团队还植入了全新的创智业态（图 9-81）。通过

图 9-80　沉香文艺青年部落：篮球场活力中心

图 9-81　沉香文艺青年部落：废弃仓房植入创新创智业态

图 9-82 沉香文艺青年部落：面向稻田的农创生活馆

新增的小型展示空间，为创业人群提供展示和交流的平台。同时，这些空间也作为农创生活馆（图 9-82），不仅拥有面向金色稻田的良好景观，还提供轻食、餐饮等配套服务，满足创业者的日常需求。利用风雨连廊，设计将保留的厂房与新建的单体建筑串联起来，形成了一个连续的空间序列。首层提供了遮风挡雨的通行空间，增加了围合感，提高空间利用率。二层则形成了一个有趣的空中步道，人们可以在这里俯瞰篮球场和田野，甚至“窥视”共享办公空间，为日常工作增添了一丝趣味性。沉香文艺青年部落南区的设计，不仅为创业者们提供了一个功能齐全、环境优美的办公空间，也为整个项目增添了更多的活力和吸引力。

中区保留了主要建筑，并将其打造成为绿色智库。这个区域承接了展览接待、公共服务及文化功能的新业态，成为一个展示和交流的窗口，同时也为游客提供了丰富的文化体验。通过水院、底层扩大及立体交通的设计，三个独立的建筑被巧妙地连成一体，不仅提高了空间利用率，还围合成了一个广场空间（图 9-83、图 9-84）。这样的设计使得整个区域更加通透和连贯，为人们的活动提供了更多的便利和可能性。绿色智库的设计充分考虑了生态和环保的理念，利用屋顶平台和内部院落打造出了丰富有趣的立体园林，不仅美化了环境、提升了空间的品质，还为人们提供了一个亲近自然、放松身心的好去处。

在挖掘水乡文化特征的过程中，我们提取了传统民居建筑元素，并进行了重新组合。为了唤醒地方记忆，设计还增加了戏台等水乡地区普遍存在的文化载体，使得整个区域充满了浓厚的文化氛围（图 9-85）。团队在沉香文艺青年部落的中区打造了一个

图 9-83　沉香文艺青年部落：以眺望塔为核心的新江南水院空间

新江南水乡风格的公共中心，在保留传统水乡韵味的同时融入现代设计理念，形成集文化、交流、休闲于一体的活力空间。

北区，作为沉香文艺青年部落的新建区域，以建设江南水居风格的 SOHO 院墅和商业配套为主，打造了一个混合功能的活力青创社区。这个区域的设计旨在延续场地原有街巷肌理，同时引入新的公共节点，以提升整体空间的活力和功能。在设计中，原有的桥头小广场等公共节点被保留，并结合规划需求，在此基础上植入新的入口广场、树阵广场、滨河剧场等公共空间。这些新节点的加入，丰富了社区的公共空间，为居民和游客提供了更多的休闲和社交场所。每个组团内都设置有次一级的公共庭院，这些庭院成为新的功能建筑的布局中心。在建筑设计方面，采用灰白色调为主的现代材料，演绎传统江南韵味并展现新的特质；同时，搭配木材与石材等自然材料，营造亲和的空间氛围，让人感受到家的温馨和舒适。

SOHO 院墅和商业配套的建设，为

图 9-84　沉香文艺青年部落：水院空间入口亭廊

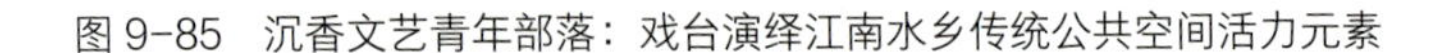
图 9-85　沉香文艺青年部落：戏台演绎江南水乡传统公共空间活力元素

青创人群提供了一个既能够满足工作需求，又能够享受高品质生活的社区环境。这里既有适合创业的工作空间，又有便利的商业服务和休闲娱乐设施，成为年轻人理想的居住和工作之地。这些新建建筑和公共空间的设计，营造了一个充满活力和创新精神的社区，进一步展示了对传统水乡文化的尊重和对现代生活方式的追求，使其成为延续场地记忆的江南水居（图 9-86）。它不仅为长三角生态绿色一体化发展示范区增添了活力，也为共同富裕的先行先试提供了有益借鉴。

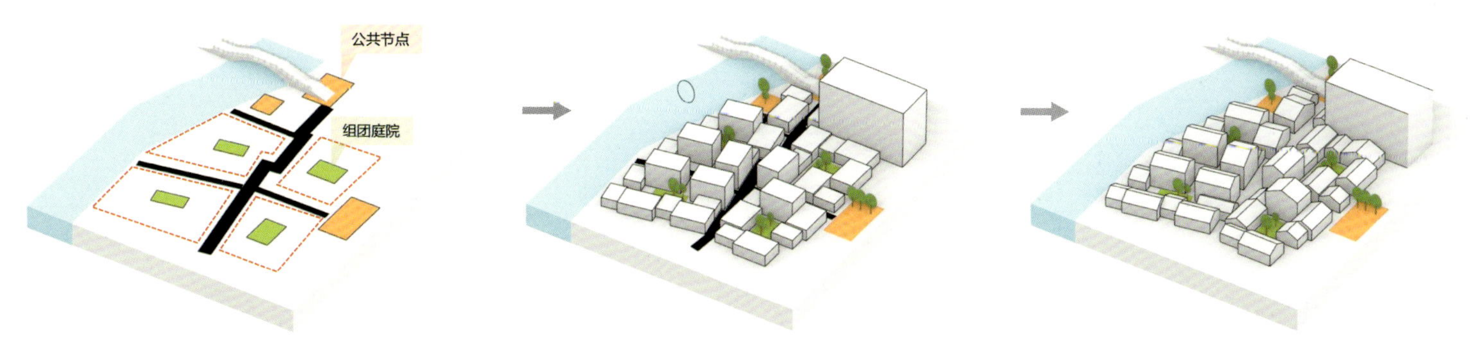

图 9-86　沉香文艺青年部落：延续场地记忆的江南水居

结 语
Conclusion

2018年11月5日，习近平总书记在首届中国国际进口博览会开幕式上宣布，支持长江三角洲区域一体化发展并上升为国家战略。2019年5月13日，中共中央政治局会议审议通过《长江三角洲区域一体化发展规划纲要》，并于2019年5月30日印发，明确由上海市青浦区、江苏省苏州市吴江区、浙江省嘉兴市嘉善县组成“长三角生态绿色一体化发展示范区”。2019年10月25日，国务院批复并原则同意《长三角生态绿色一体化发展示范区总体方案》。2019年11月1日，长三角生态绿色一体化发展示范区建设推进大会在上海市举行，长三角生态绿色一体化发展示范区揭牌成立。2019年11月3日，习近平总书记在第二届中国国际进口博览会期间考察上海市指出：“在青浦、嘉善、吴江建设长三角生态绿色一体化发展示范区，这是一体化制度创新的试验田，党中央支持你们大胆试、大胆闯、自主改。”由此，上海青浦、江苏吴江、浙江嘉善三地联合，开启了新的发展征程。

嘉善作为双示范建设样板、长三角展示窗口，厚望在身、重托在肩。嘉善县委、县政府高瞻远瞩，提前谋划，精心部署，在长三角生态绿色一体化发展示范区“三年大变样”的收官之年，聘请沈磊教授出任长三角生态绿色一体化发展示范区嘉善片区总工程师，为嘉善片区双示范、高质量、一体化建设提供专业指导和技术支撑。

为满足新时代国土空间治理和城市高质量发展的诉求，解决规划编制、管理、实施等内容脱节问题，沈磊教授及团队创新性地提出并在嘉善运用了城市总规划师模式（以下简称“总师模式”）。总师模式是统筹城乡规划、建设、管理、运营、服务全生命周期的系统实践，也是政府行政管理和专业技术管理高度融合的创新探索，更是协助地方政府提升规划治理水平的有效手段。总师模式运用系统观念、系统方法，充分发挥具有中国特色的国体、政体、规体优势，提升空间治理的科学性、有效性和落地性，重塑规划治理角色认知，对促进国土空间治理现代化具有重要的支撑作用。嘉善也成为继嘉兴之后，全国第二个城市总规划师制度的实践地和样板区。总师模式贯穿前期定位、设计组织、规划实施、运营维护全流程，倡导全系统规划建设管理服务，是由沈磊教授带领团队在大量实践工作的基础上，创新出城市总体管控的制度体系、方法体系和技术体系。

创新政策属性机制层面，总师模式构建了城乡规划建设行政管理与技术管理的“1+1”城市总师模式，将专业技术审查纳入决策程序，解决了我国城乡规划中行政管理与技术管理割裂的难题，嘉兴、金华、绍兴、台州4市已实施总师模式，被云南、福建等地学习借鉴，为我国进一步推动新型城镇化提供了“浙江”方案。

创新管理方法层面，总师模式建立了完善的过程组织、本底研究、实施总控、实施评估系统，用整体性的管理思想指导全过程城乡规划建设管理，同时利用集成数字技术搭建了城市空间品质交互可视化与智能化监测平台，实现了自动化大规模检测、智能化精准评价，妥善解决了城乡规划割裂、空间布局不合理、评价体系不完善、不客观等问题。

创新规划实施层面，总师模式集成了整体性规划实施技术、生态低碳城区建设技术、城市智慧管控技术，实现城市设计整体性实施“最优效果”，规划实现率超过90%，126个工程项目推广应用，获得奖项14项。并且搭建“生产、生活、生态”空间绿色低碳关键技术链，在长三角生态绿色一体化发展示范区建成全国首个零碳样板聚落，实现“碳达峰、碳中和”。

总师团队由沈磊教授领衔，团队总部位于北京，目前在天津、浙江嘉兴、浙江金华等地均设总师基地。团队拥有城市规划、建筑、景观、生态、交通、市政、工程管理等领域的专业技术人员50余人，硕士及以上学历占70%。团队具有城乡规划编制甲级资质，自成立至今已完成40余项具有影响力的优秀工程项目。

沈磊教授是中国城市科学研究会总工程师，中国生态城市研究院常务副院长，清华大学与哈佛大学联合培养的博士，从事城市规划设计和建设实践30余年，是我国城市总规划师模式的主要开创者之一，是规划—建设—治理综合技术创新的引领者。作为建党百年嘉兴的城市总规划师、长三角生态绿色一体化发展示范区（嘉善片区）的总工程师，沈磊教授主持了系列国家重大工程项目规划建设，助力嘉善获批“全国县域高质量发展示范点”。

沈磊教授历任中国沿海城市地级市（台州市）、副省级市（宁波市）、直辖市（天津市）城市总规划师和规划局副局长，主持 100 余项重要城市规划与城市设计，获 2019 年度住房和城乡建设部华夏建设科学技术奖一等奖、获中国土木工程詹天佑奖金奖、全国优秀城乡规划设计奖一等奖、全国优秀工程勘察设计奖一等奖等 12 项。以理论联系实际，探索现代城市规划治理新方法与新理论，沈磊教授出版了《城市中心区规划》《控制性详细规划》《天津城市设计读本》等 8 部专著。并多次主持科技部、教育部、住建部重大科研课题。

本书是对长三角生态绿色一体化发展示范区建设中，沈磊教授总师团队在嘉善充分运用总师模式制度优势，全过程统筹“规、建、管、运、服”的系统性总结。本书旨在从生态城市的理论起源、我国绿色低碳发展的目标要求等背景建构入手，充分分析嘉善片区的区位战略优势与本底生境、史境底蕴、产业基础和格局重塑特征。在此基础上，提出嘉善打造生态文明时代世界级理想人居样板——梦里水乡的发展目标与空间格局，并引入分类施策全过程把控的总师总控制度创新，高质量完成梦里水乡重点项目建设。

总师团队在 300 天不分昼夜、全情投入的工作中，为长三角生态绿色一体化发展示范区（嘉善片区）高水平描绘了“梦里水乡、祥符如意、金色底板、七星伴月”的规划蓝图，高标准制定了“1 个金色底板、3 条魅力路线、8 个示范组团、20 大标志性项目”的“13820”行动规划，高品质把控了以“生态绿色、低碳、科技赋能、共同富裕”为主题的展示项目。在理论构架及规划策略方针提出的基础上，本书还对这一系列示范项目在嘉善片区的精彩呈现成果进行了重点介绍，包括生态绿色、“双碳”目标、产业协同、科技创新、水乡风貌、共同富裕六大示范的典型项目，旨在以理论指导实践、以实践印证理论，充分体现总师模式引导下嘉兴城市规划的高水平、高质量。

经过三年实践检验，总师模式在浙江省多地市取得显著效果，长三角生态绿色一体化发展示范区（嘉善片区）总师模式实践也获得了国家重点关注和社会广泛赞誉，对新型城镇化生态低碳城区规划建设工作具有重要指导意义，为我国乃至世界城市规划走出了一条独具特色的浙江模式发展道路。在我国生态时代的城市发展中，城市总规划师模式将迸发出巨大的能量。

最后，诚挚感谢中外高水平的设计团队和机构，他们精湛的专业技术和开拓性的创新精神以及辛劳的付出，促进了总师总控的规划战略构想一步步走稳走实，在他们的勤劳耕耘下，将一张张规划蓝图转变为嘉善的文化地标、生态乐土、人居福地和精神家园。同时，诚挚感谢为本书的编著、出版付出辛劳的人员、单位，没有他们夜以继日的工作，本书难以如期完成。因时间所限，写作过程中难免有所疏漏和不妥，望读者不吝赐教、批评指正。

参考文献
Reference

[1] 联合国 . 可持续发展目标 [EB/OL].[2024-06-05]. https://www.un.org/sustainable-development/zh/?action= avada_get-styles&ver=5.9.1.

[2] 中华人民共和国国家发展和改革委员会 . 大力发展循环经济　探索可持续发展道路 [EB/OL].（2021-07-16）[2024-06-05]. https://www.ndrc.gov.cn/xwdt/ztzl/sswxhjjfzgh/202107/t20210716_1290602_ext.html.

[3] 联合国环境规划署 . 2023 年适应差距报告 [EB/OL].（2023-11-02）[2024-06-05]. https://www.unep.org/zh-hans/resources/2023nianshiyingchajubaogao.

[4] 世界资源研究所 .Climate Watch 数据平台 [EB/OL].[2024-06-05]. https://www.wri.org/initiatives/ climate-watch.

[5] 西门子 . 西门子中国碳中和白皮书 [EB/OL].（2021-11-06）[2024-06-05]. https://www.siemens.com/cn/zh/company/sustainability/whitepaper.html.

[6] 雄安绿研智库 . COP28 系列　各国应对气候变化行动盘点 [EB/OL].（2023-12-07）[2024-06-05]. https://mp.weixin.qq.com/s/H63S2m27iG41DiE98DTIMA.

[7] 深圳节能 . 中国应对全球气候变化的十大务实行动 [EB/OL].（2023-12-21）[2024-06-05]. https://mp.weixin.qq.com/s/C47OwHJs7OI08bZ0XaKQFw.

[8] 中华人民共和国中央人民政府 . 关于印发《国家适应气候变化战略 2035》的通知 [EB/OL].（2022-05-10）[2024-06-05]. https://www.gov.cn/zhengce/zhengceku/2022-06/14/content_ 5695555.htm.

[9] 中华人民共和国国家发展和改革委员会 . 国家发展改革委关于印发长三角生态绿色一体化发展示范区总体方案的通知 [EB/OL].（2020-07-28）[2024-06-05]. https://www.ndrc.gov.cn/xwdt/ztzl/cjsjyth1/ghzc/202007/t20200728_1234711.html.

[10] 沈磊 . 城市总规划师模式嘉兴实践 [M]. 北京：中国建筑工业出版社，2021.

[11] 沈磊 . 城市更新与总师模式 [M]. 北京：中国建筑工业出版社，2024.

[12] 沈磊 . 天津城市设计读本 [M]. 北京：中国建筑工业出版社，2016.

[13] 沈磊 . 城乡治理变革背景下总规划师制度创新与嘉兴实践 [J]. 建筑实践，2021，（9）: 34-45.

[14] 沈磊，张玮，马尚敏 . 九水连心：营造高品质人居环境规划建设典范 [J]. 建筑实践，2021，（9）: 58-64.

[15] 沈磊，鉏新良，张玮，等 . 文脉溯源：从马家浜文化发祥地到红色革命圣地的城市发展史 [J]. 建筑实践，2021,（9）: 10-19.

[16] 沈磊，张玮，何宇健，等 . 空间价值导向下自然特色要素建构城市规划格局的探索——以嘉兴九水连心规划为例 [J]. 建筑实践，2021,（9）: 48-57.

[17] 沈磊，张玮，武俊良 . 总师思想：探索新时代高质量生态品质城市规划建设新思路 [J]. 建筑实践，2021,（9）: 84-89.

[18] 沈磊，黄晶涛，刘景樑，等 . 城市设计整体性管理实施方法构建与实践应用 [J]. 建设科技，2020,（10）: 31-33.

[19] 沈磊 . “理”想建筑 [J]. 城市环境设计，2014（Z2）: 108-109.

图书在版编目（CIP）数据

金色底板：长三角生态绿色一体化发展示范区（嘉善片区）规划建设总师示范 = Golden Base Plate: Jiashan District Urban Planning and Construction Chief Planner Practice in Demonstration Zone of Green and Integrated Ecological Development of the Yangtze River Delta / 沈磊编著 . -- 北京：中国建筑工业出版社，2024. 11. --（城市总规划师与生态城市实践系列作品）. -- ISBN 978-7-112-30586-5

Ⅰ . TU984.255.4

中国国家版本馆 CIP 数据核字第 20242FG524 号

责任编辑：兰丽婷
书籍设计：付金红
责任校对：王　烨

城市总规划师与生态城市实践系列作品
金色底板
长三角生态绿色一体化发展示范区（嘉善片区）规划建设总师示范
GOLDEN BASE PLATE
Jiashan District Urban Planning and Construction
Chief Planner Practice in Demonstration Zone of Green and Integrated
Ecological Development of the Yangtze River Delta
沈磊　编著
*
中国建筑工业出版社出版、发行（北京海淀三里河路9号）
各地新华书店、建筑书店经销
北京海视强森图文设计有限公司制版
天津裕同印刷有限公司印刷
*
开本：787毫米 × 1092毫米　1/12　印张：$27^{2}/_{3}$　插页：1　字数：542千字
2025 年 1 月第一版　2025 年 1 月第一次印刷
定价：345.00元
ISBN 978-7-112-30586-5
（43795）